职业教育院校课程改革规划新教材

制冷和空调设备运行与维修专业教学、培训与考级用书

制冷技术基础

主　编　赵金萍

副主编　杨　丽

参　编　朱智民　董慧敏

主　审　杨东红

机 械 工 业 出 版 社

本书分为三篇，共九章。第一篇为工程热力学基础，主要介绍热力学基本定律，热力过程，蒸汽、混合气体及湿空气的性质和概念；第二篇为流体力学与传热学基础，主要介绍流体的基本性质，流体静力学、流体动力学基础及能量损失，热量传递的基本方式，传热过程及常用换热器；第三篇为制冷基本原理，主要介绍常用制冷剂的性质和各种制冷方法等内容。

本书可以作为职业院校制冷和空调专业教材，也可作为社会相关专业岗位培训教材。

图书在版编目（CIP）数据

制冷技术基础/赵金萍主编．—北京：机械工业出版社，2012.2（2018.6重印）

职业教育院校课程改革规划新教材．制冷和空调设备运行与维修专业教学、培训与考级用书

ISBN 978-7-111-34422-3

Ⅰ.①制…　Ⅱ.①赵…　Ⅲ.①制冷技术-高等职业教育-教材　Ⅳ.①TB66

中国版本图书馆CIP数据核字（2011）第197637号

机械工业出版社（北京市百万庄大街22号　邮政编码100037）
策划编辑：汪光灿　责任编辑：张丹丹　版式设计：石　冉
责任校对：樊钟英　封面设计：路恩中　责任印制：杨　曦
北京中兴印刷有限公司印刷
2018年6月第1版第4次印刷
184mm×260mm·10.25印张·1插页·251千字
标准书号：ISBN 978-7-111-34422-3
定价：26.00元

凡购本书，如有缺页、倒页、脱页，由本社发行部调换

电话服务	网络服务
服务咨询热线：010-88379833	机 工 官 网：www.cmpbook.com
读者购书热线：010-88379649	机 工 官 博：weibo.com/cmp1952
	教育服务网：www.cmpedu.com
封面无防伪标均为盗版	金 书 网：www.golden-book.com

前言

本书分为三篇，共九章。第一篇为工程热力学基础，主要介绍热力学基本定律，热力过程，蒸气、混合气体及湿空气的性质和概念；第二篇为流体力学与传热学基础，主要介绍流体的基本性质，流体静力学、流体动力学基础及能量损失，热量传递的基本方式，传热过程及常用换热器；第三篇为制冷基本原理，主要介绍常用制冷剂的性质和各种制冷方法等。

本书在编写中遵循能力本位的主导思想，充分体现宽、浅、用、新的原则，避免过多的理论推导、计算，结合专业特点增加实用性内容。通过本课程的学习，学生应掌握从事制冷和空调设备运用与维修工作所必需的基础理论知识，为学习后续专业课程和职业技能打下基础。

本书可以作为职业院校制冷和空调专业教材，也可作为社会相关专业岗位培训教材。

本书由青岛海洋高级技工学校赵金萍任主编，杨丽任副主编。其中，第二章、第三章由河南鹤壁职业技术学院朱智民编写，第五章由青岛海洋高级技工学校杨丽编写，第八章、第九章由河南鹤壁职业技术学院董慧敏编写，其余章节由赵金萍编写。全书由北京市经贸高级技术学校杨东红主审。本书在编写过程中，有关学校教师提出了许多宝贵意见，在此谨向他们表示感谢。

由于编者水平有限，加上编写时间仓促，书中不妥之处在所难免，恳请读者批评指正。

编　者

目录

第三篇 制冷基本原理

第一篇　工程热力学基础

工程热力学是热力学的一个重要分支，主要研究的是热能与机械能之间的相互转换规律。本篇研究的主要内容有：热力学基本概念；热力学定律；热力过程、热力循环；常用工质的性质等。

热力学的研究方法有两种：一种是宏观研究方法，另一种是微观研究方法。作为应用科学之一的工程热力学，以宏观研究方法为主，微观理论的某些结论用来帮助理解宏观现象的物理本质。

第一章　基本概念

【学习目标】

1. 掌握热力系统的概念，了解热力系统的分类；
2. 掌握状态参数的数学特征及基本状态参数；
3. 能够利用理想气体状态方程求解实际问题；
4. 区别了解热力过程及热力循环；
5. 了解功量和热量的定义。

第一节　工质与热力系统

一、工质

在工程热力学中，为实现热能与机械能之间的相互转换，必须借助于某种物质作为它的工作介质，称为工质。如制冷与空调系统中工作在各种热力设备中的液体和气体，它们在能量转换中起着媒介的作用。

工质是实现能量转换与传递的内部条件，合理地选用工质可提高热力设备的效率。在热机循环中，为获得较高的热效率，常选用水蒸气、空气或燃气等可压缩、易膨胀的气体作为工质。在制冷循环和热泵循环中，同样为了提高制冷系数和供热系数，常选用被称为制冷剂的氨、氟利昂等易汽化、易液化的物质作为工质。

二、系统与外界

热力学中，为了简化分析讨论问题，在相互作用的各物体中，人为地选取某一范围内的物体作为热力研究对象，这个范围内物质的总和称为热力系统或热力系，简称系统或体系。

将与系统相互作用的周围物质称为外界或环境。系统与外界之间的分界面称为界面或边界，所以说热力系统是由界面包围着的作为研究对象的物质的总和。系统与外界之间，通过边界进行能量的传递与物质的转移。这个界面可以是真实的，也可以是假想的；可以是固定的，也可以是变化的或者运动着的。作为系统的边界，可以是这几种边界面的组合。

三、闭口系统与开口系统

根据系统与外界之间是否进行物质交换，可将系统分为开口和闭口两种。

系统与外界之间有物质交换的系统称为开口系统（开口系或开系）。通常，开口系统总是取某一相对固定的空间，故又称为控制容积系统，如图1-1a所示。

系统与外界之间没有物质交换的系统称为闭口系统（闭口系或闭系）。由于系统内物质质量保持恒定，故又称为控制质量系统，如图1-1b所示。但应注意：闭口系统具有恒定的质量，但是质量恒定的系统不一定都是闭口系统。

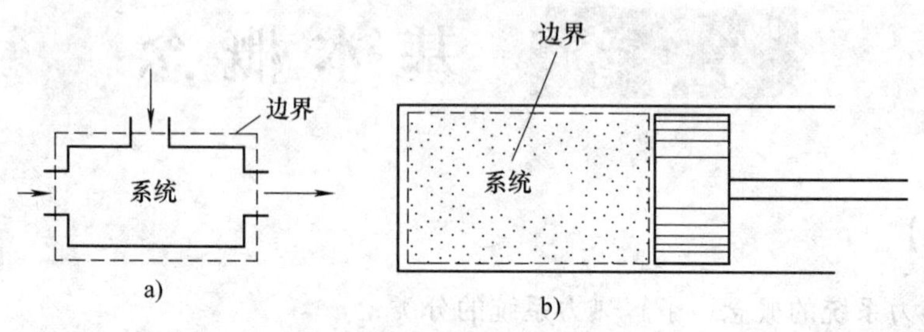

图1-1　开口系统和闭口系统

a）开口系统　b）闭口系统

四、简单系统、绝热系统与孤立系统

根据系统与外界之间所进行的能量交换情况不同，可将系统分为简单系统、绝热系统与孤立系统三种。

系统与外界之间只存在热量及一种形式准静态功交换的系统称为简单系统。

系统与外界之间完全没有热量交换的系统称为绝热系统。

系统与外界之间既无物质交换又无能量交换的系统称为孤立系统。

自然界中绝对的绝热系统和孤立系统都是不存在的，但在某些系统中，如果界面上的热量、功量、质量的交换都很小或其作用的影响可忽略不计，这时可看做是某一特定条件下的简化系统，以利于热力学的分析。

工程热力学中讨论的系统大多属于简单可压缩系统，它是指与外界只有热量及准静态容积变化功交换的由可压缩流体组成的系统。

第二节　状态及基本状态参数

一、热力系统的状态

分析热力系统能量转换的前提是研究热力系统的热力状态变化。热力系统在某一瞬间所体现的宏观物理状况称为热力状态或状态。

热力系统可以呈现出各种不同的状态，其中具有重要意义的是平衡状态。系统在不受外界影响（重力场除外）的条件下，宏观物理性质不随时间变化的状态称为平衡状态。实现平衡状态的充分必要条件是系统内部及系统内外之间的一切不平衡势差的消失。

系统的平衡状态可以用任意两个独立物理参数确定，也可以用二维平面坐标图来描述。显然，不平衡状态由于没有确定的状态参数，无法在状态坐标图中表示。在本教材讨论的范围内，常用的状态坐标图有压力比体积图、温熵图、焓熵图、压焓图等。

二、系统的状态参数

（一）状态参数及其数学特征

热力状态是系统各种宏观物理特性的表现，描述这种宏观特性的物理量称为系统的热力状态参数或状态参数。

系统的状态是通过状态参数来表征的，热力状态的单值性决定了热力状态参数有如下特征：

1）任意热力过程中，系统从初态变化至末态时，任意状态参数的变化量（增量）仅是初、末状态下的状态参数的差值，与变化路径无关。

2）热力系统进行一个封闭的状态变化过程而回复到初态时，其状态参数不改变，即变化量（增量）为零。

（二）状态参数的分类

1. 基本状态参数与导出状态参数

在热力学中主要的状态参数有：温度（T）、压力（p）、比体积（v）或密度（ρ）、内能（U）、焓（H）和熵（S）等。其中，温度（T）、压力（p）、比体积（v）或密度（ρ）是可以直接用仪器仪表测量的，被称为基本状态参数。而其余的状态参数都不能直接测量，必须由基本状态参数导出，所以称为导出状态参数。

2. 广延量与强度量

状态参数按其数值是否与系统内物质质量有关，可分为两类：

1）凡与质量有关的状态参数称为广延量（或尺度量），如容积（V）、内能（U）和焓（H）等。这类参数具有可加性，在系统中它的总量等于系统内各部分同名参数值之和。

2）凡与质量无关的状态参数称为强度量，如压力（p）、密度（ρ）和温度（T）等。这类参数不具可加性，如果将一个均匀系统划分为若干个子系统，则各子系统及整个系统的同名强度参数都具有相同的值。

单位质量的广延量，具有强度量的性质，称为比参数。通常广延量用大写字母表示，由广延量转化而来的比参数在其对应的广延量名称前冠以“比”字，并用相应的小写字母表示，例如，比体积 v、比内能 u、比焓 h 和比熵 s 等。但习惯上为了书写方便，除比体积外，常常省略“比”，仅以小写字母表示区分。

（三）基本状态参数

1. 压力

热力学中的压力是指垂直作用于单位作用面上的力，即物理学中的压强，用符号 p 表示。对于气体，压力的实质是系统中大量分子不断地作无规则热运动而撞击容器壁面，在单位面积的容器壁面上所呈现的平均作用力。

(1) 绝对压力、大气压力和相对压力　工质的真实压力称为绝对压力，用 p 表示，它以毫无一点气体存在的绝对真空作为起点。

大气压力是大气层中的物体受大气层自身重力产生的作用于物体上的压力，用 p_b 表示，它随各地的纬度、高度和气候条件而变化，可用专门的气压计测定。工程中，如果被测工质的绝对压力很高，为简化计算，可将大气压力近似取值为 0.1MPa；如果被测工质的绝对压力较小，就必须按当时当地大气压力的具体数值计算。

系统的压力常用弹簧管式压力计或 U 型管压力计来测量。弹簧管式压力计的基本原理如图 1-2 所示。弹性弯管的一端封闭，另一端与系统相连，在管内作用着被测的压力，而管外作用着大气压力。弹性弯管在管内外压差的作用下产生变形，从而带动指针转动，指示出被测工质与大气之间的压力差。U 型管压力计如图 1-3 所示。U 型管内盛有水或水银，一端接被测的工质，而另一端与大气环境相通。当被测的压力与大气压力不等时，U 型管两边液柱高度不等。此高度差即被测工质与大气之间的压力差。

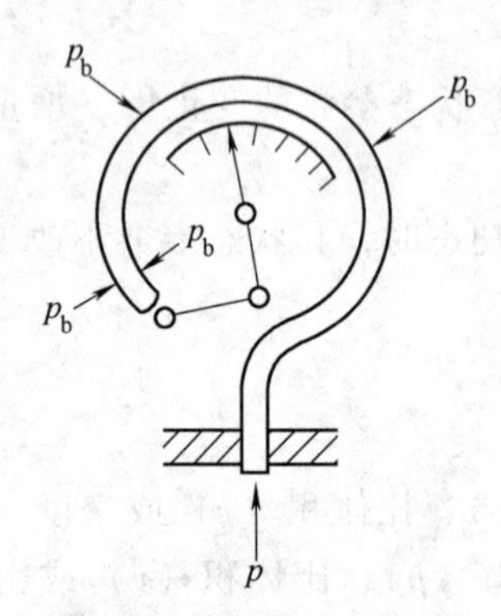

图 1-2　弹簧管式压力计

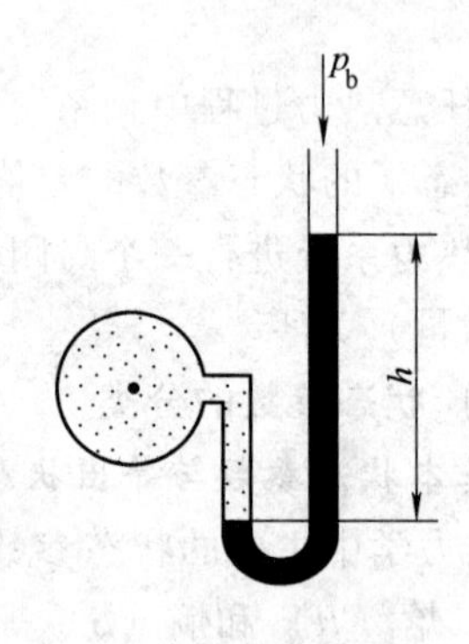

图 1-3　U 型管压力计

由此可见，无论使用什么压力计，测得的结果都是工质的绝对压力 p 和大气压力 p_b 之间的相对值，称为相对压力，它以当地大气压作为起点。当绝对压力高于大气压力时，压力计指示的数值称为表压力，用 p_g 表示，显然

$$p_g = p - p_b \tag{1-1}$$

当绝对压力低于大气压力时，压力计指示的读数称真空度，用 p_v 表示，显然

$$p_v = p_b - p \tag{1-2}$$

若以绝对压力为零时作为基线，则可将绝对压力、表压力、真空度和大气压力之间的关系用图 1-4 表示。

(2) 压力单位　在国际单位制（SI）中规定压力的单位为帕斯卡，简称“帕”，符号是 Pa，它的定义式为

$$1\text{Pa} = 1\text{N/m}^2$$

即 1m^2 面积上作用 1N 的力称为 1 帕斯卡。工程上由于 Pa 这个单位太小，常用千帕（kPa）或兆帕（MPa）作为压力单位，它们之间的关系是

$$1\text{MPa} = 10^3\text{kPa} = 10^6\text{Pa}$$

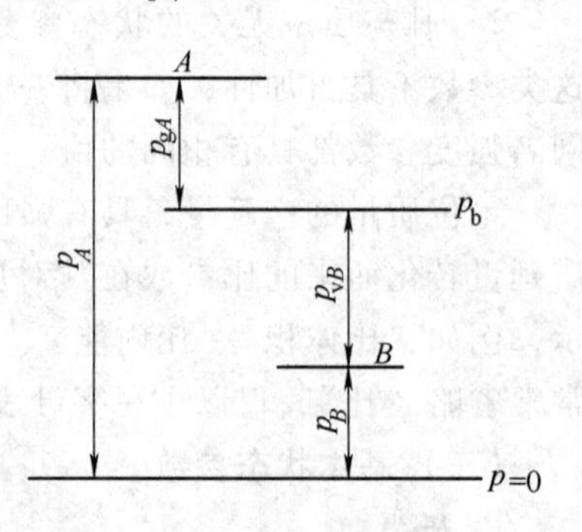

图 1-4　绝对压力、表压力、真空度和大气压力之间的关系

工程中还曾采用其他压力单位，如巴（bar）、标准大

气压（atm）、工程大气压（at）、毫米汞柱（mmHg）、米水柱（mH_2O）等，并有 1bar = 10^5Pa = 0.1MPa 及表 1-1 的换算关系。

表 1-1　压力单位换算表

单位名称	帕斯卡（Pa）	工程大气压（at）	标准大气压（atm）	毫米汞柱（mmHg）	米水柱（mH_2O）
帕斯卡（Pa）	1	1.01972×10^{-5}	0.98692×10^{-5}	7.5006×10^{-3}	1.01972×10^{-4}
工程大气压（at）	0.980665×10^{5}	1	0.96748	735.56	10.000
标准大气压（atm）	1.01325×10^{5}	1.03323	1	760.00	10.3323
毫米汞柱（mmHg）	133.3224	1.3595×10^{-3}	1.3158×10^{-3}	1	1.3595×10^{-2}
米水柱（mH_2O）	9806.65	0.1	0.096784	73.556	1

2. 温度

（1）热力学第零定律与温度　若将冷热程度不同的两个系统相接触，它们之间会发生热量传递。在不受外界影响下，一段时间后，它们将达到相同的冷热程度，而不再进行热量传递，这种情况称为热平衡。试验表明：与第三个系统处于热平衡的两个系统，彼此也处于热平衡。按照 1931 年福勒（R. H. Fowler）的提议，这个结论称为热力学第零定律。

由此可知，处于同一热平衡状态的各个系统，无论其是否相互接触，必定有某一宏观特性是相同的。将描述此宏观特性的物理量称为温度，即将这种可以确定一个系统是否与其他系统处于热平衡的物理量定义为温度。这也是可以用温度计测量物体温度的依据。温度计的读数，则是利用测温物质的某种物理特性（V、R、p 等）来表示的。

（2）温标　为了进行温度测量，需要有温度的数值表示方法，即需要建立温度的标尺或温标。在现代 SI 单位制中采用热力学温标为基本温标，由它所确定的温度称为热力学温度，符号为 T，单位为开尔文，中文代号“开”，国际代号“K”。热力学温标选取纯水的三相点（固、液、气三相平衡共存状态）为基本点，定义纯水的三相点温度为 273.16K。因此，每单位开尔文等于纯水三相点热力学温度的 1/273.16。

与热力学温标并用的还有热力学摄氏温标，简称摄氏温标，由它所确定的温度称为摄氏温度，符号为 t，单位为摄氏度，代号“℃”。热力学摄氏温标不是以 SM（工程单位）制中的 1atm 下的纯水沸点与凝固点为基本点，而是直接由热力学温标导出，热力学摄氏温标 t 的定义式为

$$\{t\}_{℃} = \{T\}_{K} - 273.15 \tag{1-3}$$

3. 比体积与密度

容积是指工质所占有的系统空间，包括物质微粒本身占有的体积和微观粒子运动的空间。系统的比体积就是单位质量物质所占有的容积，以符号 v 表示，单位为 m^3/kg，即

$$v = \frac{V}{m} \tag{1-4}$$

式中　V——物质的容积，单位为 m^3；

m——物质的质量，单位为 kg。

系统的密度是指单位体积物质的质量，以符号 ρ 表示，单位为 kg/m^3，即

$$\rho = \frac{m}{V} \tag{1-5}$$

显然，比体积与密度互为倒数，即

$$\rho v = 1 \tag{1-6}$$

单位体积物质的重量称为重度（或容重），以符号 γ 表示，单位为 N/m^3，即

$$\gamma = \frac{G}{V} \tag{1-7}$$

在重力场中，物体的重量 G 等于质量 m 与重力加速度 g 的乘积，即

$$G = mg$$

等式两边同除以体积 V，可得重度与密度的常用重要关系，即

$$\gamma = \rho g \tag{1-8}$$

式中　g——重力加速度，一般取 $g = 9.81 m/s^2$。

密度和重度不仅与物体的种类有关，还取决于物体的温度和压强。常见物体的密度和重度值见表 1-2。

表 1-2　几种常见物体的密度、重度（1 个标准大气压下）

名称	温度/℃	密度/(kg/m^3)	重度/(N/m^3)	名称	温度/℃	密度/(kg/m^3)	重度/(N/m^3)
水	4	1000	9810	润滑油	15	900 ~ 930	8829 ~ 9123.3
海水	15	1020	10006.2	二氧化碳	0	1.976	19.385
水银	0	13590	133317.9	空气	0	1.293	12.684
酒精	20	789	7740.1				

第三节　理想气体及状态方程

凡遵循克拉珀龙状态方程的气体，称为理想气体。

对于不同物量的气体，克拉珀龙状态方程有下列几种形式，即

$$pv = RT \text{（对于1kg 气体）} \tag{1-9}$$

$$pV_m = R_m T \text{（对于1kmol 气体）} \tag{1-9a}$$

$$pV = mRT = nR_m T \text{（对于 } m \text{ kg 或 } n \text{ kmol 气体）} \tag{1-9b}$$

式中　p——绝对压力，单位为 Pa；

v——比体积，单位为 m^3/kg；

R——气体常数，与气体所处的状态无关，只与气体种类有关，单位为 J/(kg·K)；

T——热力学温度，单位为 K；

V_m——千摩尔容积，按阿伏加德罗假说，在相同压力和温度下，各种气体的摩尔容积相同。在标准状态（$T_0 = 273.15K$，$p_0 = 1.01325 \times 10^5 Pa$）下，各种理想气体的 V_m^0 均相同，都是 $22.414 m^3/kmol$；

V——体积，单位为 m^3；

R_m——摩尔气体常数，不仅与气体所处的状态无关，而且还与气体种类无关，因此又称为通用气体常数。R_m 值的大小可以根据标准状态参数由式（1-9a）确定，即

$$R_m = \frac{1.01325 \times 10^5 \times 22.414}{273.15} J/(kmol \cdot K) = 8314 J/(kmol \cdot K)$$

气体常数 R 与摩尔气体常数 R_m 的关系为

$$R_m = MR \tag{1-10}$$

式中　M——相对分子质量。

不同气体的 M 值不同，R 也不同。几种常用气体的 R 值见表 1-3。

表 1-3　常用气体常数 R　　［单位：J/(kg·K)］

气体名称	化学式	相对分子质量	气体常数	气体名称	化学式	相对分子质量	气体常数
氢	H_2	2.016	4124.0	氮气	N_2	28.013	296.8
氦	He	4.003	2077.0	一氧化碳	CO	28.011	296.8
甲烷	CH_4	16.043	518.2	二氧化碳	CO_2	44.010	188.9
氨	NH_3	17.031	488.2	氧气	O_2	32.000	259.8
水蒸气	H_2O	18.015	461.5	空气		28.970	287.0

克拉珀龙状态方程描述了同一状态下理想气体 p、v、T 三个参数之间的关系。由于它只适用于理想气体，故又称理想气体状态方程。

实际气体分子本身具有体积，分子间存在相互作用力（引力和斥力），这两项因素对于分子的运动状况均产生一定的影响。描述实际气体特性时，必须以正确的方式修正这两项因素的影响，例如范德瓦尔斯方程等。但是，当气体的密度比较低，即分子间的平均距离比较大时，分子本身所占的体积与气体的总容积相比是微乎其微的，分子间的作用力也极其微弱，特别是当 $p\to 0$、$v\to\infty$ 时，上述两项因素的影响可以忽略不计。因此，可以认为理想气体是一种假想的气体，它的分子是一些弹性的、不占体积的质点，分子之间没有相互作用力。理想气体和实际气体无明显的界限，只是根据工程计算所允许的精度范围而定。在本书后续章节中，除特殊说明外，“气体”一般指理想气体，实际气体则根据其接近液态的程度，以“蒸汽”或“汽体”来表述。

例 1-1　求下列情况下氧气的密度。

（1）在绝对压力为 15MPa，温度为 200℃时。

（2）在物理标准状况时。

解　氧气的气体常数为

$$R = \frac{R_m}{M} = \frac{8314}{32}\mathrm{J/(kg\cdot K)} = 259.8\mathrm{J/(kg\cdot K)}$$

（1）求 15MPa 及 200℃时氧气密度

$$p = 15\mathrm{MPa} = 15\times 10^6\mathrm{Pa}$$

$$T = (273+200)\mathrm{K} = 473\mathrm{K}$$

由气态方程 $pv = RT$ 得到

$$\rho = \frac{1}{v} = \frac{p}{RT} = \frac{15\times 10^6}{259.8\times 473}\mathrm{kg/m^3} = 122.06\mathrm{kg/m^3}$$

（2）求物理标准状况下的氧气密度

物理标准状况：$p_0 = 101325\mathrm{Pa}$

$$T_0 = 273\mathrm{K}$$

同样由气态方程得到

$$\rho_0=\frac{1}{v_0}=\frac{p_0}{RT_0}=\frac{101325}{259.8\times273}\text{kg/m}^3=1.43\text{kg/m}^3$$

第四节 热力过程

一、热力过程定义

当一个热力系统不具有任何不平衡势差时，必将永远保持其平衡状态，这时系统具有确定的状态参数。若系统界面上发生能量传递或系统内新的不平衡的产生，会使系统偏离平衡状态而发生变化。在变化中随着系统内外不平衡势差的逐渐消失，最终达到新的平衡状态。这种由于系统与外界相互作用而引起的热力系统由一个平衡状态经过连续的中间状态变化到另一个新的平衡状态的全过程，称为热力过程，简称过程。

任何热力过程中的初态与末态都是平衡状态，如果中间状态也处处平衡，这就是平衡过程；如果中间状态中存在不平衡状态时，这就是不平衡过程。平衡过程中的每一热力状态都具有确定的状态参数，在热力状态图中可用一条确定的实线来描述其过程变化。在不平衡过程中，除了初态与末态可用确定的状态参数来表示外，中间状态无法用确定的状态参数来表示，那么在热力状态图中无法用确定的曲线来描述不平衡过程的中间状态。为了方便讨论不平衡过程的变化特性，则在初态与末态间用虚线连接来近似地描述。

严格地讲，系统经历的实际过程，由于不平衡势差的作用必将经历一系列非平衡状态。这些非平衡状态实际上已无法用少数几个状态参数描述，为此，研究热力过程时，需要对实际过程进行简化，建立某些理想化了的物理模型。准静态过程和可逆过程就是两种理想化的模型。

二、准静态过程

图 1-5 所示为气体在活塞气缸装置中的变化过程示意图。在初态下，气体的压力与外界力相平衡，系统具有确定的初态参数。若突然降低外界力，则气体压力大于外界力。在这个不平衡势差的作用下，气体突然膨胀推动活塞快速向上运动，直至系统压力与外界力间的不平衡势差消失，而达到新的平衡状态。显然这是一个不平衡过程，除了初态、末态可用状态参数确定外，中间状态就难以用状态参数准确地表达。如果将外界压力减小一个微量，系统压力与外界力间的不平衡势差为无限小，活塞仅向上膨胀微小的体积，几乎不影响系统内部的平衡性，所以在这微小的变化中，系统偏离平衡态的程度为无限小，一旦偏离平衡态就能极快地回复到新的平衡态。这样依次重复，使系统逐渐变化至末态。像这类系统在极小不平衡势差的作用下，极少偏离平衡态作连续变化的过程，称为准静态过程或准平衡过程，在热力状态图中仍用实线来描述。

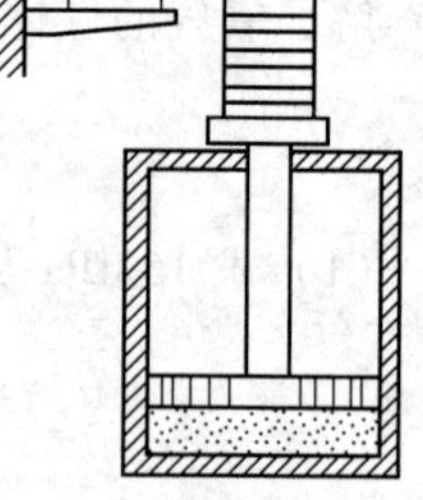

图 1-5 气体在活塞气缸装置中的变化过程

准静态过程是一种理想化的过程，要求一切不平衡势差无限小，使得系统在任意时刻皆无限接近于平衡态，这就必须要求过程进行得无限缓慢。实际过程都不可能进行得无限缓慢，但为了方便分析，工程热力学中常将所研究的热力过程看做准静态过程，这是由于这些热力过程中系统平衡态从被破坏到回复新的平衡态所需时间——弛豫时间极短，系统平衡回复率大于变化率。

三、可逆过程

可逆过程是热力学的又一理想模式，它是指无任何不可逆损失的过程。不可逆损失包括与系统状态有关的非平衡损失和与系统、外界条件有关的耗散损失。非平衡损失是由系统内不平衡势差引起的损失。耗散损失是由机械摩擦阻力、流体粘性阻力等作用而产生的不可逆损失。

当热力系统在变化中不存在任何不可逆损失时，系统及外界都能按原来变化路线逆行至初态，并能完全恢复到各自的初态，这就是可逆过程。实现可逆过程的条件：一是准静态过程；二是无任何耗散效应。否则就是不可逆过程。可见平衡过程和可逆过程都假定变化时，系统内、外都不存在耗散，所以两者是等效的。而准静态过程仅考虑系统内部平衡性，是系统内部平衡过程，仍属于不可逆过程的范畴。由此可知：可逆过程必然是准静态过程；而准静态过程则未必是可逆过程，它只是可逆过程的必要条件之一。

第五节　功量与热量

系统与外界之间在不平衡势差的作用下会发生能量交换。能量交换的方式有两种——做功和传热。

一、功量

在工程热力学中，功定义为广义力与广义位移的乘积。并规定，系统对外界做功取为正值；而外界对系统做功为负值。

在 SI 单位制中，功的单位与热量、能量的单位相同，都用焦耳（J）表示，其定义为：1 焦耳 =1 牛顿 · 米，即 1J = 1N · m。

在 SM 单位制中，功的单位是千克力 · 米（kgf · m）。单位换算见表 1-4。

表 1-4　功、热、能量单位换算表

名称	千焦 （kJ）	国际千卡 （kcal）	千克力 · 米 （kgf · m）	千瓦 · 时 （kW · h）	马力 · 时 （ps · h）	英热单位 （Btu）
千焦	1	0.2388	101.972	2.777×10^{-4}	3.7767×10^{-4}	0.9478
国际千卡	4.1868	1	426.94	1.163×10^{-3}	1.581×10^{-3}	3.9682
千克力 · 米	9.807×10^{-3}	2.342×10^{-3}	1	2.724×10^{-6}	3.703×10^{-6}	9.292×10^{-3}
千瓦 · 时	3600.65	860	367168.4	1	1.3596	3412.14
马力 · 时	2647.79	632.53	270052.36	0.7355	1	2509.63
英热单位	1.055056	0.2520	107.6157	2.9307×10^{-4}	3.985×10^{-4}	1

注：1 国际千卡 = 1.0012 千卡（20℃）= 1.0003 千卡（15℃）。

在工程中，也常分析讨论单位时间的做功能力——功率。功率的单位是瓦特（W）：1 瓦特 =1 焦耳/秒，即 1W = 1J/s。

功率的换算关系有：　1马力(ps)＝0.736千瓦（kW）

　　　　　　　　　　1千瓦(kW)＝1.36马力（ps）

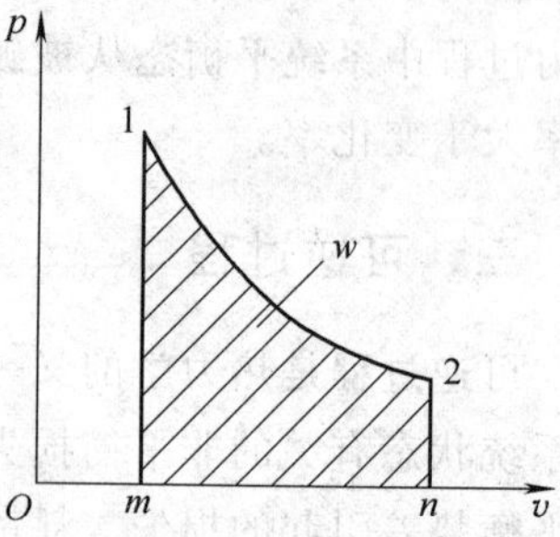

（一）准静态过程中的容积变化功——膨胀功和压缩功

系统容积变化所完成的膨胀功或压缩功统称容积变化功，是一种基本功量。如图1-6所示，其值大小相当于$p-v$图中过程曲线与横坐标之间的阴影面积，即

$$w = \int_1^2 p(v)\,\mathrm{d}v = \text{面积}1—2—n—m—1$$

所以也称p-v图为示功图。

图1-6　容积变化功的大小

可见，当气体膨胀时，积分为正值，表示系统膨胀对外做功；当气体被压缩时，积分为负值，表示外界对系统做压缩功。

功量不是状态参数，是与过程有关的过程函数，所以

$$w = \int_1^2 \Delta w \neq w_2 - w_1$$

当气体质量为$m$kg时，系统体积为

$$V = mv$$

则功为

$$W = \int_1^2 p\mathrm{d}V = m\int_1^2 p\mathrm{d}v = mw \tag{1-11}$$

（二）其他形式的准静态功

除容积变化功外，系统还可能有其他形式的准静态功。

1. 拉伸机械功

物体在外力的作用下被拉伸时外界消耗的功，或者系统对外界所做的功。

2. 表面张力功

液体的表面张力有使表面收缩的趋势。若要扩大其表面积，外界需克服表面张力而做功。

二、热量

当系统与外界之间存在温差时，热量是通过界面由温度高的系统向温度低的外界所传递的热能。热力学认为温差是热量传递的动力，一旦系统与外界间达到热平衡时，相互间的热量传递随之停止。同时，热量与功量一样也是过程函数，即传热量的大小与热力过程有关，在相同的初态与末态之间，热力过程的路径不同，则传热量也不同。

在热力学中，以q表示质量为1kg系统的换热量；以Q表示质量为$m$kg系统的换热量。并常规定系统吸热量为正值，放热量为负值。在SI单位制中，热量的单位同样是焦耳（J）。

在热力分析时，常用温熵（T-s）图上过程曲线下的面积$1—2—s_2—s_1—1$来描述系统与外界间换热关系（见图1-7），所以也称T-s图为示热图。

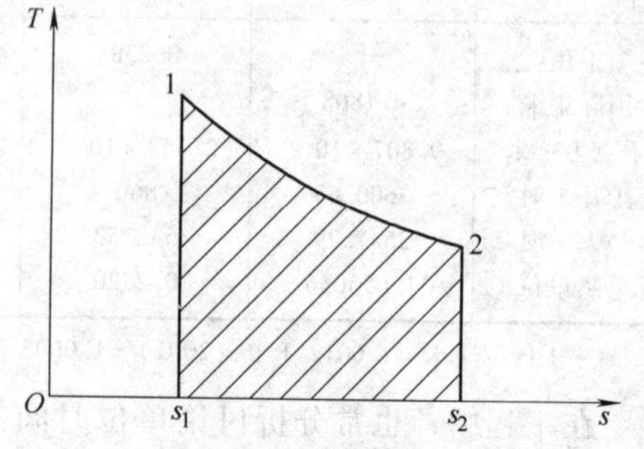

图1-7　系统与外界间换热关系

三、储存能

系统储存能包括内部储存能和外部储存能，也是能量的一种表现形式。系统内部储存能即内

能，它与系统内部粒子微观运动和粒子的空间位置有关；系统外部储存能包括宏观动能和重力位能，也就是系统本身所储存的机械能。显然，系统总的储存能是内能、动能和位能之和。那么对于没有宏观运动和相对位置高度为零的系统，其总的储存能就等于其内能。

第六节 热力循环

能量之间的转换，通常都是通过工质在相应的热力设备中进行循环来实现的。系统从某一初态开始，经过一系列的中间状态变化后重新回复到初态的全过程，称为热力循环，简称循环。

热力循环根据其方向可分为正向循环和逆向循环；根据可逆性可分为可逆循环和不可逆循环。

循环的经济指标用工作系数来表示，即

$$\text{工作系数}=\frac{\text{收益}}{\text{代价}}$$

一、正向循环

使热能转换为机械能的循环称为热机循环或热动力循环，如蒸气动力循环、气体动力循环等。由于热机循环在状态图中以顺时针方向描述，所以也称为正向循环，如图 1-8 所示。

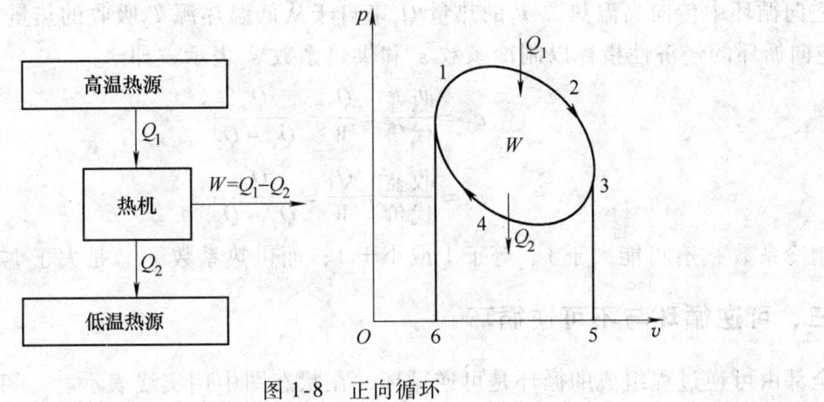

图 1-8 正向循环

在正向循环中，系统从高温热源 T_1 吸热 Q_1，对外做功 W。同时为实现循环，系统还必须向低温热源 T_2 放热 Q_2。根据能量守恒定律

$$Q_1-Q_2=W \quad \text{或} \quad Q_1=Q_2+W$$

在工程中，将循环净功 W 与高温热源供热 Q_1 之比称为热效率，以 η_t 表示，用以衡量热机循环的经济性，即

$$\eta_t=\frac{\text{收益}}{\text{代价}}=\frac{W}{Q_1}=\frac{Q_1-Q_2}{Q_1}=1-\frac{Q_2}{Q_1} \tag{1-12}$$

热效率 η_t 小于 1 说明高温热源向系统供热 Q_1 仅有部分转换为功 W 向外输出，而另一部分热 Q_2 不能转换为功，只是传向低温热源 T_2。η_t 数值越大，表示循环的经济程度越高。

二、逆向循环

逆向循环是消耗机械能使热从低温热源传向高温热源的循环，在状态图中以逆时针方向描述，所以也叫逆向循环，如图 1-9 所示。

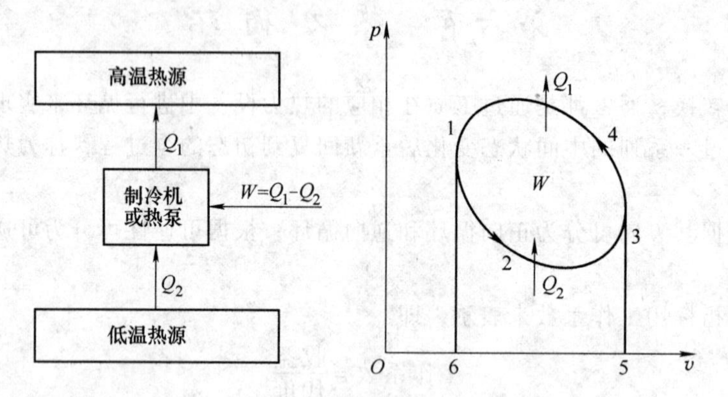

图 1-9　逆向循环

逆向循环包括以获得制冷量为目的的制冷循环和以获得供热量为目的的热泵循环。在循环中，系统消耗功 W 从低温热源 T_2 吸收热量 Q_2 并向高温热源 T_1 放热 Q_1。同样，由能量守恒定律得

$$Q_1 - Q_2 = W \quad 或 \quad Q_1 = Q_2 + W$$

说明逆向循环中传向高温热源 T_1 的热量 Q_1 来自于从低温热源 T_2 吸收的热量 Q_2 和循环净耗能 W。逆向循环的经济性指标以制冷系数 ε_1 和供热系数 ε_2 表示，即

$$\varepsilon_1 = \frac{收益}{代价} = \frac{Q_2}{W} = \frac{Q_2}{Q_1 - Q_2} \tag{1-13}$$

$$\varepsilon_2 = \frac{收益}{代价} = \frac{Q_1}{W} = \frac{Q_1}{Q_1 - Q_2} \tag{1-14}$$

制冷系数 ε_1 有可能大于 1、等于 1 或小于 1；而供热系数 ε_2 总是大于 1。

三、可逆循环与不可逆循环

全部由可逆过程组成的循环是可逆循环，在状态图中用实线表示。一切可逆循环都是理想循环。可逆正向循环就是理想热动力循环，而可逆逆向循环就是理想制冷循环和理想热泵循环。

在循环中，如果有部分过程或全部过程是不可逆的，这样的热力循环就是不可逆循环，在状态图中不可逆循环的可逆过程可用实线描述，而不可逆过程只能用虚线近似地描述。

【思考题与习题】

1-1　什么是工质？工质在能量转换中的作用是什么？

1-2　什么是热力系统？什么是开口系统、闭口系统、绝热系统和孤立系统？

1-3　什么是热力状态？

1-4　什么是平衡状态？实现平衡状态的充要条件是什么？

1-5　什么是状态参数？常用的基本状态参数有哪些？

1-6　什么是绝对压力、表压力和真空度？三者有何关系？

1-7　热力学温标和摄氏温标有何关系？

1-8　某理想气体的温度和密度不变时，仅增加工质的数量，会导致其压力如何变化？

1-9　什么是热力过程？可逆过程、平衡过程、准静态过程有何区别及联系？造成不可逆过程的因素有哪些？

1-10　能否说系统在某状态下具有多少热量或功量吗？为什么？

1-11　什么是热力循环？什么是正向循环？什么是逆向循环？工作系数如何确定？

1-12　用气压计测得大气压力为 $p_b = 10^5$Pa，求：（1）表压力为 3.0MPa 时的绝对压力（MPa）；（2）真空度为 6kPa 时的绝对压力（kPa）；（3）绝对压力为 70kPa 时的真空度（kPa）；（4）绝对压力为 1.5MPa 时的表压力（MPa）。

1-13　分别求 $p = 0.6$MPa、$t = 127$℃时，N_2、O_2 和空气的比体积和密度。

1-14　气体初态为 $p_1 = 0.4$MPa、$V_1 = 0.3m^3$，在压力为定值的条件下膨胀到 $V_2 = 0.6m^3$，求气体膨胀所做的功。

第二章 热力学定律

【学习目标】

1. 了解稳定流动能量方程及应用；
2. 理解卡诺定理，掌握卡诺循环的基本组成；
3. 掌握热力学第一、二定律。

第一节 热力学第一定律

一、热力学第一定律的基本表达式

在制冷技术中，实现热量转移和热量交换的理论基础是热力学。热力学是以实验事实为基础，从能量转化和守恒的观点出发，分析研究物态的变化过程。热力学基本定律是制冷工程的热力学基础。

在热力学中，常把所要研究的宏观物体称为热力学系统，简称为系统，内能是储存在系统内部的能量。把与热力学系统相互作用的环境称为外界。实验证明：做功和热传递都可以使系统的内能发生变化。对系统做功或使系统从外界吸收热量，都可使系统的内能增加；反过来，系统对外做功或向外界释放热量，系统的内能减少。一般情况下，做功和热传递是同时发生的，而且热和功是可以相互转换的。即当一定量的热消失时，必然产生一定量的功；同样，消耗一定的功，必然产生一定量的热。

热力学第一定律是能量守恒定律在热力学范畴内的具体应用，其主要内容是：无论何种热力过程，在机械能与热能的转换或热能的转移中，系统和外界的总能量守恒。

热力学第一定律是热力学的基本定律，它适用于一切工质和一切热力过程。当用于分析具体问题时，需要将它表述为数学解析式，即根据能量守恒的原则，列出参与过程的各种能量的平衡方程式。

对于任何系统，各种能量之间的平衡关系可一般地表示为

$$\text{输入系统的能量} - \text{输出系统的能量} = \text{系统储存能量的变化} \tag{2-1}$$

其中，系统的能量包括工质的动能、位能、内能和流动功，还包括通过边界传递的热量和所做的功。采用微元分析如图 2-1 所示。

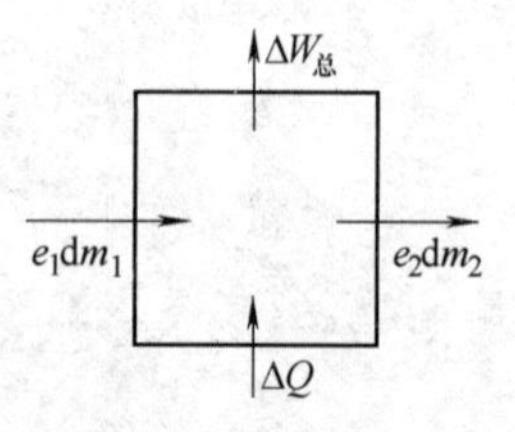

图 2-1 开口系统微元分析示意图

图 2-1 所示的微元过程中，外界对系统加热 ΔQ；系统对外界所做总功为 $\Delta W_{总}$；同时因系统与外界有质量交换，流入和流出系统的工质还将给系统带入或带出能量。设入口和出口处每千克工质的能量分别为 e_1 和 e_2，入口和出口处工质流量分别为 dm_1 和 dm_2，则流入和流出工质带入或带出的能量分别为 $e_1 dm_1$ 和 $e_2 dm_2$。

那么，在此微元过程中，输入系统的能量为 $\Delta Q + e_1 \mathrm{d}m_1$，输出系统的能量为 $\Delta W_{总} + e_2 \mathrm{d}m_2$，若系统储存能量的变化为 d$E$，由式（2-1）并转移项整理可得

$$\Delta Q = \mathrm{d}E + (e_2 \mathrm{d}m_2 - e_1 \mathrm{d}m_1) + \Delta W_{总} \tag{2-2}$$

从式（2-2）可以知道：外界加给系统的热量 ΔQ，一部分用于增加系统储存的能量 dE，一部分通过质量交换传给外界（$e_2 \mathrm{d}m_2 - e_1 \mathrm{d}m_1$），一部分用于系统对外界做功 $\Delta W_{总}$。

二、闭口热力系统能量方程

闭口热力系统的特征是与外界无质量交换，即（$e_2 \mathrm{d}m_2 - e_1 \mathrm{d}m_1$）$=0$；闭口热力系统对外做功或外界对系统做功只能是容积功，即 $\Delta W_{总} = \Delta W$；系统工质的动能与位能不会变化，因而闭口热力系统工质储存能量的变化只有内能的变化，即 $\mathrm{d}E = \mathrm{d}U$。

于是，由式（2-2）可得到闭口热力系统的能量方程

$$\Delta Q = \mathrm{d}U + \Delta W \tag{2-3}$$

对闭口热力系统的有限热力过程则有

$$q = \Delta u + w \text{ 或 } Q = \Delta U + W \tag{2-4}$$

式（2-3）称为闭口系能量方程的一般表达式，它对闭口热力系统内进行的一切（可逆或不可逆）过程都适用。应用时还应遵守下述符号规定：系统吸热 q 或 Q 为正，放热 q 或 Q 为负；系统对外做功（膨胀）为正，外界对系统做功（压缩）w（或 W）为负；系统内能增加 Δu（或 ΔU）为正，系统内能减少 Δu（或 ΔU）为负。式（2-3）表示了系统中工质膨胀对外所做功，都只能通过消耗工质的内能或从外界提供的热量转变而来，也就是说，热与功的转换只能通过工质的膨胀（或压缩）来实现。

对于理想气体的可逆过程，容积功

$$\Delta w = p\mathrm{d}v \quad \text{或 } w = \int_2^1 p\mathrm{d}v$$

因此，$\Delta q = \mathrm{d}u + p\mathrm{d}v$

$$q = \Delta u + \int_1^2 p\mathrm{d}v$$

对于循环过程，工质经历一系列状态变化后又回复到初始状态，内能的变化量为零，此时有 $q = w$ 或 $Q = W$，其物理意义为循环对外输出的净功等于外界加给系统的净热。这表明系统从外界吸收的（放出的）热量，必然转化为系统对外界所做的功（外界对系统所做的功）。因此，历史上有人企图制造的不需外界提供任何能量而可以对外界做功的永动机是违反热力学第一定律的，它不可能实现。

例 2-1　定量气体在某一过程中吸入热量为 12kJ，同时内能增加 20kJ，问此过程是膨胀过程还是压缩过程？对外做功多少？

解　已知 $Q = 12\mathrm{kJ}$，$\Delta U = 20\mathrm{kJ}$，对闭口系的有限热力过程

$$Q = \Delta U + W$$

即

$$W = Q - \Delta U = (12 - 20)\mathrm{kJ} = -8\mathrm{kJ}$$

因为 $W < 0$，表明是压缩过程，系统对外做负功 8kJ，实际上是外界压缩气体做功 8kJ。

第二节　稳定流动能量方程及其应用

一、稳定流动能量方程

制冷与空调设备中的工质可以视作稳定流动，也就是说工质的流动状况不随时间而改变，即任一流通截面上工质的各种参数（包括热力学状态参数）不随时间而变化，这种流动称为稳定流动。

工程上常用的热力设备除起动、停止或者加减负荷外，大部分时间是在稳定条件下运行的，即工质的流动状态是稳定的。

1kg 工质作稳定流动时的能量方程为

$$q=(h_2-h_1)+\frac{1}{2}(c_2^2-c_1^2)+g(z_2-z_1)+w_s \tag{2-5}$$

式中　h_1、h_2——工质在入口和出口处的焓；

c_1、c_2——工质在入口和出口处的流速；

z_1、z_2——工质在入口和出口处相对零势能面的高度；

g——重力加速度；

w_s——通过机器轴传递的轴功，一般规定，系统输出轴功为正功，获得轴功为负功。

式（2-5）表明，稳定流动工质从外界吸收热量，一部分用于增加工质的焓，一部分用于增加工质的宏观动能与重力势能，一部分通过机轴传递对外做功。

二、稳定流动能量方程的应用

制冷压缩机、蒸发器和冷凝器等热交换器、膨胀阀（又称节流阀）以及喷管和扩压管等是制冷与空调系统中常见的设备。稳定流动能量方程反映了工质在稳定流动过程中能量转换的一般规律，这个方程普遍适用。可将稳定流动能量方程应用于这些设备，从而确定这些设备中的能量转换关系。

（一）制冷压缩机

在制冷系统中，工质流经压缩机其宏观动能与重力势能的变化相对于外界提供的轴功 w_s来说很小，可以忽略不计；在此过程中向外界的散热量也相对很小，可近似为绝热的，即 $q=0$。

由式（2-5）可得

$$w_s=h_1-h_2$$

上式表明，制冷压缩机消耗的外功大小等于工质在压缩机出口和入口的焓差，即等于工质焓的增加。

（二）膨胀阀

膨胀阀是制冷系统的减压元件，它的作用有两个：一是将高压制冷剂液体节流减压，二是调节蒸发器的供液量。工质流经膨胀阀时，由于流道截面突然减小，需克服阻力导致压力下降，温度也同时下降。工质流经膨胀阀所历时间很短，与外界交换的热量很少，可近似为绝热的，即 $q=0$；工质进出膨胀阀宏观动能与重力势能的变化都很小，可以忽略不计，节流过程工质与外界无功交换，$w_s=0$。

由式（2-5）可得
$$h_1=h_2$$

可见，工质经历绝热节流，在膨胀阀入口与出口处的焓是相等的。

（三）热交换器

在制冷系统，工质流经制冷设备的热交换器（如冷凝器、蒸发器等）时，只有吸热或放热，而对外界未做轴功，即 $w_s=0$；其宏观动能与重力势能的变化相对于传热的热量也很小，可忽略不计。

由式（2-5）可得
$$q=h_2-h_1$$

在蒸发器，低温液态制冷剂在其中吸收周围物体或介质的热量沸腾汽化，$q>0$，焓值增加，即在蒸发器中工质吸收的热量等于其焓值的增加。冷凝器与蒸发器相反，从压缩机排出的高温气态制冷剂在冷凝器中向周围介质放热冷凝液化，$q<0$，焓值减少，即在冷凝器中工质放出的热量等于其焓值的减少。

（四）喷管和扩压管

喷管的作用是通过降低工质的压力来提高其流速。扩压管的作用与喷管相反，它通过降低工质的流速来提高其压力。工质流经喷管或扩压管，可近似为绝热的，$q=0$；与外界无功交换，$w_s=0$；重力势能的变化可忽略不计。

由式（2-5）可得

$$\frac{1}{2}(c_2^2-c_1^2)=h_1-h_2$$

可见，工质流经喷管宏观动能的增量等于工质的焓降；工质流经扩压管宏观动能减少，其焓增加。

综合上述可以看出，流动工质的焓在能量转换或转移中起着非常重要的作用。

例 2-2 已知空气在压缩机中被压缩前后的压力和体积分别为：$p_1=0.1\text{MPa}$，$v_1=1\text{m}^3/\text{kg}$，$p_2=0.8\text{MPa}$，$v_2=0.25\text{m}^3/\text{kg}$。设在压缩过程中每 kg 空气的内能增加 150kJ，同时向外界放出热量 100kJ，压缩机每分钟生产压缩空气 10kg，求：（1）压缩过程中压缩机对每 kg 空气所做的容积功；（2）压缩机每分钟所需消耗的轴功；（3）带动此压缩机至少需用多大功率的电动机？

解 （1）对压缩机的压缩过程，压缩机内空气和外界无质量交换，可应用闭口系能量方程求容积功，即
$$w=q-\Delta u=(-100-150)\text{kJ/kg}=-250\text{kJ/kg}$$

负号表示外界压缩气体做功。

（2）空气压缩过程可视作稳定流动，可应用稳定流动能量方程求轴功。

设气体被压缩前后宏观动能与重力势能的变化可忽略，先计算压缩机压缩 1kg 空气所消耗的轴功。

由稳定流动能量方程得
$$\begin{aligned}w_s&=q-(h_2-h_1)=q-[(u_2+p_2v_2)-(u_1+p_1v_1)]\\&=[q-(u_2-u_1)]-(p_2v_2-p_1v_1)\end{aligned}$$

$$= w - (p_2 v_2 - p_1 v_1)$$
$$= [-250 - (0.8 \times 10^6 \times 0.25 - 0.1 \times 10^6 \times 1) \times 10^{-3}]\text{kJ}$$
$$= -350\text{kJ}$$

压缩机每分钟压缩10kg空气所消耗的轴功为

$$W_s = mw_s = 10 \times (-350)\text{kJ} = -3500\text{kJ}$$

负号表示消耗外界提供的轴功压缩气体。

（3）带动此压缩机所需电动机的功率，应为压缩机单位时间消耗的轴功。

$$P = \frac{W_s}{t} = \frac{3500}{60}\text{kW} = 58.3\text{kW}$$

由于传动不可避免有能量损失，则配用电动机实际所需功率将大于上面的计算结果，所以 $P = 58.3\text{kW}$ 只是配用电动机所需功率的最小值。

第三节　热力学第二定律

热力学第一定律指出，任何能量转换和传递的热力过程必然遵守能量转换和守恒定律。根据热力学第一定律，可以确定热力过程中能量转换的数量关系。但是，热力学第一定律没有指出能量转化的方向和必备条件。解决这一问题是热力学第二定律的任务。

热力学第二定律与热力学第一定律一样也是事实的总结。根据对热现象不同侧面的观察结果，得到热力学第二定律的具体表述各不相同。

下面有两种常见的说法：

1. 克劳修斯说法（1850）

热不可能自发地、不付代价地从低温物体传到高温物体。

2. 开尔文、普朗克说法（1851）

不可能制造只从一个热源取得热量，使之完全变成机械能而不引起其他变化的发动机。

人们从长期的生活实践中观察到，如果两个温度不同的物体相互接触，热量总是从温度高的物体传向温度低的物体，不可能从温度低的物体传向温度高的物体，也就是克劳修斯的说法。同时人们还发现，机械能可以通过摩擦变为热能，而热能不可能通过摩擦变为机械能。要使热能变为机械能必须具备一定的条件，即消耗一定的外功，也就是开尔文、普朗克的说法。综合以上内容，人们总结出了这个经验，也就是热力学第二定律。

从传热的角度看，热量可以自发地、无任何条件限制地从高温物体传到低温物体。这表明热量的传递具有方向性。若要使热量由低温物体传向高温物体，必须消耗能量。例如，电冰箱要将从箱内被冷藏物体（低温物体）吸取的热量传给大气环境（相对箱内温度是高温热源），就要求冰箱压缩机工作，通过消耗压缩机提供的机械能才能实现。

尽管热力学第二定律还有其他表述方法，但各种表述在本质上都是一致的。各种表述都表明自然界的自发过程具有一定的方向性和不可逆性，非自发过程的实现必须具备补充条件，并且自发过程中能量转换的有效利用有一定的限度。

第四节　卡诺循环与卡诺定理

制冷循环以消耗外界提供的能量才能实现。为了认识制冷循环中能量有效利用可能达到的限度，本节介绍理想的可逆热力循环——卡诺循环。

一、卡诺循环

（一）卡诺循环的组成

1824 年法国工程师卡诺描述了一个工作于两个热源之间，实现机械能与热能相互转换的一个循环，即卡诺循环。当循环逆向进行时称为逆卡诺循环。

由热力学第二定律知，工质通过热力循环实现热能和机械能之间的转换，至少应有两个温度不同的热源。为了使循环过程简单，理想的卡诺循环只有一个高温热源（T_1）和一个低温热源（T_2），在循环过程中工质只和这两个热源交换热量，由于此过程要求传热是可逆的，传热就要无温差。其示意图如图 2-2 所示。

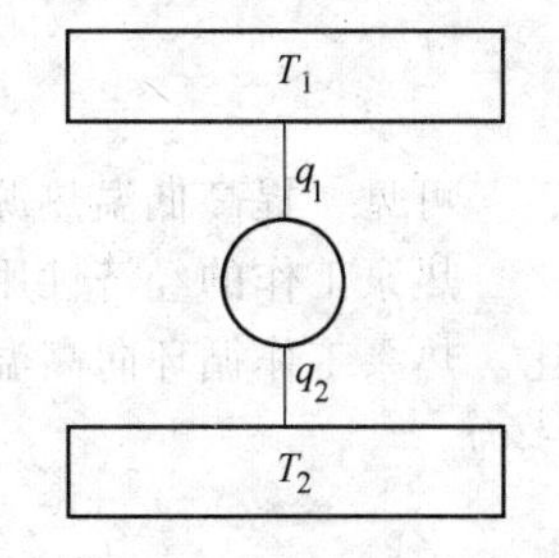

图 2-2　无温差传热系统

要实现无温差传热，就要求工质从高温热源吸热时作等温膨胀；向低温热源放热时作等温压缩。要构成循环，在两个温度不同的等温过程之间，还必须有其他温度可变的过程相连接。由于只允许和两个热源交换热量，同时考虑可逆要求，则使工质温度由 T_1 降至 T_2 和由 T_2 回升到 T_1 的过程，只能是绝热等熵膨胀过程和绝热等熵压缩过程。于是，理想的可逆热力循环，应由等温膨胀、等熵膨胀、等温压缩和等熵压缩四个可逆过程组成。正向卡诺循环温熵图如图 2-3a 所示。

在图 2-3a 中，T 为热力学温度，s 为熵，高温热源的温度为 T_1，低温热源的温度为 T_2。图中 1—2 为等温吸热过程，2—3 为等熵膨胀过程，3—4 为等温放热过程，4—1 为等熵压缩过程。

图 2-3b 为逆卡诺循环，其过程与正卡诺循环正好相反。

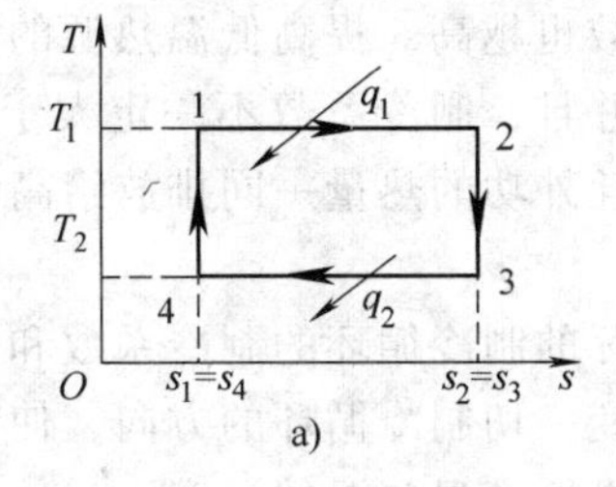

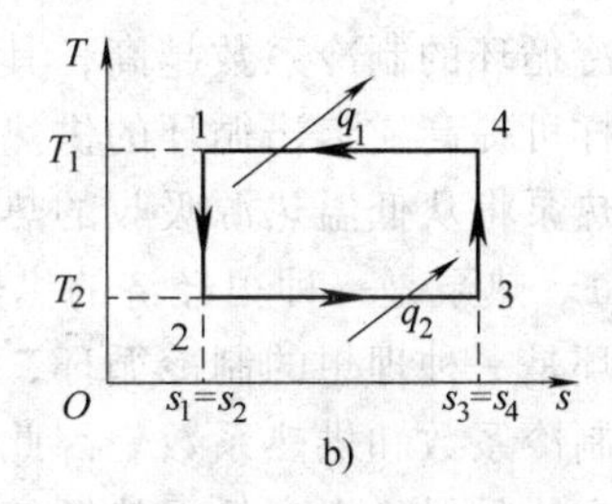

图 2-3　卡诺循环的温熵图

（二）制冷系数和供热系数

制冷循环是从低温热源吸热，向高温热源放热，即逆向卡诺循环。应用逆卡诺循环的目的有两种：一是制冷，即获得需要的低温环境，如电冰箱、空调等；二是供热，如在冬季使用的热泵型房间空调器，就是从温度相对较低的室外大气环境吸热，向温度相对较高的室内供热，以达到取暖的目的。

制冷循环从低温热源吸收的热量用 q_2 表示，向高温热源放出的热量用 q_1 表示，消耗的外功用 w 表示。为简便起见，q_1 和 w 都代表放热和外功的绝对值。在制冷循环中，输入系统的能量为 q_2+w，输出系统的能量为 q_1，并且由于通过循环工质回复到初态，系统储存的能量不变。根据热力学第一定律应有

$$q_1=q_2+w$$

制冷机工作的好坏用制冷系数来衡量，制冷系数 ε_1 表示工质从低温物体吸取的热量与外界消耗的机械功之比。制冷循环从热源吸收的热量为 q_2，消耗外功为 w，因此制冷系数的计算通式为

$$\varepsilon_1=\frac{q_2}{w}=\frac{q_2}{q_1-q_2}$$

对于逆卡诺循环，由图 2-3b 可见，$q_1=T_1(s_4-s_1)$，$q_2=T_2(s_3-s_2)$，代入上式可得逆卡诺循环制冷系数

$$\varepsilon_{\mathrm{C}}=\frac{q_2}{q_1-q_2}=\frac{T_2}{T_1-T_2}$$

可见，提高低温热源的温度和降低高温热源的温度，都可提高逆卡诺循环的制冷系数。

热泵工作的经济性用供热系数 ε_2 来衡量，供热系数 ε_2 指所获得的热量与所消耗的功之比。热泵工作循环向高温热源放出的热量为 q_1，消耗外功仍然是 w，因此供热系数的计算通式为

$$\varepsilon_2=\frac{q_1}{w}=\frac{q_1}{q_1-q_2}$$

对于逆卡诺循环，同样有 $q_1=T_1(s_4-s_1)$，$q_2=T_2(s_3-s_2)$。代入上式可得逆卡诺循环的供热系数为

$$\varepsilon_{2\cdot\mathrm{C}}=\frac{q_1}{q_1-q_2}=\frac{T_1}{T_1-T_2}$$

对于同一制冷循环，其供热系数与制冷系数有如下关系，即

$$\varepsilon_2=\varepsilon_1+1$$

此关系对逆卡诺循环同样成立，即

$$\varepsilon_{2\cdot\mathrm{C}}=\varepsilon_{1\cdot\mathrm{C}}+1$$

可见，制冷循环的制冷系数越高，其供热系数也越高。提高低温热源的温度和降低高温热源的温度同样可提高逆卡诺循环的供热系数。并且，制冷系数不一定大于 1，供热系数总是大于 1 的。热泵将从低温热源吸收的热量及消耗外功的热量一同排放给高温热源，因此供热系数恒大于 1。热泵是一种很经济的供热方式。

逆卡诺循环是一种理想的制冷循环，一切实际的制冷循环的制冷系数和供热系数都小于逆卡诺循环的制冷系数和供热系数。因此，应改变一切制冷循环的方向，使它们尽量接近逆卡诺循环，其方法是尽量提高低温热源的温度和降低高温热源的温度。

例 2-3 若家用空调在夏季制冷时，在 10℃ 的低温热源和 30℃ 的高温热源之间工作，并假定其循环为逆卡诺循环，求它的制冷系数。

解
$$\varepsilon_{1\cdot\mathrm{C}}=\frac{T_2}{T_1-T_2}=\frac{10+273}{(30+273)-(10+273)}=14.15$$

例 2-4 冬天用一热泵对房屋供热，若房屋热损失是每小时 40000kJ，室外环境温度为 -5℃，问要使房屋内部保持室温为 20℃，则带动该热泵所需的最小功率是多少？若直接采

用电炉采暖，则需消耗多少功率？

解 当热泵按逆卡诺循环工作时，其供热系数最高，带动热泵所需功率就最小。因此，应按逆卡诺循环计算。

现热泵工作于 -5℃和 20℃两个热源之间，当它按逆卡诺循环工作时，其供热系数为

$$\varepsilon_{2 \cdot C}=\frac{T_1}{T_1-T_2}=\frac{20+273}{(20+273)-(-5+273)}=11.72$$

根据 $\varepsilon_{2 \cdot C}=\frac{q_1}{w}$，则

$$w=\frac{q_1}{\varepsilon_{2 \cdot C}}=\frac{40000}{11.72}\text{kJ}=3412.97\text{kJ}$$

因此，带动该热泵所需最小功率为

$$P=\frac{w}{t}=\frac{3412.97}{3600}\text{kW}=0.95\text{kW}$$

若直接采用电炉采暖，电炉每小时电流所做的功应为 40000kJ，则电炉所需功率为

$$P_{炉}=\frac{W_{炉}}{t}=\frac{40000}{3600}\text{kW}=11.11\text{kW}$$

可见，用热泵供暖较之电炉要经济得多。

二、卡诺定理

热力学第二定律否定了第二类永动机，效率为 100% 的热机是不可能实现的，那么热机的最高效率可以达到多少呢？从热力学第二定律推出的卡诺定理正是解决了这一问题。卡诺认为：所有工作于同温热源与同温冷源之间的热机，其效率都不能超过可逆机，即可逆机的效率最大，这就是卡诺定理。

下面对卡诺定理进行验证。

设可逆热机 R（即卡诺机）和任意热机 1 工作在两个热源之间，如图 2-4a 所示。调节两个热机，使它们所做的功相等。设可逆热机 R 从高温热源吸收热量为 Q_1，做功为 W，向低温热源释放的热量为 Q_1-W，则其热机效率为

$$\eta_R=\frac{W}{Q_1}$$

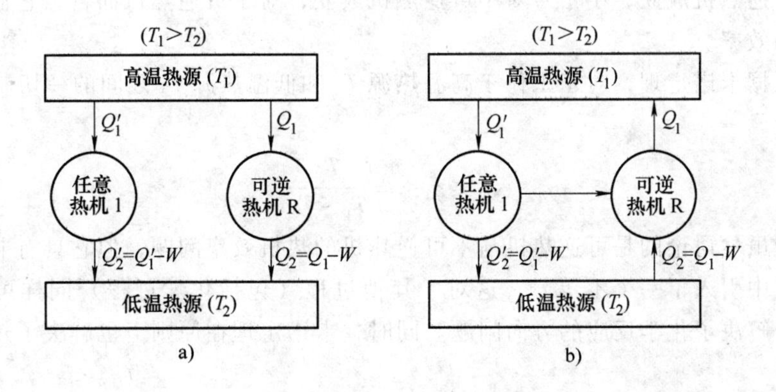

图 2-4 卡诺定理的证明

设另一任意热机 1，从高温热源吸收的热量为 Q_1'，做功为 W，向低温热源释放热量为 $Q_1'-W$，则热机 1 效率为

$$\eta_1=\frac{W}{Q_1'}$$

先假设热机 1 的效率大于可逆热机 R，即 $\eta_1>\eta_R$，由于可逆热机与任意热机 1 所做功相等，所以可得 $Q_1>Q_1'$。

现在用任意热机 1 带动可逆热机 R，使可逆热机 R 逆向转动，则可逆热机成为制冷机，所需的功 W 由热机1 供给，如图 2-4b 所示，可逆热机从低温热源吸收热量为 Q_1-W，向高温热源释放热量为 Q_1。热机 1 向低温热源放出的热量为 $Q_1'-W$，向高温热源吸收的热量为 Q_1'。循环工作一周后，在两机中工作的物质均恢复为原态，系统除与热源之间有热量交换外，状态无其他变化。在此过程中，易知系统从低温热源吸收的热量为

$$\Delta Q=(Q_1-W)-(Q_1'-W)=Q_1-Q_1'>0$$

系统向高温热源释放的热量为

$$\Delta Q=Q_1-Q_1'>0$$

可见，系统从低温热源吸收的热量等于向高温热源释放的热量，系统的状态无任何变化，无消耗外功，却实现了热量从低温物体向高温物体的转移，很显然违反了热力学第二定律，所以最初的假设 $\eta_1>\eta_R$不能成立。

因此应有：$\eta_1\leqslant\eta_R$，即所有工作于同温热源与同温冷源之间的热机，其效率都不能超过可逆热机。这就证明了卡诺定理。

由卡诺定理可以得出两个推论：

推论一：在两个不同温度的恒温热源间工作的一切可逆热机，具有相同的热效率，且与工质性质无关。

推论二：在两个不同温度的恒温热源间工作的任何不可逆热机，其热效率总小于在这两个热源间工作的可逆热机的热效率。

根据卡诺定理，对于工作于高温热源 T_1 和低温热源 T_2 之间的一切热机的效率可表示为

$$\eta\leqslant\eta_R=1-\frac{T_2}{T_1}$$

式中　η_R——可逆热机的效率。

等号对可逆热机成立，小于号对不可逆热机成立，对于可逆热机而言，它们的效率都等于可逆热机的效率。

同样，根据卡诺定理，对于工作于高温热源 T_1 和低温热源 T_2 之间的一切制冷机的制冷系数可表示为

$$\varepsilon_1\leqslant\varepsilon_{1\cdot C}=\frac{T_2}{T_1-T_2}$$

卡诺定理虽然讨论的是可逆热机与不可逆热机的热机效率问题，但它具有非常重大的意义。它在公式中引入了一个不等号，这对于其他过程（包括化学过程）同样可以使用。就是这个不等号解决了化学反应的方向问题。同时，卡诺定理在原则上也解决了热机效率的极限值问题。

卡诺循环和卡诺定理在历史上首次奠定了热力学第二定律的基本概念，对提高各种热动

力机的效率指出了重要方向，即尽可能提高高温热源的温度和降低低温热源的温度。

【思考题与习题】

2-1　热力学第一定律的内容是什么？其表达式中各量取正负的含义是什么？

2-2　闭口系统的能量方程如何表示？闭口系统的特征是什么？

2-3　什么是稳定流动？工质作稳定流动的特征是什么？

2-4　热力学第二定律的内容是什么？它对热力学研究有什么作用？

2-5　卡诺循环包括哪几个热力过程？试用温熵图表示出来。

2-6　卡诺定理的内容是什么？如何证明卡诺定理？

2-7　什么叫制冷系数？如何提高制冷系数？

2-8　定量气体在某一过程中吸热量 60kJ，同时内能增加 80kJ，在此过程中它对外界做功还是外界对它做功？做多少功？

2-9　假设某一住宅采用逆卡诺循环采暖设备，室外环境温度为 -15℃，为使室内保持 25℃，每小时需供给 50000kJ 的热量，则该热泵每小时从室外吸取多少热量？带动该热泵所需的功率为多少？若直接用电炉采暖，需多大功率？

2-10　某冷藏库的制冷装置在 -10℃ 的低温热源和 20℃ 的高温热源之间工作，其制冷系数最大为多少？

2-11　一个可逆热机的低温热源为 280K，效率为 30%，若要把它的效率提高到 40%，高温热源的温度应增加多少度？

第三章　理想气体热力过程

【学习目标】

1. 了解多变过程；
2. 掌握基本热力过程；
3. 理解气体压缩基本原理；
4. 掌握气体内能、焓、熵的计算；
5. 熟悉并掌握气体吸热与放热的计算。

第一节　理想气体基本热力过程

理想气体的基本热力过程包括等容过程、等压过程、等温过程和等熵过程。

一、等容过程

一定质量的理想气体，在状态变化时如果容积保持不变，那么比体积不变（$dv=0$），这个过程称为等容过程。例如一个气缸，它的活塞被固定，用热源将气缸中的气体缓慢地加热，则气体所经历的平衡过程，就是等容过程。

等容过程的 p-v 图如图 3-1 所示，图中线段 1—2 表示等容线。

等容过程中，气体体积不变，即无容积功。由闭口系能量方程可得

$$q_V = \mathrm{d}u$$

式中　q_V——已知标准状态下的体积为 $1\mathrm{m}^3$ 的气体工质在等容条件下温度从 T_1 变到 T_2 所需的热量。

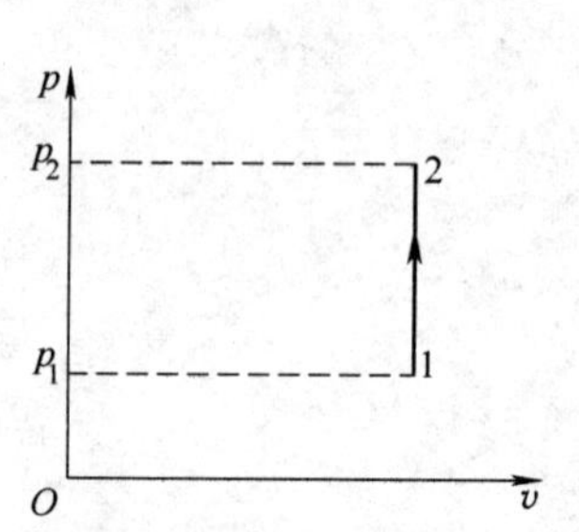

图 3-1　等容过程 p-v 图

即在等容过程中，系统对外不做功，系统传递的热量，完全用于改变工质的内能。

等容过程的热量也可用比等容热容 c_V 计算，即

$$q_V = c_V\mathrm{d}T$$

比较上面两式可得理想气体的内能变化计算通式为

$$\mathrm{d}u = c_V\mathrm{d}T$$

c_V 取定值时，则

$$\Delta u = u_2 - u_1 = c_V(T_2 - T_1)$$

可见，在等容过程中，内能的增量由理想气体的初、末温度 T_1、T_2 来确定。

二、等压过程

一定质量的理想气体，在状态变化时，气体的压强保持不变（$dp=0$）的过程，称为等压过程。例如，向气缸中的气体缓慢地加热，同时把活塞缓慢地向外移动，使气体的压强保持不变，则气体所经历的过程就是等压过程。

等压过程的 p-v 图如图 3-2 所示，图中线段 1—2 表示等压线。

等压过程的容积功 $w_p=p(v_2-v_1)$。由闭口系能量方程有

$$q_p=\Delta u+w_p=(u_2-u_1)+p(v_2-v_1)=(u_2+pv_2)-(u_1+pv_1)=h_2-h_1$$

可见，在等压过程中传递的热量等于工质的焓差。

等压过程的热量也可用比定压热容计算，即

$$q_p=c_p(T_2-T_1)$$

三、等温过程

在气体状态变化时，气体的温度保持不变（$dT=0$）的过程，称为等温过程。

对于理想气体，当温度不变时，$pv=$常量，即 $p_1v_1=p_2v_2$，所以等温过程在 p-v 图上是反比关系曲线，如图 3-3 所示。

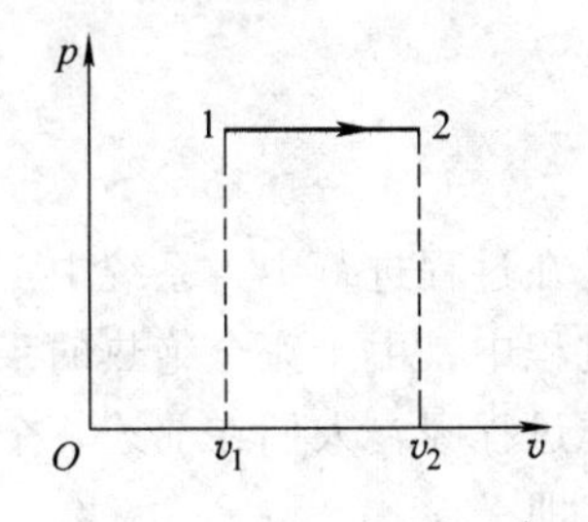

图 3-2 等压过程 p-v 图

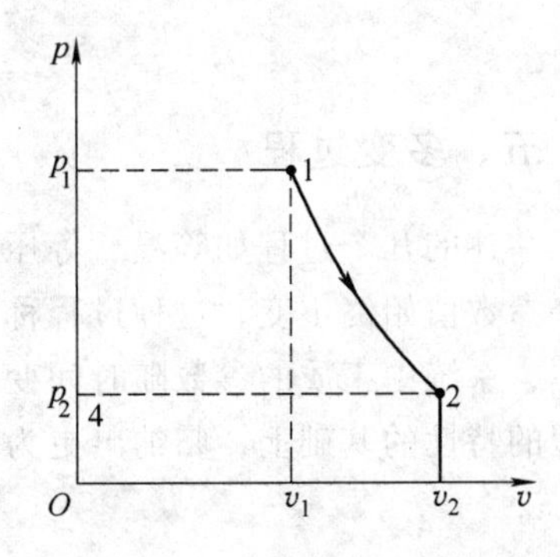

图 3-3 等温过程 p-v 图

理想气体的等温过程中，由于温度保持不变，内能和焓也都保持不变，由能量方程可得

$$q_T=w_T$$

即等温过程加给系统的热量，完全用于工质对外界膨胀做功，反之当气体等温压缩时，外界对气体所做的功全部转变为气体所放出的热量。

四、等熵过程

在状态变化过程中，若气体与外界没有热量交换（$\Delta q=0$），此过程称为绝热过程。此外，如果一个过程进行得非常快，系统没有来得及与外界交换热量，此过程可近似看成绝热过程。

理想气体如经历可逆的绝热过程，由熵的定义式 $ds=\Delta q/T$ 可知，绝热过程 $ds=0$，即熵不变化。因此，理想气体的可逆绝热过程是等熵过程。

用曲线表示等熵过程，如图 3-4 所示，其中实线表示等熵线，点画线表示等温线。

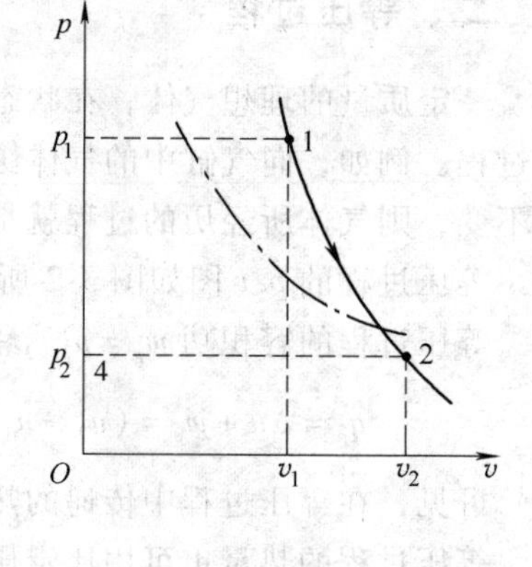

图 3-4　等熵过程 p-v 图

从图 3-4 中可看出，等熵曲线比等温曲线陡些，这是因为等温膨胀过程中，随着气体压强的降低，气体分子间距离增大，分子密度减小。而在等熵膨胀过程中，随着气体压强的降低，不仅气体分子密度减小，气温也同时降低。

可以证明，在理想气体等熵绝热过程中，任意两个状态的物理量满足 $p_2v_2^{\kappa}=p_1v_1^{\kappa}$ 或 $T_2v_2^{\kappa-1}=T_1v_1^{\kappa-1}$ 或 $p_2^{\kappa-1}T_2^{-\kappa}=p_1^{r-1}T_1^{-r}$。$\kappa$ 为理想气体比热比，或称等熵指数。

以上三个方程为等熵绝热方程。

等熵过程 $\Delta q=0$ 或 $q=0$，由能量方程可得

$$\Delta w_{(s)}=-\mathrm{d}u$$

可见，在等熵过程中，系统对外做容积功等于工质内能的减少，而外界对系统做容积功则完全用于工质内能的增加。

取定值比热容时，等熵过程的容积功还可表示为

$$w_{(s)}=\Delta u=c_V(T_1-T_2)$$

五、多变过程

前述的几个过程如等温、等压过程等，它们的共同特点是在过程进行中，系统中工质的某个参数值始终不变，这种过程称为等值过程。实际的热力过程中，由于完全绝热的系统不存在，系统中工质的参数随时间变化，如何来定性系统的工作过程呢？人们在前述几个典型过程的特性的基础上，归纳出更为接近实际的多变过程方程，即

$$pv^n=\text{常数} \tag{3-1}$$

式中　n——多变指数，它可取 $-\infty$ 和 $+\infty$ 间的任意一个指定值。

当 $n=0$ 时，$p=$ 等数，为等压过程；当 $n=1$ 时，$pv=$ 常数，为等温过程；当 $n=\kappa$ 时，$pv^{\kappa}=$ 常数，为等熵过程；将式（3-1）变形为 $p^{\frac{1}{n}}v=$ 常数，当 $n=\pm\infty$ 时，$1/n=0$，有 $v=$ 常数，为等容过程。

可见，前面讨论的几个典型过程可作为多变过程的几个特例。

与等熵过程类似，多变过程基本状态参数间的关系为

$$\frac{p_1}{p_2}=\left(\frac{v_2}{v_1}\right)^n$$

$$\frac{T_1}{T_2}=\left(\frac{v_2}{v_1}\right)^{n-1}$$

多变过程是更一般化的过程，任何复杂的热力过程都可看做是多个 n 不同的多变过程的组合。在制冷压缩中，多变指数 n 一般介于 1 和 κ 之间，即是介于等温压缩和等熵压缩之间

的多变压缩过程。

当多变指数 n 取不同的数值时，相应的热力过程及特征见表 3-1。

表 3-1　多变过程公式汇编表

热力过程	等容过程 ($n=\infty$)	等压过程 ($n=0$)	等温过程 ($n=1$)	等熵过程 ($n=\kappa$)	多变过程 (n)
过程特征	$v=$定值	$p=$定值	$t=$定值	$s=$定值	
t、p、v 之间的关系	$\frac{T_1}{T_2}=\frac{p_1}{p_2}$	$\frac{T_1}{T_2}=\frac{v_1}{v_2}$	$p_1v_1=p_2v_2$	$p_1v_1^{\kappa}=p_2v_2^{\kappa}$ $T_1v_1^{\kappa-1}=T_2v_2^{\kappa-1}$ $T_1p_1^{\frac{\kappa-1}{\kappa}}=T_2p_2^{-\frac{\kappa-1}{\kappa}}$	$p_1v^{n}=p_2v_2^{n}$ $T_1v_1^{n-1}=T_2v_2^{n-1}$ $T_1p_1^{\frac{n-1}{n}}=T_2p_2^{-\frac{n-1}{n}}$
Δu	$c_V(T_2-T_1)$	$c_V(T_2-T_1)$	0	$c_V(T_2-T_1)$	$c_V(T_2-T_1)$
Δh	$c_p(T_2-T_1)$	$c_p(T_2-T_1)$	0	$c_p(T_2-T_1)$	$c_p(T_2-T_1)$

第二节　气体压缩基本原理

压缩机就是通过消耗原动机（如电动机等）提供的机械能，一方面来压缩气态制冷工质，使之升到系统所需的压力，另一方面提供制冷工质在系统中循环流动所需的动力。压缩机在制冷系统中的作用犹如人的心脏一样重要。

制冷系统常用的压缩机有活塞式、离心式、回转式等多种类型，不同形式的压缩机虽然结构不同，但它们所起的作用是相同的，现以往复活塞式压缩机为例来说明。

一、活塞式压缩机的理论压缩过程

往复活塞式压缩机是通过一定的传动机构（如曲轴连杆、曲柄连杆、曲柄滑管等），将原动机的旋转运动转换成压缩机活塞的直线运动，利用活塞在气缸内作往复直线运动来改变被封存的气态制冷工质的容积，完成压缩和输送气态制冷工质的过程。

往复活塞式压缩机完成一个工作周期经历吸气、压缩、排气、膨胀四个过程，活塞在气缸中相应地作往复直线运动。

1. 吸气过程

当气缸内的气体压力小于吸气腔内气体压力时，吸气腔内气体推开进气阀片，吸气过程开始。随着吸气过程的进行，活塞逐步下移，直至活塞移至下止点时，进气阀片关闭，吸气过程结束。

2. 压缩过程

当活塞由下止点向上止点运动时，由于进排气阀都关闭，气缸容积逐渐变小，缸内气体被压缩，压力和温度逐渐升高。当缸内气体压力稍高于排气压力时，排气阀片被推开，压缩过程结束。

3. 排气过程

当排气阀片被推开时，排气过程开始，随着活塞继续向上运动，压缩气体逐渐被排出气缸，直至活塞运动至上止点时，排气阀片关闭，排气过程结束。

4. 膨胀过程

排气结束后，活塞开始由上止点向下运动，气缸容积逐渐变大，残留在余隙容积中的气体开始膨胀，其压力和温度逐渐下降，直至压力低于吸气腔中气体压力时，进气阀片被推开，膨胀过程结束。至此，压缩机完成了一个工作循环，然后开始下一个循环过程的吸气。

可见，活塞在气缸中每往复运动一次，压缩机完成一个工作周期，气缸中的气体经历吸气、压缩、排气和膨胀四个过程。现将此过程作如下假设：

1）假设活塞处于上止点时，活塞顶面与气缸盖之间没有空隙存在，因而在排气结束时，缸内没有残留气体，整个气缸的容积 V_1 就是工作容积。

2）假设压缩过程是可逆过程。活塞作往复运动时，活塞与缸壁之间没有摩擦，气体与缸壁交换热量忽略不计，因而压缩过程为绝热过程；同时，气体流经进、排气阀时也没有阻力损失，因而吸气过程和排气过程都是等压过程，分别保持吸气压力 p_1 和排气压力 p_2 不变。

压缩机如按上述假设情况工作，其工作的循环过程称为理论压缩过程，或称为理论工作循环。

压缩机的理论工作循环用 p-v 图表示，如图 3-5 所示。

图 3-5 中 4→1 为等压吸气过程；1→2 为压缩过程；2→3 为等压排气过程。吸气开始和排气终了的 4、3 两点都在纵轴上，反映排气终了时缸内无残留气体。

此过程中，曲线 1→2 与横轴所围的面积，即图 3-5 中 5—6—1—2—5 所围阴影部分的面积即为压缩机压缩气体过程中所做的功。

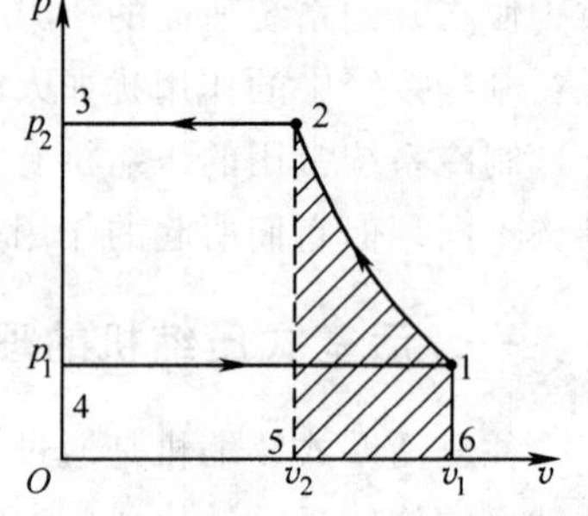

图 3-5 理论压缩过程 p-v 图

二、往复活塞式压缩机的实际压缩过程

实际压缩与理论压缩的差别如下：

1）在制冷压缩机实际压缩制冷气态工质的过程中，气体流经进排气阀时，由于流道截面突然变小，不可避免会有压力损失，吸、排气过程都不可能是等压过程。

2）制冷压缩机在实际工作过程中，运动机构之间都有摩擦，产生热量，气态制冷工质与气缸壁也不可避免地会交换热量，不可能是绝热过程，均是增熵压缩。

3）为了运转平稳，避免活塞与气缸盖撞击，制冷压缩机活塞顶面与气缸盖之间必须留有余隙，压缩机的工作容积要小于气缸的容积。由于有余隙，在排气过程结束时，残留气体膨胀，至压力降至吸气压力时，才重新吸气。这都导致压缩机的吸气量要小于理论压缩循环中的数值。

4）由于吸气量的减少，输气量也会跟着减少，同时由于压缩机的进、排气阀及活塞与气缸之间不可能装配得绝对严密，因此实际压缩时，不可避免会有少量气体从高压部分向低压部分渗透，从而使压缩机输气量进一步减少。

综上所述，制冷系统的压缩机在实际压缩过程中吸气量和输气量都较理论压缩的小，在实际的压缩过程中不可避免地有热量交换，吸、排气过程也不是等压过程。

压缩机的实际压缩过程用 p-v 图表示如图 3-6 所示。

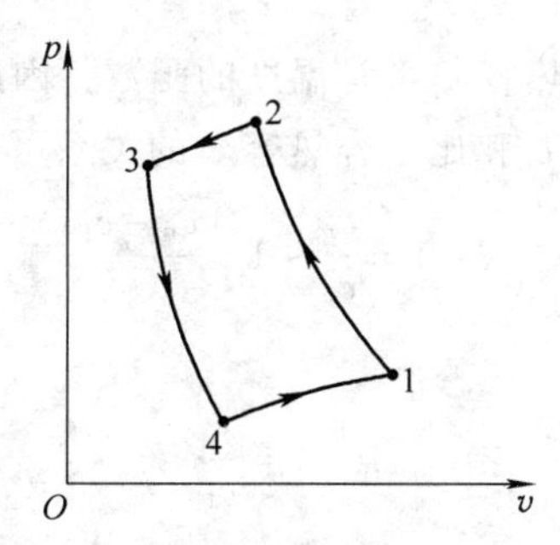

图 3-6　实际压缩过程 p-v 图

在实际的压缩过程中，提高电动机效率、减少吸入气体的过热度、降低气体通道压力损失及减小进排气阀阻力等，尽量使实际压缩过程接近理论压缩过程，可提高压缩机的能效比。

第三节　气体比热容及热量计算方法

一、气体比热容

在制冷技术中常利用工质状态的改变来实现吸热和放热，制冷系统的热工计算中，常需要确定工质所吸收或放出的热量的确切数值。热量的计算可以通过工质的状态参数变化，也可利用比热容来进行。

所谓比热容，就是单位物量的物质温度升高或降低 1K（或 1℃）时所吸收或放出的热量。其数学表达式为

$$c=\lim_{\Delta T\to 0}\frac{q}{\Delta T}=\frac{\Delta q}{\mathrm{d}T}$$

比热容的单位取决于物量单位。热量的单位用焦耳（J），而物量的单位可以采用质量（kg）、体积（m^3）或摩尔（mol），因此有不同单位的比热容。

质量比热容是表示 1kg 质量的工质温度升高（或降低）1K 时所吸收（或放出）的热量，单位是 J/(kg · K)。

体积比热容是表示 1m^3 质量的工质温度升高（或降低）1K 时所吸收（或放出）的热量，单位是 J/(m^3 · K)。

摩尔比热容是表示 1mol 质量的工质温度升高（或降低）1K 时所吸收（或放出）的热量，单位是 J/(mol · K)。

气体的质量比热容与热力过程的特性有关，比如在热力过程的等压过程分析中常用到质量定压热容 c_p，简称为比定压热容 c_p，在等容过程中有质量定容热容 c_V，简称为比定容热容 c_V。c_p大于 c_V，两者的差值为气体常数 R，即 $R=c_p-c_V$。并将比定压热容与比定容热容的比值定义为比热容比，简称比热比，理想气体的比热容比等于等熵指数，用字母 κ 来表示，即

$$\kappa = \frac{c_p}{c_V}$$

由于比定压热容 c_p 和比定容热容 c_V 都是温度的函数，因此等熵指数 κ 也是温度的函数。

由等熵指数 κ 与比定压热容 c_p 和比定容热容 c_V 的关系可知

$$\kappa - 1 = \frac{c_p}{c_V} - 1 = \frac{c_p - c_V}{c_V}$$

将 $R = c_p - c_V$ 代入上式得

$$\kappa - 1 = \frac{R}{c_V}$$

将 $c_V = \frac{c_p}{\kappa}$ 代入其中，由此用气体常数和等熵指数来表示比定压热容 c_p 和比定容热容 c_V 为

$$c_V = \frac{R}{\kappa - 1}, \quad c_p = \kappa \frac{R}{\kappa - 1}$$

多变过程的比热容用 c_n 来表示，即

$$c_n = c_V - \frac{R}{n - 1}$$

将 $R = c_p - c_V$ 和 $c_p = \kappa c_V$ 代入上式得

$$c_n = \frac{n - \kappa}{n - 1} c_V$$

当 $1 < n < \kappa$ 时，$c_n < 0$。可见对介于等温和等熵过程之间的多变压缩过程，工质温度上升，$T_2 > T_1$，又 $c_n < 0$，则 $q < 0$，表明该过程工质向外界放热。

总之，气体比热容随热力状态的变化而变化，实际气体的真实比热容是温度和压力的函数。而对于理想气体，可以认为比热容只随温度而变化，一般来说，气体的比热容随温度的升高而增大。

二、热量的计算

工质和外界进行热交换，其温度可能变化，也可能保持不变。与此相关，把热量区分为显热和潜热。工质吸收或放出热量，其温度上升或下降，但集态不变，这时传递的热量称为显热；工质吸收或放出热量，如果温度不变，只是引起集态变化，这时传递的热量称为潜热。通常，一个热力过程的换热量既包括显热，同时又有潜热。

热量的计算方法很多，理论上可用熵计算可逆过程的热量；工程上用比热容计算显热，用汽化潜热计算工质汽化或冷凝时的潜热等。

（一）用熵计算可逆过程的热量

对于可逆过程，可利用熵的定义计算微元过程中工质与外界交换的热量，即

$$\Delta q = T\mathrm{d}s$$

对有限的可逆过程，工质和外界交换的热量，应是所经各个微元过程交换的热量的总和。求和时，因温度通常是变化的，需用积分计算，即

$$q = \int_1^2 T\mathrm{d}s$$

若是等温的可逆过程，等温过程中工质与外界交换的热量为

$$q = T(s_2 - s_1)$$

（二）用比热容计算显热

一定质量的某种气体，在不同的热力过程中作同样的温度变化所吸收或放出的热量不同。因此，比热容与热力过程的特性有关。工程上加热或放热的过程，最常见的是保持压力不变或容积不变的过程。在等容过程中，气态工质不能膨胀对外做功，吸收的热量只用来增加内能，使气体温度升高；在等压过程中，气态工质吸收的热量除用于增加内能升高温度外，还必须克服外力膨胀做功；在等熵过程中气体与外界没有热量交换，即 $\Delta q = 0$；等温过程中，温度保持不变，工质吸收或放出的热量为潜热。

气体的比热容随温度的变化而变化。在温度变化不大，或近似计算时，可忽略比热容随温度变化的关系，把比热容当做常数，称为定值比热容。空气可视为双原子气体，其定值比热容为 $c_p = 1.012\text{kJ/(kg}\cdot\text{K)}$，$c_V = 0.723\text{kJ/(kg}\cdot\text{K)}$。

把比热容当做定值时，统一用字母 c 来表示，显热（kJ/kg）的一般计算式为

$$q = c(T_2 - T_1)$$

$$Q = mq = mc(T_2 - T_1)$$

等压过程中工质吸收或放出的显热（kJ/kg）为

$$q = c_p(T_2 - T_1)$$

等容过程中工质吸收或放出的显热为

$$q = c_V(T_2 - T_1)$$

（三）计算潜热

使物体形态变化而温度不变的热为潜热，潜热有汽化潜热、液化潜热、熔解潜热和凝固潜热等。根据能量守恒定律，在同样条件下，同一物体的汽化潜热和液化潜热、熔解潜热和凝固潜热相等。

实验证明：同一工质在不同的压力下汽化时所需的汽化潜热不同，同一工质在不同温度下汽化时所需的汽化潜热也不同。一般来说，压力增高或汽化温度降低均使汽化潜热增大。

常见工质在不同压力下（或不同沸点下）的汽化潜热值（用 r 表示），可在有关手册列出的工质热力性质表中查到。$m$kg 工质汽化或冷凝时，所吸收或放出的潜热为

$$Q = mr$$

（四）计算多变过程热量

由热力学第一定律可知，工质与外界交换的热量为

$$q = \Delta u + w$$

多变过程中工质吸收或放出的热量用 q_n 来表示，容积功用 w_n 表示。

多变过程的容积功为

$$w_n = \frac{R}{n-1}(T_1 - T_2) = \frac{1}{n-1}(p_1 v_1 - p_2 v_2)$$

多变过程的热量为

$$q_n = \Delta u + w_n = c_V(T_2 - T_1) + \frac{R}{n-1}(T_1 - T_2)$$

$$= \left(c_V - \frac{R}{n-1} \right) (T_2 - T_1)$$

$$= c_n (T_2 - T_1)$$

多变过程中，气体膨胀或被压缩过程中可能伴随着吸热或放热，容积功与吸、放热的情况可借助功和热量的比值 w_n/q_n 来判断。

$$\frac{w_n}{q_n} = \frac{\frac{R}{n-1}(T_1 - T_2)}{c_V \frac{n-\kappa}{n-1}(T_2 - T_1)} = -\frac{R}{c_V(n-\kappa)} = -\frac{R}{\frac{R}{\kappa-1}(n-\kappa)} = \frac{\kappa-1}{\kappa-n}$$

对于理想气体，κ 恒大于1，所以当多变指数 $n > \kappa$ 时，$\kappa - n < 0$，即 $w_n/q_n < 0$。表示气体膨胀做功同时向外界放热，或者气体被压缩同时从外界吸热。

当 $1 < n < \kappa$ 时，$w_n/q_n > 0$，即 ω_n 与 q_n 同号。在压缩机中气体被压缩同时向外界放热，就是此过程。

【思考题与习题】

3-1 什么叫等温过程？试画出等温过程的 p-v 曲线。

3-2 什么叫等熵过程？试画出等熵过程的 p-v 曲线。

3-3 多变过程用方程式如何表示？试说明多变指数取不同数值时所对应的热力过程。

3-4 对于多变过程，当指数 $n = \kappa$ 和 $n = \pm\infty$ 时，所表示的过程有什么不同？

3-5 为什么在 p-v 图中，等熵线比等温线陡？

3-6 什么叫显热和潜热？两者有什么不同？

3-7 理想的活塞式压缩机吸气压力 $p_1 = 0.1\text{MPa}$，排气压力 $p_2 = 0.8\text{MPa}$，每次的吸气量为 $50\text{m}^3/\text{h}$。当它作 $n = 1.23$ 的多变压缩和 $\kappa = 1.4$ 的等熵压缩时，消耗的理论轴功率各是多少？

3-8 5000kg 苹果入库温度为20℃，在24h内降至8℃储存，已知苹果的质量热容 $c = 3.76\text{kJ}/(\text{kg}\cdot℃)$，问冷却过程需要多少冷量？

3-9 某一理论制冷循环，高温热源为30℃，低温热源为 -20℃，其中1—2为等熵压缩过程，2—3为等压冷却冷凝向高温热源放热过程，3—4为等熵膨胀过程，4—1为等压蒸发汽化从低温热源吸热过程，已知：$h_1 = 389\text{kJ/kg}$，$h_2 = 440\text{kJ/kg}$，$h_3 = 440\text{kJ/kg}$，求：(1) 节流后工质的焓值 h_4；(2) 工质从低温热源的吸热量 q_2；(3) 工质向高温热源的放热量 q_1。

3-10 500kg 牛肉由 20℃ 降到 -18℃，已知牛肉冻结前的质量热容 $c_1 = 3.22\text{kJ}/(\text{kg}\cdot℃)$，冻结后的质量热容 $c_2 = 1.71\text{kJ}/(\text{kg}\cdot℃)$，冻结温度 -1.7℃，牛肉的含水量为72%，按牛肉中水分95%冻结计算，溶解热为335kJ/kg，问此过程共需多少冷量？

第四章　蒸气的性质及基本热力过程

【学习目标】

1. 掌握液体的汽化方式；
2. 掌握液体等压加热条件下可能呈现的三个阶段、五种状态的变化；
3. 了解常用蒸气图的构成；
4. 掌握单级蒸气压缩式制冷理论循环。

第一节　液体的汽化与饱和

一、汽化与液化

在一定条件下，物质的宏观状态可以在固态、液态与气态间发生相互转换。其中，物质由液态转变为气态，称为物质的汽化；由气态转变为液态，称为物质的液化（或凝结）。物质在汽化时需要吸收热量，而在液化时则需放出热量。

二、蒸发和沸腾

液体的汽化有蒸发和沸腾两种方式。蒸发是在任何温度条件下发生在液体表面的汽化过程；而沸腾则在相应沸点下同时发生在液体表面和内部的剧烈的汽化过程。无论哪种汽化方式，其实质都是部分液体分子吸收足够的热能而获得逸出功并脱离液体表面，进入汽相空间的过程。汽化速度与液体温度、汽相蒸气压力等因素有关。

三、饱和状态

实际上，在汽化的同时，蒸气分子也会不断运动而冲撞液面，被液体分子重新捕获，即汽化的同时还伴有凝结过程。

有限量液体在自由空间中汽化时，由于液体表面附近的汽相蒸气压力低，汽化速度总是大于凝结速度，所以经过一定时间后，液体就会全部汽化。

在一定温度下，若将液体放置于密闭的容器中，刚开始时汽相中蒸气浓度低，汽化速度必然大于凝结速度。随着汽化的分子增多，空间中蒸气的浓度增大，同时返回液体表面的蒸气分子也不断增多，即凝结过程加剧。这时，汽化速度逐渐减小，凝结速度逐渐增大，当汽化速度与凝结速度相同时，虽然汽化和凝结都在进行，但汽化的分子数与凝结的分子数处于动态平衡，容器中的宏观汽化现象就会停止，这种动态平衡状态称为饱和状态。

在饱和状态下的温度称为饱和温度（t_s）。由于饱和状态的蒸气分子动能和分子总数不再改变，因此，饱和状态有确定的蒸气压力，称为饱和压力（p_s）。并且，饱和温度与饱和压力是一一对应的。即

$$t_s = f(p_s) \tag{4-1}$$

处于饱和状态下的液体称为饱和液体；处于饱和状态下的气态蒸气称为干饱和蒸气，简称饱和蒸气。

第二节　蒸气等压产生过程

一、等压过程中的状态变化

工程中常用的蒸气（例如水蒸气、制冷剂蒸气等）常在压力不变情况下产生，其状态变化如图 4-1 所示。

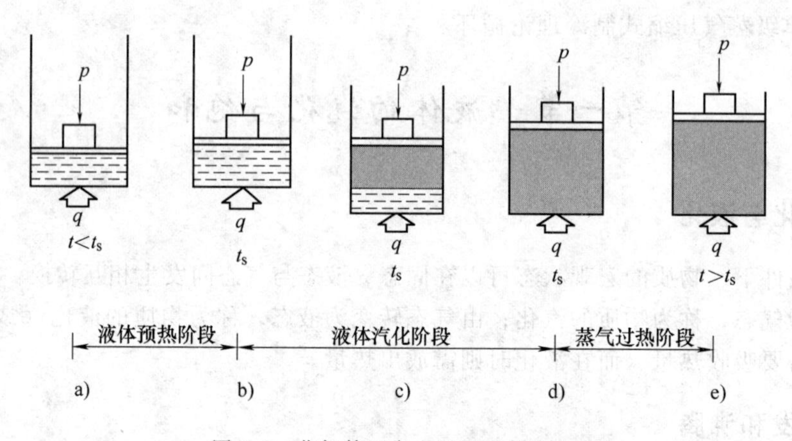

图 4-1　蒸气等压产生过程及状态变化

a）未饱和液体　b）饱和液体　c）湿饱和蒸气　d）干饱和蒸气　e）过热蒸气

假设在容器中盛有 1kg 的液体，在容器的活塞上加载重物，这时容器内液体承受了相应的压力 p，液体的温度低于该压力对应的饱和温度。对液体加热，观察液体在等压下变为蒸气的过程及某些状态参数的变化特点，应该呈现三个阶段、五种状态的变化。

（一）液体预热阶段

开始加热时，由于容器内的液体温度低于该压力对应的饱和温度，处于未饱和状态，称为未饱和液体或过冷液体（图 4-1a）。饱和温度 t_s 与液体温度 t 之差称为过冷度或过冷温差。未饱和液体被等压加热后，温度逐渐升高，比体积 v 稍有增大，熵 s 增大，焓 h 增大，直至液体温度被加热至该压力所对应的饱和温度的瞬间——饱和液体（图 4-1b）为止，这就是液体的预热阶段。饱和液体的状态参数分别为 v'、s'、h' 及 t_s、p，可见，未饱和液体的状态参数 $t < t_s$、$v < v'$、$s < s'$、$h < h'$。

在预热阶段中以显热的方式加热液体的热量称为液体热。

（二）液体汽化阶段

在等压下，饱和液体继续加热就会等温汽化，形成饱和液体和饱和蒸气的混合物——湿饱和蒸气或湿蒸气（图 4-1c）。湿饱和蒸气中的饱和液体与饱和蒸气的比例随汽化程度而变化，其中所含干饱和蒸气的质量成分用干度 x 表示；而所含饱和液体的质量成分用湿度 y 表示，显然 $x + y = 1$。随着汽化的进行，湿饱和蒸气的干度会逐渐增大，比体积也随之增大，最后饱和液体全部汽化成干饱和蒸气（图4-1d）。显然，饱和液体的干度 $x=0$，湿度 $y=1$；干饱和蒸气的干度 $x=1$，湿度 $y=0$。干度 x 只在湿蒸气区才有意义，且 $0\leqslant x\leqslant 1$。干饱和蒸气的状态参数分别用 v''、s''、h'' 及 t_s、p 表示。而湿饱和蒸气由于汽液含量的比例不同，所以有不同的状态参数，但它们一定介于饱和液体和干饱和蒸气的同名参数值之间，例如，$s'<s<s''$，$h'<h<h''$，$v'<v<v''$ 等。

在饱和液体全部汽化成干饱和蒸气这一阶段中所等压加入的热量就是汽化潜热。

（三）蒸气过热阶段

保持压力不变，对干饱和蒸气继续加热，蒸气温度将上升，$t>t_s$。温度高于饱和温度 t_s 的蒸气称为过热蒸气（图4-1e）。过热蒸气温度与同压下饱和温度之差称为蒸气的过热度或过热温差。蒸气过热过程中，比体积将继续增大，焓、熵也将继续增大。显然 $v>v''$、$h>h''$、$s>s''$。

蒸气过热阶段以显热的方式所加入的热量称过热量。

二、过程在状态图中的表示

上述三个阶段完成了未饱和液体到过热蒸气的等压加热全过程。过程中液体及蒸气经历了五种状态，即未饱和液体态、饱和液体态、湿饱和蒸气态、干饱和蒸气态和过热蒸气态。为便于进一步分析过程与循环的需要，现将过程中的状态变化描述在 p-v 图（图4-2）和 T-s 图（图4-3）上。

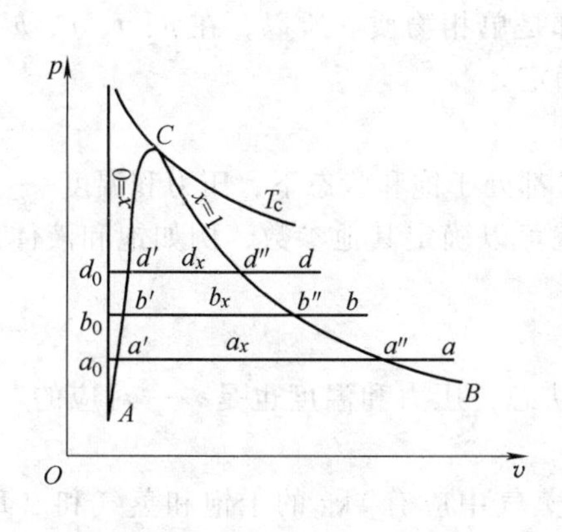

图4-2　蒸气 p-v 图

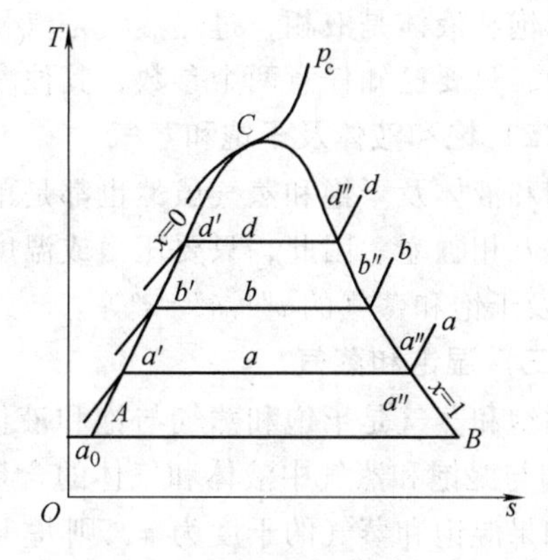

图4-3　蒸气 T-s 图

在 p-v 图中，作一水平线即为等压线，并以 a_0、a'、a_x、a''、a 分别表示该压力下相应各状态点。改变压力值，根据实验同样可作出相应等压线 b_0—b'—b_x—b''—b、d_0—d'—d_x—d''—d，……，随着压力的升高，汽化过程缩短。压力越高，饱和液体与干饱和蒸气的参数越接近。当到达某一确定压力时，它们的区别完全消失，这一状态就是临界状态 C。

在 p-v 图上，连接不同压力下的饱和液体状态点 a'、b'、d'、……，得到曲线 CA，称为饱和液体线（$x=0$）或下界线；连接不同压力下的干饱和蒸气状态点 a''、b''、d''、……，得到曲线 CB，称为干饱和蒸气线（$x=1$）或上界线，上界线与下界线的交点是临界点。临界点、饱和液体线（$x=0$）及干饱和蒸气线（$x=1$）将 p-v 图分成三个状态区域，即饱和液体线左侧的未饱和液体区（或过冷液体区）、饱和液体线与干饱和蒸气线之间的湿饱和蒸气区（或两相区）、干饱和蒸气线右侧的过热蒸气区。

同样在 T-s 图中也可表示这种变化特性。不过未饱和液体区密集于饱和液体线的左上方，近似计算时可用饱和液体线代替。而等压过热线近似为一上凹的对数曲线。

为了方便记忆，将蒸气的 p-v 图、T-s 图总结为一点、二线、三区、五态。一点为临界点；二线为饱和液体线与干饱和蒸气线，或上界线与下界线；三区为未饱和液体区、湿饱和蒸气区、过热蒸气区；五态为未饱和液体、饱和液体、湿饱和蒸气、干饱和蒸气和过热蒸气状态。

如前所述，未饱和液体等压变化至过热蒸气过程可分为三个阶段，即液体预热阶段、汽化阶段和蒸气过热阶段，所以整个过程的热量应是液体热、汽化潜热与过热量之和。

第三节　蒸气的热力性质图表

蒸气的性质比较复杂，目前还没有一个纯理论的状态方程可以用来统一描述。在实际工程中，通常查用通过实验测定推算而列成的热力性质图表。

一、状态参数的确定原则

对于简单可压缩工质，如果有两个独立的状态参数就可以确定出此状态下所有的参数。状态参数中常用的是压力 p、温度 t、比体积 v、焓 h、熵 s。

（一）未饱和液体及过热蒸气

未饱和液体是液相，过热蒸气是汽相，两者都是单相物质。所以，在 p、t、v、h、s 等参数中，只要已知任意两个参数，其他参数就能确定。

（二）饱和液体及干饱和蒸气

饱和液体及干饱和蒸气虽然也都是单相，但又都处于饱和状态下，压力和温度一一对应而不是互相独立。因此，只要压力或温度确定，就可以确定其他参数，例如饱和液体的 v'、h'、s'及干饱和蒸气的 v''、h''、s''等。

（三）湿饱和蒸气

湿饱和蒸气是干饱和蒸气与饱和液体共存的状态，压力和温度也是一一对应的。而 v、h、s 却与湿饱和蒸气中液体和气体的含量有关。

如果湿饱和蒸气的干度为 x，则每 kg 湿饱和蒸气中应有 $x$kg 的干饱和蒸气和（$1-x$）kg 的饱和液体，那么湿饱和蒸气的任一比参数 z 有下列关系：

$$z = xz'' + (1-x)z' \tag{4-2}$$

式中　z'、z''——某一压力（或温度）下的饱和液体和干饱和蒸气的同名参数。

当已知湿饱和蒸气的压力（或温度）及某一比参数 z 时，便可确定其干度。

$$x = \frac{z-z'}{z''-z'} \tag{4-3}$$

根据干度 x、饱和液体及干饱和蒸气的参数，就可以确定湿饱和蒸气的其他状态参数。

二、蒸气热力性质表

（一）零点的规定

一般工程计算中，通常需要计算工质的 u、h、s 的增量，而不必求其绝对值，故可任意选择一个基准点，即所谓的零点。

对于水蒸气图表，1963 年的国际水蒸气会议规定，将水三相点的液相水作为基准点，该基准点的参数为

$$p_0 = 0.0006112\text{MPa} \qquad T_0 = 273.16\text{K}$$

$$v_0' = 0.00100022\text{m}^3/\text{kg} \qquad u_0' = 0\text{kJ/kg} \qquad s_0' = 0\text{kJ/(kg·K)}$$

$$h_0' = u_0' + p_0 v_0' = 0.0006113 \approx 0\text{kJ/kg}$$

（二）蒸气表

常用的蒸气表有三种：①未饱和液体与过热蒸气表；②以温度为序的饱和液体与干饱和蒸气表；③以压力为序的饱和液体与干饱和蒸气表。

附表 B-1 是未饱和水与过热水蒸气的热力性质表。在未饱和液体与过热蒸气表中，粗线上方是未饱和液体的参数值，粗线下方是过热蒸气的参数值。此表中所列参数间隔中的数据与其他表使用一样，可以通过直线内插法求得。但是，因为表中粗线在坐标图上代表着一个湿蒸气区，因此，粗线上下左右的数据不能内插。

附表 B-2 是按温度排列的饱和水与干饱和水蒸气的热力性质表。

附表 B-3 是按压力排列的饱和水与干饱和水蒸气的热力性质表。

附表 B-4 是按温度排列的氨（R717）的饱和液体与干饱和蒸气表。

例 4-1　利用水蒸气表确定下列各点所处的状态及其他各参数。

（1）$p = 0.1\text{MPa}$，$t = 40℃$；

（2）$p = 1\text{MPa}$，$t = 200℃$；

（3）$p = 0.9\text{MPa}$，$v = 0.18\text{m}^3/\text{kg}$。

解　（1）查饱和水与干饱和水蒸气表（附表 B-3），$p = 0.1\text{MPa}$ 时，$t_s = 99.634℃$，由于 $t < t_s$，所以该状态为未饱和水。查未饱和水与过热水蒸气表（附表 B-1），当 $p = 0.1\text{MPa}$，$t = 40℃$ 时，未饱和水的其他各参数为

$$v = 0.0010078\ \text{m}^3/\text{kg} \qquad h = 167.59\text{kJ/kg} \qquad s = 0.5723\text{kJ/(kg·K)}$$

$$u = h - pv = (167.59 - 0.1 \times 10^3 \times 0.0010078)\text{kJ/kg} = 167.49\text{kJ/kg}$$

（2）查饱和水与干饱和水蒸气表（附表 B-3），$p = 1\text{MPa}$ 时，$t_s = 179.916℃$，由于 $t > t_s$，所以该状态为过热水蒸气。查未饱和水与过热水蒸气表（附表 B-1），当 $p = 1\text{MPa}$，$t = 200℃$ 时过热水蒸气的其他各参数为

$$v = 0.20590\text{m}^3/\text{kg} \qquad h = 2827.3\text{kJ/kg} \qquad s = 6.6931\text{kJ/(kg·K)}$$

$$u = h - pv = (2827.3 - 1 \times 10^3 \times 0.20590)\text{kJ/kg} = 2621.4\text{kJ/kg}$$

（3）查饱和水与干饱和水蒸气表（附表 B-3），$p = 0.9\text{MPa}$ 时，有

$$v' = 0.0011212\text{m}^3/\text{kg} \qquad v'' = 0.21491\text{m}^3/\text{kg}$$

$$h' = 742.9\text{kJ/kg} \qquad h'' = 2773.59\text{kJ/kg}$$

$$s' = 2.0948\text{kJ/(kg·K)} \qquad s'' = 6.6222\text{kJ/(kg·K)}$$

由于 $v = 0.18\text{m}^3/\text{kg}$，介于饱和水与干饱和水蒸气之间，即 $v' < v < v''$，故该状态为湿饱和水蒸气。根据式（4-3）可得干度为

$$x = \frac{v - v'}{v'' - v'} = \frac{(0.18 - 0.0011212)\text{m}^3/\text{kg}}{(0.21491 - 0.0011212)\text{m}^3/\text{kg}} = 0.837$$

该状态下其他各参数为

$$t = t_s = 175.389℃$$

$$h = xh'' + (1-x)h' = [0.837 \times 2773.59 + (1-0.837) \times 742.9]\text{kJ/kg} = 2442.59\text{kJ/kg}$$

$$s = xs'' + (1-x)s' = [0.837 \times 6.6222 + (1-0.837) \times 2.0948]\text{kJ/(kg·K)} = 5.8842\text{kJ/(kg·K)}$$

$$u = h - pv = (2442.59 - 0.9 \times 10^3 \times 0.18)\text{kJ/kg} = 2280.59\text{kJ/kg}$$

三、蒸气图

由于蒸气热力性质表是不连续的，而且表不如图一目了然，因此，根据需要将蒸气表作成蒸气图。工程上常用的蒸气图有 h-s 图、T-s 图和 $\lg p$-h 图。

（一）焓熵（h-s）图

h-s 图以焓 h 为纵坐标，以熵 s 为横坐标（见图 4-4）。图中绘有下列线簇：

1）等焓线簇。等焓线是水平线。

2）等熵线簇。等熵线是垂直线。

3）等压线簇。在湿饱和蒸气区内压力与温度对应，所以等压线也是等温线，并是一组倾斜的直线；在过热蒸气区，等压线的斜率随温度的升高而增大，为自干饱和蒸气点起向右上方伸展的曲线。

4）等温线簇。在湿饱和蒸气区，等温线与等压线重合；在过热蒸气区，等温线斜率小于等压线，故比较平坦地自左向右延伸，并且随着熵的增大而斜率减小。当温度越高，压力越低时，蒸气越接近于理想气体，其焓值是温度的单值函数。因此，远离饱和态的过热区中等温线接近于等焓线。

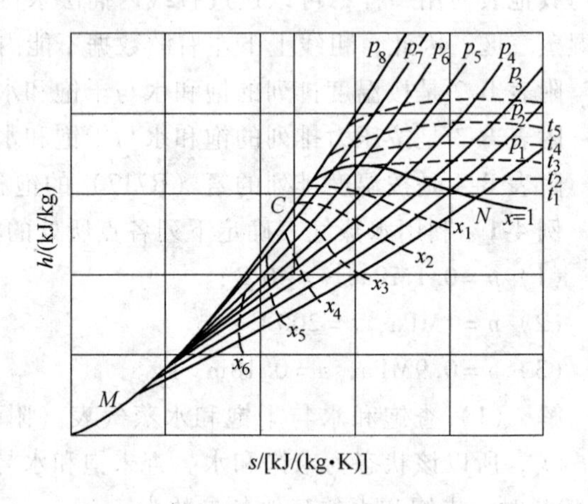

图 4-4 水蒸气 h-s 图

5）等干度线簇。等干度线是一簇自临界点起向右下方发散的曲线，干度 x 值的变化范围，从 $x=0$ 的下界线开始到 $x=1$ 的上界线为止。

6）等比体积线簇。等比体积线斜率比等压线斜率大，通常在 h-s 图中用红线表示等比体积线。

工程中所遇到的水蒸气参数干度大多数在 0.5 以上，所以实用的水蒸气 h-s 图只绘出靠近干饱和蒸气的那部分。

（二）温熵（T-s）图

T-s 图以温度 T 为纵坐标，以熵 s 为横坐标。其中未饱和液体区密集于 $x=0$ 线的左上方，故近似计算时可用 $x=0$ 线代替（见图 4-5）。图中绘有下列线簇：

1）等温线簇。等温线是水平线。

2）等熵线簇。等熵线是垂直线。

3）等压线簇。在湿饱和蒸气区内，等压线与等温线一样都是水平线；过热蒸气区内的等压线是一簇向上倾斜的曲线。

4）等焓线簇。等焓线是一簇向右下方倾斜的曲线。

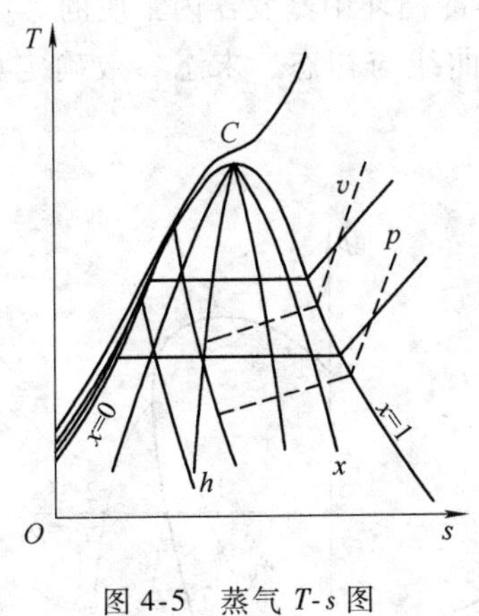

图 4-5　蒸气 T-s 图

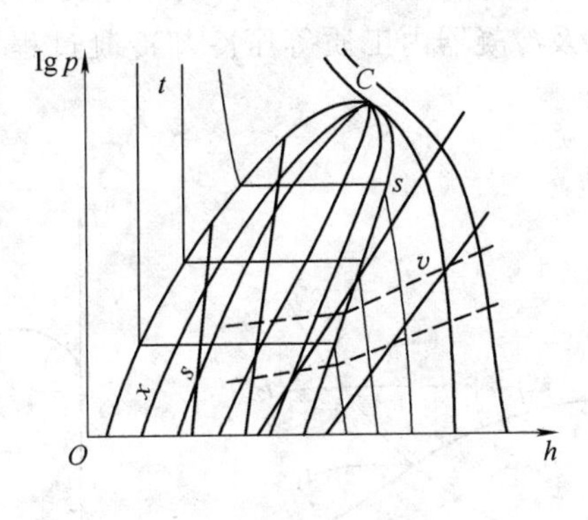

图 4-6　蒸气 lg$p$-h 图

5）等干度线簇。等干度线在湿饱和蒸气区内是一簇自临界点起向下方发散的曲线。

6）等比体积线簇。等比体积线在饱和蒸气区内，是比等温线略向右上方倾斜的直线，经干饱和蒸气线后迅速向右上方倾斜。

（三）压焓（p-h 或 lg$p$-h）图

p-h 图是普遍应用于制冷工程中的蒸气图。为提高精度，工程中常采用 lg$p$-h 图，即以 lg$p$ 为纵坐标，以 h 为横坐标（见图 4-6）。图中绘有下列线簇：

1）等压线簇。等压线是水平线。

2）等焓线簇。等焓线是垂直线。

3）等温线簇。在未饱和液体区是平行于等焓线略向左上方倾斜的直线，近似计算时用相应的等焓线代替；在湿饱和蒸气区内，等温线是水平线；在过热蒸气区内，等温线是一簇向右下方弯曲的倾斜线。

4）等干度线簇。等干度线在湿饱和蒸气区内是一簇自临界点起向下方发散的曲线。

5）等比体积线簇。在湿饱和蒸气区内是向右上方倾斜的曲线；经干饱和蒸气线后，以更大的斜率向右上方倾斜。

6）等熵线簇。等熵线是一簇向右上方倾斜的比定比体积线陡的曲线。

第四节　蒸气的基本热力过程

对蒸气热力过程的分析计算，其目的与理想气体的基本相同，即确定过程中工质状态变化规律及能量转换情况。区别是理想气体的状态参数可以通过简单计算得到，而蒸气的状态参数却要利用蒸气图表，但有关热力学第一定律和热力学第二定律的普适方程及焓定义式，同样适用于蒸气。

蒸气热力性质的分析也与理想气体一样，归纳出等压过程、等容过程、等温过程和绝热过程四种基本热力过程。其中等压过程和绝热过程在实际应用中出现比较多。

一、等压过程

实际工程中，等压过程是十分常见的过程，许多设备在正常运行状态下，工质经历的是稳定流动等压过程。例如，锅炉内水等压吸热汽化；制冷循环中蒸发器内工质的等压吸热汽化以及冷凝器内工质等压冷却冷凝过程等。等压过程曲线与初态、末态参数确定如图 4-7 所示。

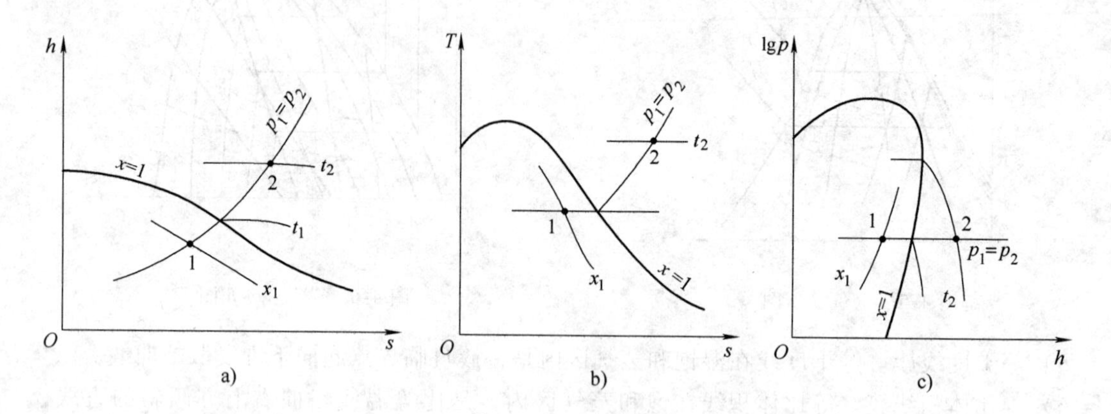

图 4-7　蒸气等压过程

a）h-s 图　b）T-s 图　c）lg$p$-h 图

等压过程热力性质分析：由初态已知参数值在蒸气图中确定初态点 1，查得参数 h_1、s_1、v_1、x_1 等。在状态图中作等压线，确定末态点 2，查得末态参数 h_2、s_2、v_2、x_2 等。等压过程的换热量

$$q = h_2 - h_1 \tag{4-4}$$

轴功

$$w_s = q - \Delta h = 0 \tag{4-5}$$

二、绝热过程

在理想循环中，蒸气可逆压缩或膨胀过程常是可逆绝热过程，即等熵过程。蒸气等熵过程曲线和初态、末态参数确定如图 4-8 所示。

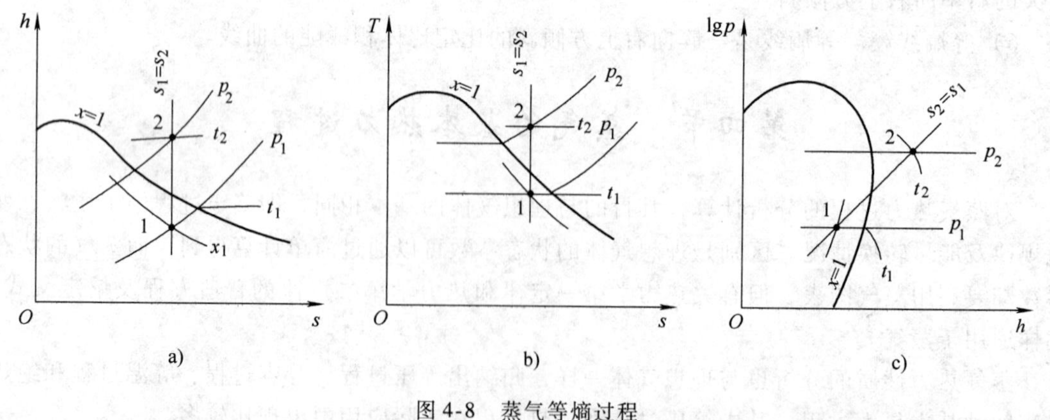

图 4-8　蒸气等熵过程

a）h-s 图　b）T-s 图　c）lg$p$-h 图

等熵过程热力性质分析：由初态已知参数值在蒸气图中确定初态点 1，查得参数 h_1、v_1、x_1 等。在状态图中作等熵线，确定末态点 2，查得末态参数 h_2、v_2、x_2 等。

等熵过程的换热量

$$q=0 \tag{4-6}$$

轴功

$$w_s=q-\Delta h=-\Delta h \tag{4-7}$$

实际工程中，蒸气的绝热压缩或膨胀必存在不可逆耗散损失，所以不可逆绝热过程是一个增熵过程。

三、单级蒸气压缩式制冷理论循环

虽然在恒定的高温热源与低温热源间工作的理想循环，其工作系数最高，但难以实现。所以在实际热力分析中常采用另一个理想模式——蒸气压缩式制冷理论循环。

单级蒸气压缩式制冷理论循环主要由制冷压缩机、冷凝器、膨胀阀和蒸发器组成。其装置原理如图 4-9 所示。

单级蒸气压缩式制冷理论循环建立在下面主要假设基础上：

1）制冷压缩机进行干压行程，并且吸气时制冷剂为干饱和蒸气，压缩过程为等熵过程。

2）理论制冷循环中制冷剂与热源间进行热交换时无传热温差，即蒸发温度 T_0 等于低温热源温度 T_2（$T_0=T_2$）；冷凝温度 T_k 等于高温热源温度 T_1（$T_k=T_1$），并且制冷剂在换热设备内流动时无流动阻力，无压降。

3）制冷剂液体在节流前无过冷，为饱和液体，并且节流前后焓值相等。

4）制冷剂在管路中流动时无流阻压降、无传热。

理论制冷循环存在等压冷却传热不可逆耗散和节流不可逆耗散，所以属于不可逆循环。单级蒸气压缩式制冷理论循环 lg$p$-h 图如图 4-10 所示。图中点 1 为压缩机的吸气状态。

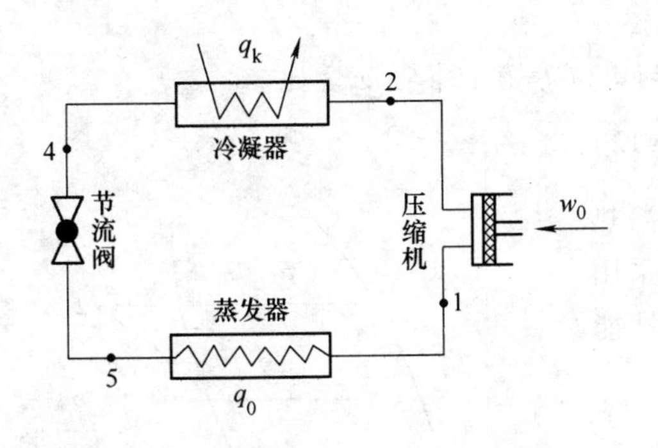

图 4-9　单级蒸气压缩式制冷理论循环原理图

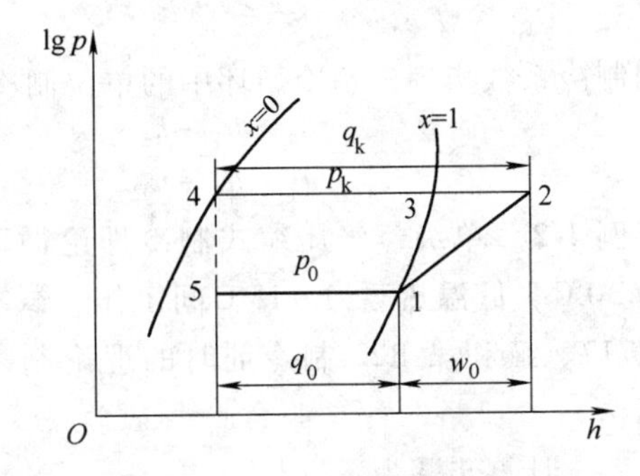

图 4-10　单级蒸气压缩式制冷理论循环热力状态图

1—2 为制冷剂在压缩机中的等熵压缩过程。点 1 为干饱和蒸气，是制冷剂出蒸发器进入压缩机状态。过程中，制冷剂的压力由蒸发压力 p_0 升高至冷凝压力 p_k，温度由蒸发温度 t_0 升高至排气温度 t_2，点 2 为过热蒸气，是制冷剂出压缩机进冷凝器状态。

2—3—4 为制冷剂在冷凝器中的等压冷却冷凝放热过程。其中，2—3 为等压冷却放热过程，温度降低，状态不变；3—4 为等压冷凝放热过程，温度不变，制冷剂由干饱和蒸气变为饱和液体态；点 4 为制冷剂液体出冷凝器进入膨胀阀状态。

4—5 为制冷剂在膨胀阀中的等焓节流过程，压力由 p_k 降至 p_0，温度由 t_k 降至 t_0，并进入湿饱和蒸气区；点5为制冷剂出膨胀阀进入蒸发器状态。由于节流过程是典型的不可逆过程，在状态图中用虚线描述。

5—1为制冷剂在蒸发器中等压吸热汽化过程。过程中，制冷剂压力、温度均不发生变化，干度 x 增加至1。吸热汽化后的干饱和蒸气出蒸发器后被压缩机吸入继续循环。

蒸气压缩式制冷理论循环的性能指标主要有单位制冷量、单位容积制冷量、单位等熵压缩功、单位冷凝器负荷及理论循环制冷系数。

1. 单位制冷量 q_0

单位制冷量（kJ/kg）指制冷压缩机每输送1kg制冷剂经循环从低温热源中吸收的热量或制取的冷量。

$$q_0 = h_1 - h_5 \tag{4-8}$$

2. 单位容积制冷量 q_v

单位容积制冷量（kJ/m^3）指制冷压缩机每输送 $1m^3$ 制冷剂蒸气（以吸气状态计），经循环向低温热源提供的冷量。

$$q_v = \frac{q_0}{v_1} = \frac{h_1 - h_5}{v_1} \tag{4-9}$$

式中　v_1——吸气状态下制冷剂蒸气的比体积，单位为 m^3/kg。

3. 单位等熵压缩功 w_0

单位等熵压缩功（kJ/kg）指制冷压缩机等熵压缩时每输送1kg制冷剂所消耗的轴功。

$$w_0 = h_2 - h_1 \tag{4-10}$$

4. 单位冷凝器负荷 q_k

单位冷凝器负荷（kJ/kg）指制冷压缩机每输送1kg制冷剂在冷凝器中等压冷却冷凝时向高温热源放出的热量。

$$q_k = (h_2 - h_3) + (h_3 - h_4) = h_2 - h_4 \tag{4-11}$$

5. 制冷系数 ε_0

制冷系数指理论制冷循环中的单位制冷量 q_0 与单位等熵压缩功 w_0 之比。

$$\varepsilon_0 = \frac{q_0}{w_0} = \frac{h_1 - h_5}{h_2 - h_1} \tag{4-12}$$

例4-2　单级蒸气压缩式制冷理论循环在高温热源为30℃，低温热源为－15℃间工作，试求分别采用氨R717、氟利昂R22制冷剂时的理论制冷循环性能指标。

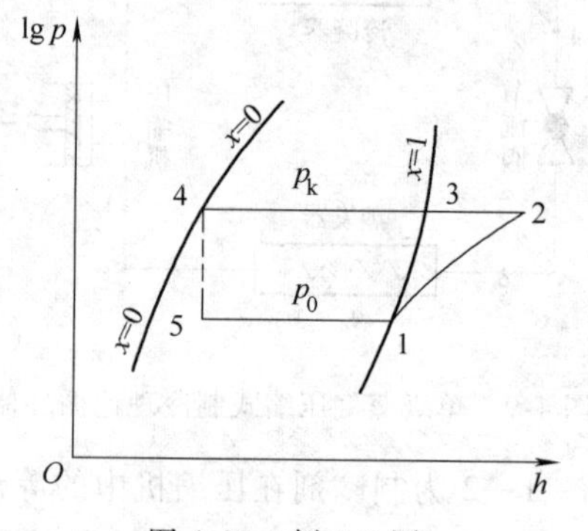

图4-11　例4-2图

解　计算步骤为：

（1）根据已知高低温热源温度以及循环特点，作单级蒸气压缩式制冷理论循环于lg$p$-h图中，并确定相应状态点（图4-11）。

（2）利用蒸气图，分别确定R717、R22制冷剂计算时所需各热力状态点参数。

R717：h_1＝1748.5kJ/kg，v_1＝0.5079m^3/kg，h_2＝1992.0kJ/kg，h_4＝h_5＝641.0kJ/kg。

R22：h_1＝399.5kJ/kg，v_1＝0.0780m^3/kg，h_2＝438.5kJ/kg，h_4＝h_5＝237.7kJ/kg。

（3）热力性能计算见表4-1。

表 4-1　热力性能计算结果

计算内容及单位	计算公式	R717	R22
单位制冷量/(kJ/kg)	$q_0=h_1-h_5$	1107.5	161.8
单位容积制冷量/(kJ/m³)	$q_v=q_0/v_1$	2180.5	2074.4
单位等熵压缩功/(kJ/kg)	$w_0=h_2-h_1$	243.5	39.0
单位冷凝器负荷/(kJ/kg)	$q_k=h_2-h_4$	1351.0	200.8
制冷系数	$\varepsilon_0=q_0/w_0$	4.55	4.15

思考题与习题

4-1　液体的汽化有哪两种方式？两者之间有何区别？

4-2　标准压力下，20℃的水是什么状态？为什么？

4-3　标准压力下，120℃的水蒸气是什么状态？为什么？

4-4　蒸气等压产生过程分为哪三个阶段？工质分别呈现哪五种状态？

4-5　利用水蒸气表判定下列各点状态，并确定 h、s、x 的值：

1）$p=20\text{MPa}$，$t=300℃$；

2）$p=9\text{MPa}$，$v=0.0185\text{m}^3/\text{kg}$；

3）$p=4\text{MPa}$，$t=350℃$。

4-6　利用水蒸气表，填充下表空白：

p/MPa	t/℃	h/(kJ/kg)	t_s/℃	x(%)	工质状态
0.1	30				
0.2		504.78			
2		2776.5			
1				0.85	
	20	2436.8			

4-7　利用 lg$p$-h 图，求 $p=0.24\text{MPa}$，$t=-10℃$时 R134a 状态点其余状态参数值，并确定工质所处的状态。

4-8　分别求 R717、R22、R134a 单级蒸气压缩式制冷理论循环，在高温热源 $t_1=40℃$与低温热源 $t_2=-15℃$间工作的热力性能指标。

第五章　混合气体和湿空气

【学习目标】

1. 了解有关混合气体的基本概念；
2. 掌握有关湿空气的基本概念；
3. 掌握湿球温度、露点温度的定义；
4. 掌握焓湿图的构成及应用；
5. 了解两种气体混合规律。

第一节　混 合 气 体

一、混合气体的概念

工程中实际应用的气体往往不是单一成分的，而是由几种不同的气体组成的混合物。如空气调节中的湿空气主要是由干空气和水蒸气所组成的，是混合气体。由于混合气体的各组分都远离液体状态，并且相互间不发生化学反应，因此工程上常将混合气体看成理想气体。

二、混合气体的分压力

混合气体的各组分均匀分布在整个容器中，而且具有相同的温度，系统所呈现的压力是混合气体的总压力，如图 5-1a 所示。所谓混合气体的分压力是假定混合气体中各组分气体单独存在，并具有混合气体相同的温度及容积时，给予容器壁的压力，如图 5-1b、c 所示。

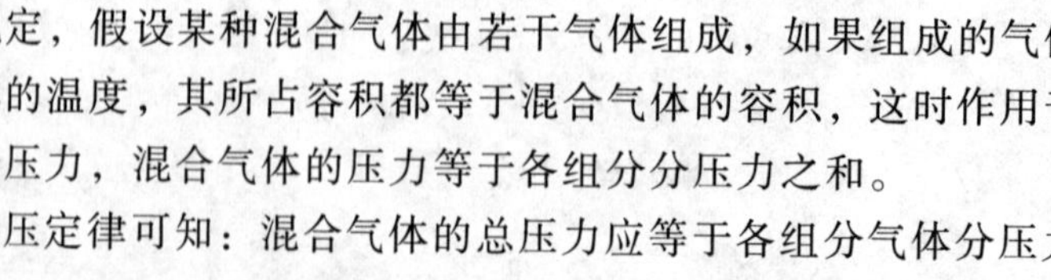

图 5-1　混合气体的分压力与容积

道尔顿定律规定，假设某种混合气体由若干气体组成，如果组成的气体单独存在，其温度都等于混合气体的温度，其所占容积都等于混合气体的容积，这时作用于容器壁的压力称为各组成气体的分压力，混合气体的压力等于各组分分压力之和。

根据道尔顿分压定律可知：混合气体的总压力应等于各组分气体分压力之和，即

$$p = p_1 + p_2 + p_3 + \cdots + p_n = \sum_{i=1}^{n} p_i \tag{5-1}$$

式中　　　p——混合气体总压力；

p_1、p_2、p_3、…、p_n——各组分气体分压力。

三、混合气体的分容积

一定量混合气体放置于容器内所具有的容积称为混合气体的容积或总容积，如图 5-1a 所示。所谓混合气体分容积，则是假定混合气体中每一组分单独存在，并保持与混合气体相同的温度和压力时所占有的容积，如图 5-1d、e 所示。

根据理想气体性质，由图 5-1b、d 可列出理想气体状态方程式

$$p_1 V = m_1 R_1 T$$

$$p V_1 = m_1 R_1 T$$

即

$$p_1 V = p V_1 \tag{5-2}$$

同理由图 5-1c、e 列状态方程式

$$p_2 V = m_2 R_2 T$$

$$p V_2 = m_2 R_2 T$$

即

$$p_2 V = p V_2 \tag{5-3}$$

式（5-2）加式（5-3）得

$$V_1 + V_2 = \frac{p_1}{p} V + \frac{p_2}{p} V = \frac{p_1 + p_2}{p} V$$

根据道尔顿定律，有

$$p = p_1 + p_2$$

所以

$$V_1 + V_2 = V$$

若由 n 种气体组成，则有

$$V = V_1 + V_2 + \cdots + V_n = \sum_{i=1}^{n} V_i \tag{5-4}$$

即混合气体的总容积等于各组分气体的分容积之和。

四、混合气体的组成成分

混合气体中各组成气体所占的分量称为混合气体的组成成分。其有三种表示方法：质量成分、容积成分和摩尔成分。

1. 质量成分

混合气体中某一组分气体的质量与混合气体总质量之比称为质量成分，或质量百分数，用符号 g 表示，即

$$g_1 = \frac{m_1}{m} \quad g_2 = \frac{m_2}{m} \quad \cdots \quad g_n = \frac{m_n}{m}$$

式中　g_1、g_2、…、g_n——各组成气体的质量成分；

m_1、m_2、…、m_n——各组成气体的质量；

m——混合气体的总质量。

由于

$$m = m_1 + m_2 + \cdots + m_n$$

因此

$$\sum_{i=1}^{n} g_i = g_1 + g_2 + \cdots + g_n = \frac{m_1 + m_2 + \cdots + m_n}{m} = 1 \tag{5-5}$$

表明：混合气体中各组分的质量成分之和等于1。

2. 容积成分

混合气体中各组分分容积与混合气体总容积的比值称为容积成分，或容积百分数，用符号 r 表示，即

$$r_1 = \frac{V_1}{V} \quad r_2 = \frac{V_2}{V} \quad \cdots \quad r_n = \frac{V_n}{V}$$

式中 r_1、r_2、…、r_n——各组成气体的容积成分；

V_1、V_2、…、V_n——各组成气体的容积；

V——混合气体的总容积。

由式（5-4）

$$V = \sum_{i=1}^{n} V_i$$

故

$$\sum_{i=1}^{n} r_i = r_1 + r_2 + \cdots + r_n = \frac{V_1 + V_2 + \cdots + V_n}{V} = 1 \tag{5-6}$$

表明：混合气体中各组分的容积成分之和等于1。

3. 摩尔成分

混合气体中各组分的物质的量与混合气体总物质的量的比值称为摩尔成分或摩尔百分数，用符号 x 表示，即

$$x_1 = \frac{n_1}{n} \quad x_2 = \frac{n_2}{n} \quad \cdots \quad x_n = \frac{n_n}{n}$$

式中 x_1、x_2、…、x_n——各组成气体的摩尔成分；

n_1、n_2、…、n_n——各组成气体物质的量；

n——混合气体的物质的量。

显然

$$n_1 + n_2 + \cdots + n_n = \sum_{i=1}^{n} n_i$$

$$\sum_{i=1}^{n} x_i = x_1 + x_2 + \cdots + x_n = \frac{n_1 + n_2 + \cdots + n_n}{n} = 1 \tag{5-7}$$

表明：混合气体中各组成气体的摩尔百分数之和等于1。

五、混合气体的相对分子质量与气体常数

混合气体是多种气体的混合物，无固定的分子式，也没有相对分子质量。但是为了计算方便，把混合气体看做理想的单一组分气体，由此可得出混合气体的相对分子质量和气体常数。

若气体是由 n 种气体混合而成，则有混合气体相对分子质量为

$$M = \frac{R_{\mathrm{M}}}{R} = \frac{8314}{R} \tag{5-8}$$

已知混合气体相对分子质量 M，就可求得混合气体的气体常数 J/(kg·K) 为

$$R = \frac{R_M}{M} = \frac{R_M}{\sum_{i=1}^{n} r_i M_i} = \frac{8314}{\sum_{i=1}^{n} r_i M_i} \tag{5-9}$$

第二节　湿空气的热力性质

一、湿空气的组成

人们所说的空气，是由数量基本稳定的干空气和数量经常变化的水蒸气组成的混合物，即通常人们所说的空气为湿空气。

（一）干空气

干空气是由氮、氧及稀有气体（氢、氖、氩、氦）组成的混合物，其组成成分见表5-1。

表 5-1　干空气的组成成分

气体名称	质量分数(%)	体积分数(%)
氮气(N_2)	75.55	78.13
氧气(O_2)	23.10	20.90
二氧化碳	0.05	0.03
其他稀有气体	1.30	0.94

（二）水蒸气

水蒸气在空气中的含量不是固定的，自然界中的空气都含有一些水蒸气，因此，自然界中的空气都是湿空气。绝对的干空气是不存在的。空调工程中所研究的空气都是湿空气。

二、湿空气的状态参数

湿空气的状态通常可以用压力、温度、湿度等参数来表示，这些参数称为湿空气的状态参数。

热力学中可以将常温常压下干空气视为理想气体。存在于湿空气中的水蒸气一般情况下处于过热状态，其压力低，比体积大，数量少，也可以近似地当做理想气体来对待。因此，湿空气也应遵循理想气体的规律，其状态参数之间的关系，可以应用下列理想气体方程式表示，即

$$pV = mRT \quad 或 \quad pv = RT$$

（一）压力

1. 大气压力

地球表面的空气层在单位面积上所形成的压力即为大气压力，通常用 p_b 或 B 来表示。大气压力通常不是定值，它随海拔不同而存在差异。通常以北纬45°处海平面的全年平均气压作为一个标准大气压力，其数值为101325Pa。海拔越高的地方，大气压力越低。

2. 水蒸气分压力

根据道尔顿分压定律，湿空气的总压力 p 应该等于干空气的分压力 p_a 与水蒸气的分压

力 p_v 之和，即

$$p = p_a + p_v \tag{5-10}$$

在通风与空调工程中，湿空气的压力 p 就是当地的大气压力。水蒸气的分压力的大小直接反映了湿空气中水蒸气的含量的多少。空气中水蒸气的含量越多，水蒸气的分压力就越大。

当温度一定时，如果湿空气中水蒸气含量不断增大，达到一定程度时，水蒸气就会从湿空气中凝结成水而析出。可见，在一定温度的条件下，湿空气中水蒸气含量达到最大限度时，湿空气处于饱和状态，称为饱和空气，此时相应的水蒸气分压力称为饱和水蒸气分压力，用 p_{vs} 表示。在大气压力不变时，p_{vs} 只由温度决定，温度越高，p_{vs} 值越大。

（二）温度

温度是描述空气冷热程度的物理量。由于混合气体具有相同的温度，所以湿空气的温度与组成它的干空气的温度和水蒸气的温度均相同，即

$$T = T_a = T_v$$

（三）湿度

1. 绝对湿度

绝对湿度即每立方米空气中含有水蒸气的质量，也就是湿空气中水蒸气的密度。用符号 ρ_v 表示，单位为 kg/m^3，即

$$\rho_v = \frac{m}{V} = \frac{p_v}{R_v T} \tag{5-11}$$

如果在某一温度下，水蒸气的含量达到了最大值，此时的绝对湿度为饱和空气的绝对湿度，用 ρ_{vs} 表示。空气的绝对湿度只能表示在某一温度下每立方米空气中水蒸气的实际含量，不能准确地说明空气的干湿程度。

2. 相对湿度

相对湿度即空气的绝对湿度 ρ_v 与同温度下饱和空气的绝对湿度 ρ_{vs} 的比值，用符号 φ 表示。相对湿度一般用百分比表示，即

$$\varphi = \frac{\rho_v}{\rho_{vs}} \times 100\% = \frac{p_v}{p_{vs}} \times 100\% \tag{5-12}$$

相对湿度也称为饱和度，反映了湿空气中水蒸气含量接近饱和的程度。φ 值越小，表明空气越干燥，吸收水蒸气的能力越强；反之，φ 值越大，表明空气越潮湿，吸收水蒸气的能力越弱。相对湿度 φ 的取值范围在 0 ~ 100% 之间。如果 $\varphi = 0$，表示空气中不含有水蒸气，是干空气；如果 $\varphi = 100\%$，表示空气中水蒸气含量达到最大值，为饱和空气。因此，只要知道 φ 值的大小，即可知道空气的干湿程度。

（四）含湿量

湿空气的含湿量是指湿空气中含有水蒸气的质量 m_v 与干空气的质量 m_a 的比值，也可看做是 1kg 干空气所对应的水蒸气的质量，用符号 d 表示，单位是 g/kg 干空气（或 kg/kg 干空气），即

$$d = 1000 \times \frac{m_v}{m_a} \tag{5-13}$$

利用干空气和水蒸气的理想气体状态方程

$$p_aV = m_aR_aT$$
$$p_vV = m_vR_vT$$

可得

$$d = \frac{622p_v}{p_b - p_v} = \frac{622\varphi p_{vs}}{p_b - \varphi p_{vs}} \tag{5-14}$$

对应于饱和水蒸气分压力 p_{vs} 有饱和含湿量 d_{vs}，即

$$d_{vs} = \frac{622p_{vs}}{p_b - p_{vs}} \tag{5-15}$$

（五）湿空气的密度和比体积

由于湿空气是干空气与水蒸气的混合气体，两者均匀混合并占有相同的体积。因此，湿空气的密度等于干空气的密度和水蒸气的密度之和。

$$\rho = \rho_a + \rho_v \tag{5-16}$$

空气的比体积是指单位质量空气所占容积，用符号 v 表示，单位是 m^3/kg，从数量的角度来说，比体积和密度互为倒数。

（六）湿空气的焓

湿空气的焓是指 1kg 干空气和它所对应的水蒸气的焓总和。用 h 来表示，单位是 kJ/kg。计算公式为

$$h = 1.01t + 0.001d(2500 + 1.84t) \tag{5-17}$$

可见湿空气的焓值随温度和含湿量的增大而增大，反之亦然。

在空调工程中，焓很有用处，可以根据一定量空气在处理过程中空气的焓的变化，来判断空气是得到热量还是失去热量。空气的焓增加表示空气得到热量；反之，为失去热量。利用这一原理，可以根据焓的变化值来计算空气在处理前后得到或失去热量的多少。

在空气处理过程中，需要考虑的是空气焓值的变化量，而不是空气在某一状态下的焓值。所以，一般规定 0℃ 时 1kg 干空气的焓值为 0。

（七）露点温度

当含湿量保持不变时，湿空气达到饱和状态的温度，称为露点温度，用符号 t_l 来表示。它与 p_v 或 d 有关。当大气压力不变时，空气的露点温度只取决于空气的含湿量。

由此可知，当 d 不变时，湿空气降到 t_l 后达到饱和状态，$\varphi = 100\%$，若继续对空气进行冷却，则湿空气会有水蒸气凝结成水析出，这种现象称为结露。所以 t_l 是判断空气是否结露的参数。在制冷空调工程中，常利用这个原理来达到除湿的效果。

第三节　湿空气的焓湿图及其应用

空气的主要状态参数有温度（t）、含湿量（d）、大气压力（p_b）相对湿度（φ）、焓（h）、水蒸气分压力（p_v）及密度（ρ）。其中温度（t）、含湿量（d）和大气压力（p_b）为基本参数，它们决定了空气的状态。

一、焓湿图的构成

焓湿（h-d）图是以比焓为纵坐标，含湿量为横坐标，在一定大气压力下绘制成的。为

了使图面开阔，规定两坐标轴之间夹角为135°，如图5-2所示。不同大气压力下有不同的焓湿图，使用时应注意 h-d 图是否与当地大气压力相适应。

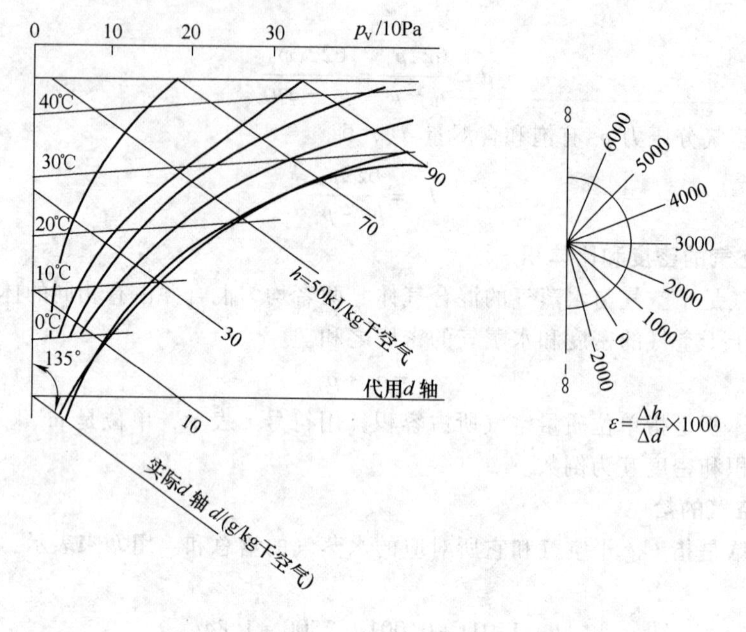

图5-2　空气的焓湿图

二、焓湿图上的等参数线

（一）等含湿量线（d）

等含湿量线是一系列与纵坐标平行的直线，从 $d=0$ 开始自左向右逐渐增加。

（二）等焓线（h）

为了使图面开阔，等焓线为一系列与纵坐标成135°夹角的平行线。通过含湿量 $d=0$ 及温度 $t=0$℃交点的等焓线，比焓 $h=0$，向上为正值，向下为负值，自下而上逐渐增加。

（三）等温度线（t）

等温度线是一系列看似平行实际不平行的直线，$t=0$℃以上的温度线是正值，以下为负值，且自下而上逐渐增加。

（四）等相对湿度线（φ）

等相对湿度线是一系列向上凸的曲线。当 $d=0$ 时，$\varphi=0\%$ 的等相对湿度线与纵坐标重合。从左到右，φ 值随 d 值增加而增加，$\varphi=100\%$ 的等相对湿度线称为饱和曲线，该线将焓湿图分成两个部分：上部是未饱和空气，下部是过饱和空气，线上各点是饱和空气。在过饱和区，水蒸气凝结成雾状，又称为“雾区”。

（五）水蒸气分压力线（p_v）

根据公式 $d=\dfrac{622p_v}{p_b-p_v}$，可知水蒸气分压力大小只取决于含湿量 d。因此可在含湿量轴上方设一水平线，在 d 值上标出对应的 p_v 值。

（六）热湿比线（ε）

在空调过程中，被处理空气常由一个状态变为另一个状态，为了表示变化过程进行的方向与特性，图上还有热湿比线。热湿比（ε，kJ/kg）即空气变化过程中焓值的变化量与含湿量变化量的比值。

$$\varepsilon=\frac{h_2-h_1}{d_2-d_1}\times1000=\frac{\Delta h}{\Delta d}\times1000 \tag{5-18}$$

式中　h_1、h_2——空气状态变化前后的比焓，单位为 kJ/kg；

d_1、d_2——空气状态变化前后的含湿量，单位为 g/kg 干空气；

ε——热湿比，单位为 kJ/kg。

三、焓湿图的应用

（一）湿空气状态参数的确定

从图 5-3 中看到，将空气降温冷却到饱和线上（这是一个极限点）以后，如果再继续降温冷却，由于空气的相对湿度不能大于 100%，这时空气的水蒸气将会有一部分凝结成水，可见 l 点的温度就是该空气的露点温度。图 5-3 表明，含湿量不变，露点温度也不变。

例 5-1　求状态为 $\varphi=60\%$，$t=26℃$ 空气的露点温度（大气压力 $p_b=101325\text{Pa}$）。

解　大气压力为 101325Pa 的焓湿图如图 5-4 所示。

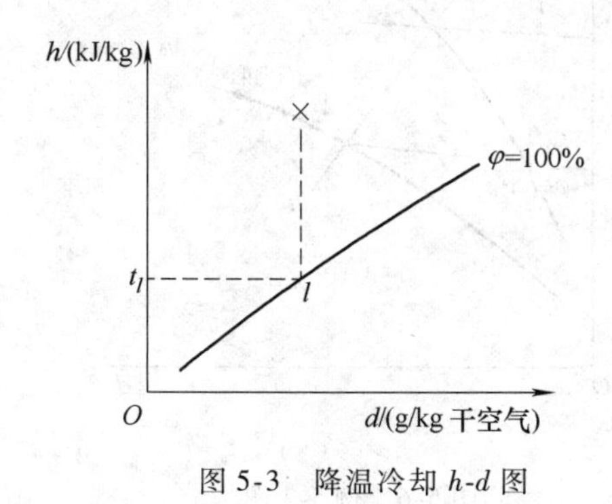

图 5-3　降温冷却 h-d 图

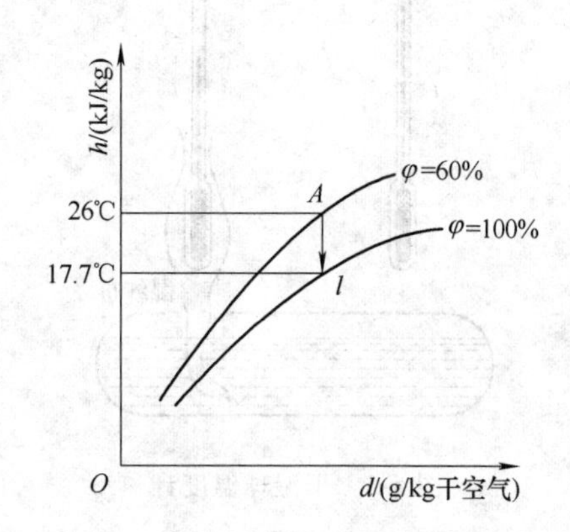

图 5-4　例 5-1 的 h-d 图

温度 $t=26℃$ 与相对湿度 $\varphi=60\%$ 相交于 A 点，从点 A 作等含湿量线 d 与饱和线 $\varphi=100\%$ 相交 l 点，查得 l 点的温度为 $t_l=17.7℃$，t_l 即是露点温度。

由此例题可知，只要能够在焓湿图上确定某一空气状态点，就可以查得该空气的其他状态参数。

（二）干球温度与湿球温度

图 5-5 所示为由两只水银温度计组成的干湿球温度计。其中，不包纱布的温度计是干球温度计，读数就是湿空气的温度 t。另一支温度计用湿纱布包起来，置于通风良好的湿空气中，当达到热湿平衡时，读数是湿球温度，用 t_w 来表示。

当干湿球温度计湿纱布中的水分未蒸发时，两温度计的读数是相等的。若干湿球温度计放置在未饱和空气中，湿球纱布中的水分就会蒸发。水分蒸发所需的热量来自于两部分：一部分是降低湿纱布水分本身的温度而放出热量；另一部分是由于空气温度高于湿纱布表面温度，通过对流换热空气将热量传递给湿球。这种热、湿交换的结果，使湿纱布上水分蒸发，紧贴湿球附近形成一层饱和空气层。当达到湿球温度时，周围空气通过饱和空气层传给水的热量等于水分蒸发所消耗的热量，此时可近似看做湿球周围的饱和空气与未饱和空气的焓值是相等的。故湿球温度是湿空气等焓降温至饱和时所对应的温度。

同时，干湿球温度计上的干、湿球温差表示了湿空气接近饱和空气的程度，即差值越小，湿空气的 φ 值越大；差值越大，湿空气的 φ 值越小；当两者相等时，湿空气达到饱和状态，所以，已知湿空气的干球温度和湿球温度，也可确定湿空气的状态和状态参数。

例 5-2 已知大气压力为 101325Pa，湿空气温度 $t=25℃$，相对湿度 $\varphi=60\%$，求湿球温度 t_W。

解 由 $t=25℃$，$\varphi=60\%$，在 h-d 图上确定点 1（图 5-6），过 1 点作等焓线与 $\varphi=100\%$ 线相交于点 2，查得湿球温度为

$$t_W=19.6℃$$

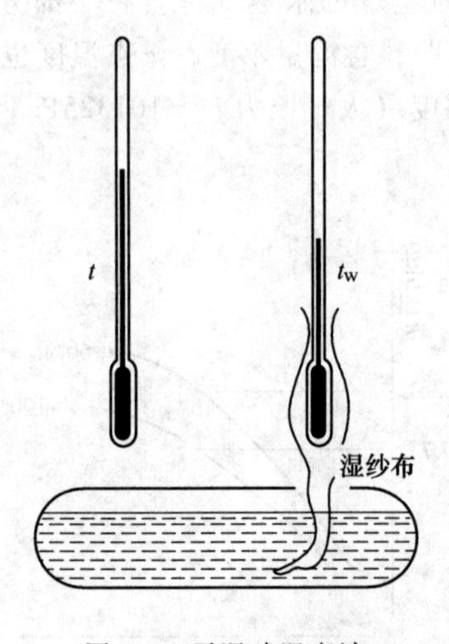

图 5-5 干湿球温度计

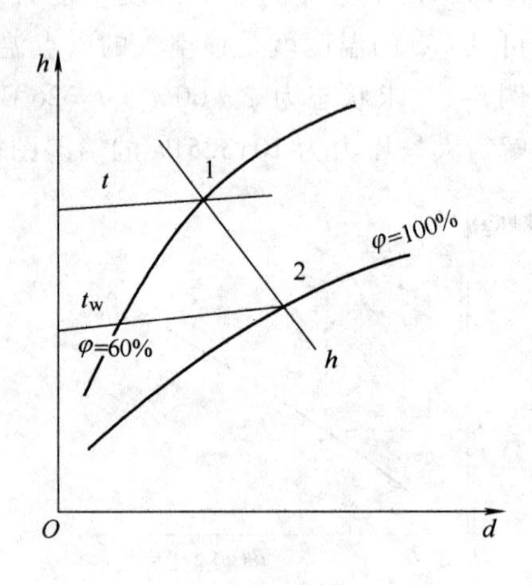

图 5-6 例 5-2 图

四、大气压力对焓湿图的影响

附图 C-7 给出的焓湿图是以标准大气压力 $p_b=101325$Pa 作出的，若某地区的海拔与海平面有较大差别时，使用此图会产生误差。因此，不同地区应使用符合本地区大气压力的焓湿图。当缺少这种焓湿图时，简便易行的方法是利用标准大气压的焓湿图加以修改。已知

$$d=\frac{0.622p_v}{p_b-p_v}=0.622\frac{\dfrac{\varphi p_{vs}}{p_b}}{1-\dfrac{\varphi p_{vs}}{p_b}}$$

当 φ 为常数时，p_b 增大，则 d 减小。以 $\varphi=100\%$ 为例，p_{vs} 只与温度有关，上式中给定 p_b 值则可求出不同温度下相对应的饱和含湿量 d_b，将各点（t，d_b）相连即可画出新的大气压力下 $\varphi=100\%$ 的曲线（见图 5-7）。其余的相对湿度线可依此类推，若要用到水蒸气分压力坐标，则也要用前述方法重新修改此分度值。

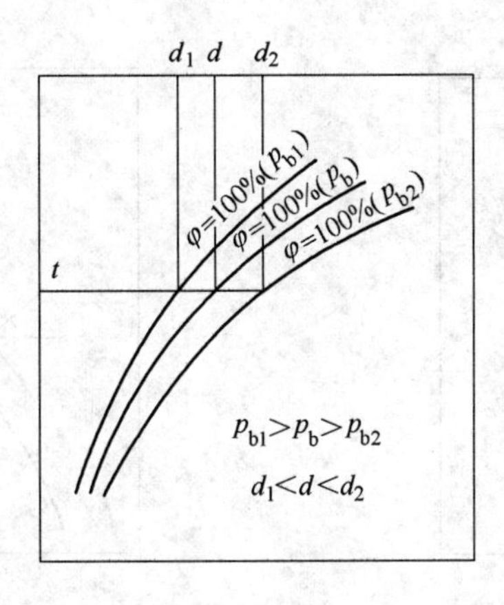

图 5-7　p_b 变化时 φ 的变化

第四节　湿空气的基本热力过程

一、热湿比的意义

为了说明空气的热湿状态变化过程，在焓湿图的周边或右下角还会给出热湿比（或称角系数）ε 线。

若焓湿图上有 A、B 两状态点，如图 5-8 所示，被处理的空气由状态 A 变为状态 B，整个过程中，可视为空气的热、湿变化是同时、均匀发生的，那么，由 A 到 B 的直线即代表了空气状态的变化过程线，其热湿比为

$$\varepsilon=\frac{h_B-h_A}{d_B-d_A}$$

总空气量 G 所得到（或失去）的热量 Q 和湿量 W 的比值，与相应 1kg 空气的 ε 完全一致，因此又可写成

$$\varepsilon=\frac{\Delta h}{\Delta d}=\frac{G\Delta h}{G\Delta d}=\frac{Q}{W} \tag{5-19}$$

以上两式中 Δd 和 W 均以 kg 作单位。

由上可知，ε 就是直线 AB 的斜率，反映了过程线的倾斜角度。斜率与起始位置无关，因此，初态不同的空气只要斜率相同，其变化过程必定互相平行。由这一特征，就可在焓湿图上以任意点为中心作出一系列不同值的 ε 线，如图 5-9 所示。实际应用时，只需把等值的 ε 线平移到空气状态点，就可绘出该空气状态的变化过程线。

二、基本热力过程

（一）等湿加热、冷却过程

利用表面式加热器、电加热器等设备处理空气时，空气通过加热器时获得了热量，温度升高，但含湿量并没有变化。因此状态变化是等湿增焓升温过程，在图 5-10 中过程线为 $A\rightarrow B$。等湿加热过程中，$d_A=d_B$，$h_B>h_A$，故其热湿比 ε 为

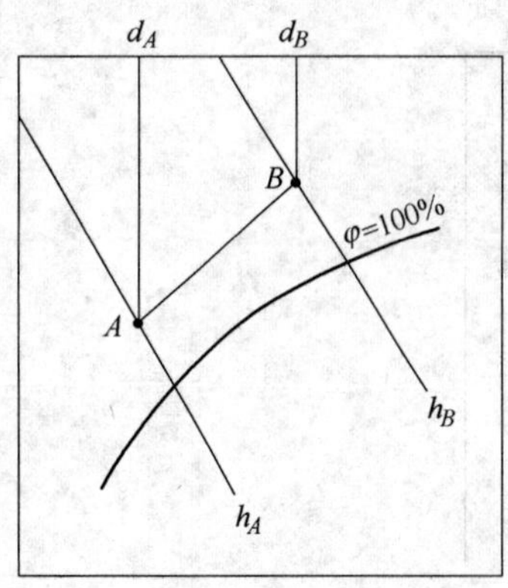

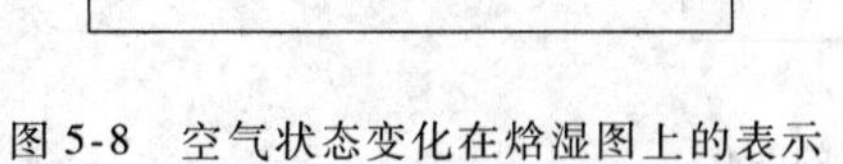

图 5-8　空气状态变化在焓湿图上的表示

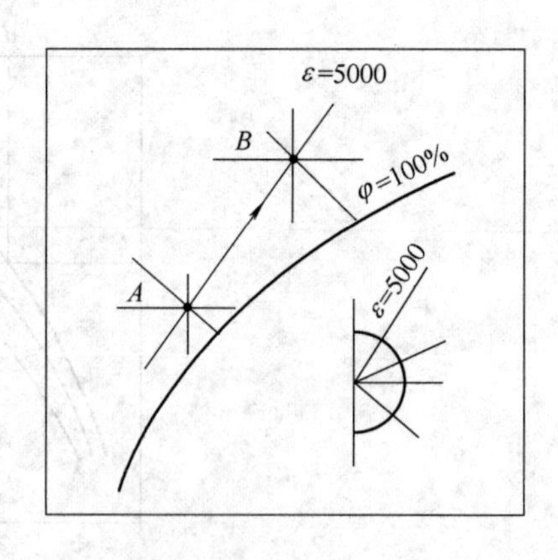

图 5-9　用 ε 线确定空气状态

$$\varepsilon = \frac{\Delta h}{\Delta d} = \frac{h_B - h_A}{d_B - d_A} = \frac{h_B - h_A}{0} = +\infty$$

与上述过程相反，利用表面式冷却器处理空气，其表面温度比空气露点温度高，则空气将在含湿量不变的情况下被冷却，焓值减少。因此空气状态为等湿、减焓、降温，如图5-10中 $A \rightarrow C$ 所示。由于 $d_A = d_B$，$h_C < h_A$，故其热湿比 ε 为

$$\varepsilon = \frac{\Delta h}{\Delta d} = \frac{h_C - h_A}{0} = \frac{h_C - h_A}{0} = -\infty$$

（二）等焓加湿、减湿过程

以固体吸湿剂（如硅胶）处理空气时，水蒸气被吸附，空气的含湿量降低，空气失掉潜热，而得到水蒸气凝结时放出的汽化热使其温度升高，但是焓值基本没变，空气近似按照等焓减湿升温过程变化。如图 5-10 中 $A \rightarrow D$ 所示，ε 为

$$\varepsilon = \frac{\Delta h}{\Delta d} = \frac{h_D - h_A}{d_D - d_A} = \frac{0}{d_D - d_A} = 0$$

利用喷水室处理空气时，水吸收空气的热量而蒸发为水蒸气，空气失掉显热热量，温度降低，水蒸气到空气中使含湿量增加，潜热也增加。由于空气失掉显热，得到潜热，因此空气的焓值基本不变，所以称此过程为等焓加湿过程。此时，水的温度将稳定在空气的湿球温度上，如图 5-10 中 $A \rightarrow E$ 所示。由于状态变化前后空气焓值相等，因此 ε 为

$$\varepsilon = \frac{\Delta h}{\Delta d} = \frac{h_E - h_A}{d_E - d_A} = \frac{0}{d_E - d_A} = 0$$

（三）等温加湿过程

向空气中喷蒸气可以实现湿空气的等温加湿过程，如图 5-10 中 $A \rightarrow F$ 所示。空气中的水蒸气量增加后，其焓值和含湿量都增加，焓的增加值为加入蒸气的全热量，即

$$\Delta h = h_v \Delta d$$

式中　Δd——每千克干空气增加的含湿量，单位为 kg/kg 干空气；

　　h_v——水蒸气的焓，其值由 $h_v = 2500 + 1.84t_v$ 计算。

此过程的 ε 为

$$\varepsilon = \frac{\Delta h}{\Delta d} = \frac{h_v \Delta d}{\Delta d} = h_v = 2500 + 1.84t_v$$

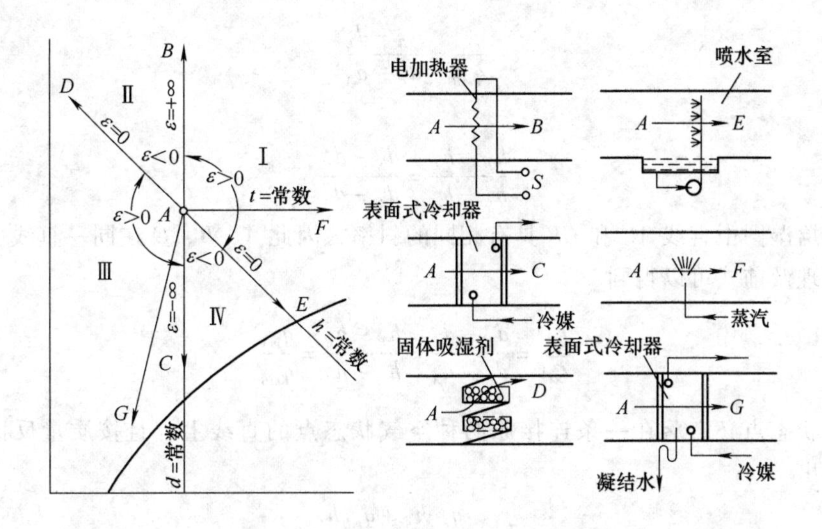

图 5-10　几种典型的湿空气状态变化过程

（四）减湿冷却过程

利用表面式冷却器处理空气，当表面式冷却器的表面温度低于空气的露点温度时，空气中的水蒸气将凝结为水，从而使得空气减湿，变化过程为减湿冷却，如图 5-10 中 $A \rightarrow G$ 所示，空气的焓值及含湿量都减少，故此过程的 ε 为

$$\varepsilon = \frac{\Delta h}{\Delta d} = \frac{h_G - h_A}{d_G - d_A} = \frac{-\Delta h}{-\Delta d} > 0$$

综合以上几种典型的空气状态变化过程，从图 5-10 中可以看出代表四种过程的 $\varepsilon = \pm\infty$ 和 $\varepsilon = 0$ 的两条线将焓湿图平面分成了四个象限，每个象限内的空气状态变化过程都有各自的特征，详见表 5-2。

表 5-2　焓湿图的四个象限

象　　限	热湿比线 ε	状态变化的特征
Ⅰ	$\varepsilon > 0$	增焓加湿升温（或等温、降温）
Ⅱ	$\varepsilon < 0$	增焓减湿升温
Ⅲ	$\varepsilon > 0$	减焓减湿降温（或等温、升温）
Ⅳ	$\varepsilon < 0$	减焓加湿降温

（五）两种空气的混合

空气调节系统的计算中常见两种状态的空气混合的情形。例如，为了节省冷量或热量提高系统的经济性所使用的回风系统，使部分循环空气与新风相混合，经处理后送入空调房间。

如图 5-11 所示，有不同状态的空气 $A(h_A,\ d_A)$ 和 $B(h_B,\ d_B)$，质量流量分别为 q_{mA}（kg/s）和 q_{mB}，混合后状态为 $C(h_C,\ d_C)$，质量流量为 $q_{mC} = q_{mA} + q_{mB}$。假设混合过程与外界没有热湿交换，由热平衡和湿平衡原理可列方程式为

$$q_{mA} h_A + q_{mB} h_B = q_{mC} h_C$$

$$q_{mA} d_A + q_{mB} d_B = q_{mC} d_C$$

将 $q_{mC} = q_{mA} + q_{mB}$ 带入上两式中，整理后得到

$$\frac{q_{mA}}{q_{mB}} = \frac{h_B - h_C}{h_C - h_A}$$

$$\frac{q_{mA}}{q_{mB}}=\frac{d_B-d_C}{d_C-d_A}$$

综合两式得

$$\frac{h_B-h_C}{h_C-h_A}=\frac{d_B-d_C}{d_C-d_A}$$

由上可知，焓湿图中直线 AC 和 CB 具有相同的斜率，因此 A、B、C 在同一直线上，根据三角形相似原理及前式可以得到

$$\frac{\overline{BC}}{\overline{CA}}=\frac{d_B-d_C}{d_C-d_A}=\frac{h_B-h_C}{h_C-h_A}=\frac{q_{mA}}{q_{mB}}$$

即混合后的状态点必定落在一条连接原两种空气状态点的直线上，且按质量反比分割此线段。可以得出

$$h_C=\frac{q_{mA}h_A+q_{mB}h_B}{q_{mA}+q_{mB}} \tag{5-20}$$

$$d_C=\frac{q_{mA}d_A+q_{mB}d_B}{q_{mA}+q_{mB}} \tag{5-21}$$

例 5-3 相对湿度 $\varphi_1=80\%$，温度 $t_1=31℃$ 的湿空气（空气质量流量为 600kg/s）与相对湿度 $\varphi_2=60\%$，温度 $t_2=22℃$ 的湿空气（空气质量流量为 150kg/s）相混合，试求混合后的湿空气状态参数 h_C、d_C。

解 由 $\varphi_1=80\%$、$t_1=31℃$ 及 $\varphi_2=60\%$、$t_2=22℃$，在湿空气 h-d 图上确定状态点 1 及状态点 2，连接 1、2，如图 5-11 所示。

由

$$\frac{\overline{1C}}{\overline{C2}}=\frac{q_{m_2}}{q_{m_1}}=\frac{150\text{kg/s}}{600\text{kg/s}}=\frac{1}{4}$$

将直线 1—2 五等分，在距离 1 点的第 1 等分处，确定混合后湿空气状态点 C，故可查得

$$d_C=20.2\text{g/kg 干空气}$$

$$h_C=80.9\text{kJ/kg 干空气}$$

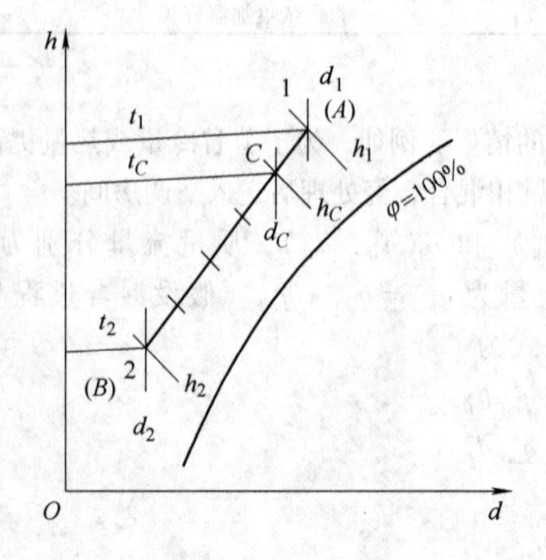

图 5-11 例 5-3 图

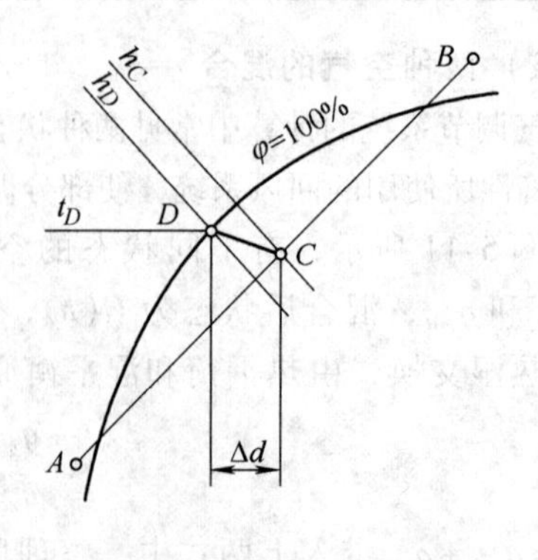

图 5-12 雾区的空气状态

若两种不同状态空气混合后的状态点处于雾区，则这种饱和空气加水雾的状态不稳定，多余的水蒸气会立即凝结为水从空气中分离出来，空气仍然恢复到饱和状态。假定饱和空气状态为 D，则空气的变化过程为 $C—D$，如图 5-12 所示。因为空气在变化过程中，凝结水带走了显热，但由于这部分热量很少，所以空气状态变化的过程可近似地看做等焓。

【思考题与习题】

5-1　什么是混合气体的分压力与分容积？它们与混合气体总压力及总容积间存在何种关系？

5-2　湿空气的主要参数有哪些？列出它们的名称、表示符号及单位。

5-3　什么是湿空气的露点温度？

5-4　夏季室内的自来水管外表面为什么会结露？

5-5　比较空气的湿球温度、干球温度和露点温度值的大小。

5-6　已知湿空气的状态值 $h=60\text{kJ/kg}$，$t=25℃$，试用 h-d 图确定其露点温度和湿球温度。

5-7　表面温度为18℃的冷壁面，在温度为30℃、相对湿度为30%的湿空气中会不会出现结露现象？为什么？

5-8　将 $t_1=30℃$、$\varphi_1=45\%$ 与 $t_2=14℃$、$\varphi_2=95\%$ 的两种空气混合至 3 状态点，$t_3=20℃$，总风量为 11000kg/h，求两种空气质量各为多少？

第二篇　流体力学与传热学基础

本篇包括流体力学基础与传热学基础两部分。流体力学主要阐述流体平衡和运动规律，以及这些规律在工程技术中的应用。主要内容有：流体及其基本性质；流体静力学；流体动力学；流动阻力。传热学主要讨论热量传递规律以及如何增强传热和削弱传热。主要内容有：导热、对流和热辐射这三种基本传热方式的规律；传热过程的规律及这些规律在换热器计算中的应用。

第六章　流体力学基础

【学习目标】

1. 掌握流体的定义及其基本特征；
2. 了解流体的主要力学性质；
3. 掌握流体静力学规律；
4. 了解流动阻力产生的原因及减小流动阻力的途径。

第一节　流体及其基本性质

一、流体的概念

液体和气体统称为流体。

在物理性质方面，流体与固体之间存在很大差异。其差异主要表现在：固体具有一定的抗压、抗拉、抗切能力。而流体只具有较强的抗压能力，它的抗拉、抗切能力极小，只要流体受到微小的拉力和切力作用，就会发生连续不断地变形，使各质点间产生不断的相对运动。流体的这种性质称为流动性。这是它便于用管道输送，适宜在制冷和空调系统中作为工质的主要原因之一。

上述为流体的共同特征，此外，液体和气体还具有一些不同的特征：液体没有固定形状，有固定体积，能形成自由表面，难以压缩；气体既没有固定形状，也没有固定体积，不能形成自由表面，易于压缩。

从微观上看，流体都是由大量分子组成的，分子间有一定的间隙，即流体实质上是不连续的。如果从每一个分子的运动出发，进而研究整个流体平衡与运动的规律，将十分复杂。为简化分析问题，在流体力学中引入了“连续介质”这一力学模型，即将流体看成是一种假想的由无限多个流体质点组成的稠密而无间隙的连续介质，这在应用上既方便，又有足够的精确度。

二、流体的主要物理性质

(一) 粘滞性

当流体内各部分之间有相对运动时，接触面之间存在内摩擦力，阻碍流体的相对运动，这种性质称为流体的粘滞性或粘性，流体的内摩擦力称为粘滞力。

1686 年牛顿在大量实验的基础上，提出了牛顿内摩擦定律：当流体作层状流动时，内摩擦力的大小与两流层间的速度差 du 成正比，与距离 dy 成反比；与流层间的接触面积 A 成正比；与流体的种类有关；与流体的压力大小无关。内摩擦力的数学表达式为

$$F=\mu A\frac{\mathrm{d}u}{\mathrm{d}y} \tag{6-1}$$

单位面积上的内摩擦力为

$$\tau=\frac{F}{A}=\mu\frac{\mathrm{d}u}{\mathrm{d}y} \tag{6-2}$$

式中 F——流体的内摩擦力，单位为 N；

τ——单位面积上的内摩擦力，又称切应力，单位为 $\mathrm{N/m^2}$；

$\frac{\mathrm{d}u}{\mathrm{d}y}$——速度梯度，单位为 m/(s · m) 或 $\mathrm{s^{-1}}$；

A——流层间的接触面积，单位为 $\mathrm{m^2}$；

μ——动力粘度，单位为 $\mathrm{N\cdot s/m^2}$。

在流体力学中，经常出现运动粘度 ν，单位是 $\mathrm{m^2/s}$ 或 $\mathrm{cm^2/s}$（称为斯），它是动力粘度 μ 与流体密度 ρ 的比值，即

$$\nu=\frac{\mu}{\rho} \tag{6-3}$$

表 6-1 列举了不同温度时水的粘度。

表 6-2 列举了一个大气压下不同温度时空气的粘度。

表 6-1 水的粘度

t/℃	μ/ ($10^3\mathrm{N\cdot s/m^2}$)	ν/ ($10^6\mathrm{m^2/s}$)	t/℃	μ/ ($10^3\mathrm{N\cdot s/m^2}$)	ν/ ($10^6\mathrm{m^2/s}$)
0	1.792	1.792	60	0.469	0.477
10	1.308	1.308	70	0.406	0.415
20	1.005	1.007	80	0.357	0.367
30	0.801	0.804	90	0.317	0.328
40	0.656	0.661	100	0.284	0.296
50	0.549	0.556			

表 6-2 一个大气压下空气的粘度

t/℃	μ/ ($10^3\mathrm{N\cdot s/m^2}$)	ν/ ($10^6\mathrm{m^2/s}$)	t/℃	μ/ ($10^3\mathrm{N\cdot s/m^2}$)	ν/ ($10^6\mathrm{m^2/s}$)
0	0.0172	13.7	60	0.0201	19.6
10	0.0178	14.7	70	0.0204	20.5
20	0.0182	15.7	80	0.0210	21.7
30	0.0187	16.6	90	0.0216	22.9
40	0.0192	17.6	100	0.0218	23.8
50	0.0196	18.6			

由表6-1及表6-2可以看出，水和空气的粘度随温度变化规律不同。液体的粘滞性随温度升高而减小；气体的粘滞性随温度升高而增大。

实际流体由于粘滞性的存在，使分析变得极为困难。为了简化分析，在流体力学中引入了理想流体这一力学模型。所谓理想流体，是一种假想的无粘性流体。在流体力学研究中，当流体的粘性不起作用或不起主要作用时，可将其视为理想流体；当流体的粘性不能忽略时，可先按理想流体进行分析，得出主要结论，然后再考虑粘性的影响，对分析结果加以修正。

（二）压缩性和膨胀性

流体的压缩性是指在一定温度下，流体体积随压强增大而减小的性质；而膨胀性是指在一定压强下，流体体积随温度升高而增大的性质。

大量实验表明，液体的压缩性和膨胀性都非常小，因此，在大多数实际工程计算中认为液体是不可压缩流体。只在某些特殊情况下如水击、热水采暖等，才需考虑液体的压缩性和膨胀性。气体则具有显著的压缩性和膨胀性，其温度和压强的变化对体积影响很大。但是，在大多数情况下，如速度较低时，也可以看成是不可压缩流体。不可压缩流体是流体力学研究中的又一力学模型。

（三）表面张力

在液体的自由表面中，每个分子都受到垂直指向液面的不平衡力。在这种力的作用下，液体表面中的分子有尽量挤入液体内部的趋势，从而使液面尽可能地收缩成最小面积。使液体表面有收缩倾向的力称为液体的表面张力。气体不能形成自由表面，所以不存在表面张力。

三、作用在流体上的力

作用在流体上的力分为表面力和质量力两种。

表面力是指作用在流体表面上的力，与作用面积大小成正比。表面力包括与表面相垂直的压力和与表面相切的切向力（摩擦力）。对于静止流体，表面上不存在切向力，只受压力作用。

质量力是作用在流体内部每一个质点上的力，与流体质量成正比。质量力包括重力和惯性力。静止流体所受的质量力只有重力。

第二节　流体静力学基础

一、流体静压强及其特性

流体质点之间、流体与容器壁之间都有相互作用力。将静止流体单位面积上的作用力叫做流体静压强，单位是帕（Pa）。

流体静压强有两个重要特性：其一，流体静压强的方向必然垂直于作用面，并指向作用面；其二，静止流体内任一点各方向的静压强均相等。

二、流体静压强基本方程式

（一）流体静压强基本方程式的推导

如图6-1所示，设在静止液体中取一铅直放置的微小圆柱体，横截面积为dA，高度为

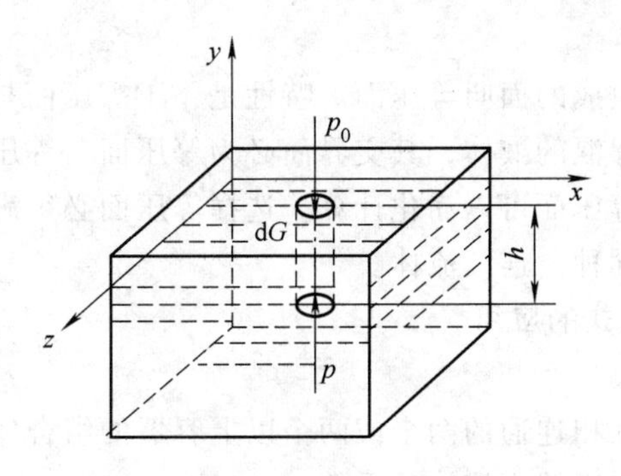

图 6-1　流体静压强

h，上表面与自由表面重合，压强为 p_0，下底面静压强为 p。

现以圆柱体为研究对象，分析它沿 y 轴方向的受力平衡情况。圆柱体受到的表面力有：①上表面压力 $p_0\mathrm{d}A$，方向垂直向下；②下底面总静压力 $p\mathrm{d}A$，方向垂直向上。圆柱体受到的质量力只有重力 $\mathrm{d}G=\gamma h\mathrm{d}A$，方向垂直向下。

根据力的平衡条件 $\sum F_y=0$，则得

$$p\mathrm{d}A-p_0\mathrm{d}A-\gamma h\mathrm{d}A=0$$

整理得

$$p=p_0+\gamma h \tag{6-4}$$

式中　p——静止流体内某点的压强，单位为 N/m^2；

p_0——液面压强，单位为 N/m^2；

γ——液体重度，单位为 N/m^3；

h——某点在液面下的深度，单位为 m。

式（6-4）就是流体静压强基本方程式，又称液体静力学基本方程式。它表明：

1）在静止液体中，静压强的分布规律随深度按直线规律变化。

2）在同种、静止、连续的液体中，位于同一深度各点的静压强值均相等。

流体静压强基本方程式还有另外一种表示形式。图 6-2 所示为一静止水箱，水箱下任选基准面 0—0，水面压强为 p_0，水中任选的 1、2 两点压强分别为 p_1 和 p_2，距离基准面的高度分别为 Z_0、Z_1 和 Z_2，由式（6-4）可得

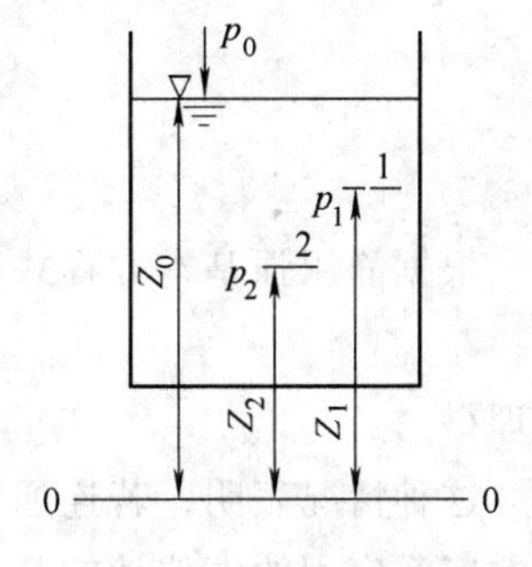

图 6-2　静止水箱

$$p_1=p_0+\gamma(Z_0-Z_1)$$

$$p_2=p_0+\gamma(Z_0-Z_2)$$

两式同除以重度 γ，联立整理得

$$Z_1+\frac{p_1}{\gamma}=Z_2+\frac{p_2}{\gamma}=Z_0+\frac{p_0}{\gamma}$$

上述关系式可推广到整个液体，得出具有普遍意义的规律，即

$$Z+\frac{p}{\gamma}=C\text{（常数）} \tag{6-5}$$

（二）等压面

由压强相等的各点所组成的面叫等压面。特性是：①等压面与质量力相互垂直；②等压面不能相交；③两种互不掺混的液体，其交界面必为等压面。等压面对解决许多流体平衡问题很有用处，正确地选择等压面可以简化计算。选择等压面必须满足三个条件，即液体必须是仅受重力作用的静止、同种、连续流体。

（三）静压强基本方程式的应用

1. 连通器

所谓连通器，就是指互相连通的两个或两个以上容器的组合体。按液体重度和液面压强的不同分三种情况来讨论连通器内液体的平衡。

（1）第一种情况　液体重度 γ 相同，且液面压强相等为 p_0，如图 6-3a 所示。

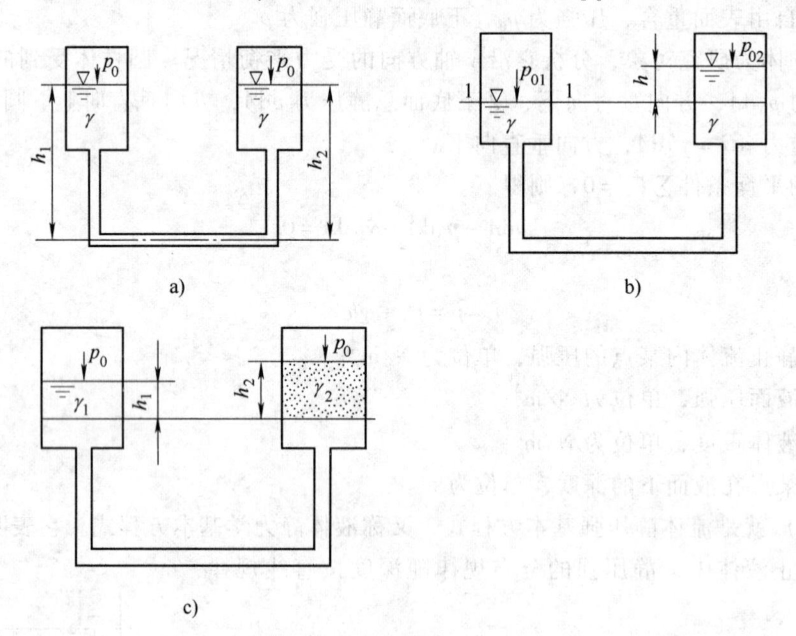

图 6-3　连通器

根据静压强基本方程式可得

$$p_0 + \gamma h_1 = p_0 + \gamma h_2$$

整理得

$$h_1 = h_2$$

这种情况表明，若连通器装有同种液体且液面压强相等，那么其液面高度相等。这是工程上广泛应用的液位计的基本原理。

（2）第二种情况　液体重度 γ 相同，但液面压强不等，分别为 p_{01}、p_{02}，且 $p_{01} > p_{02}$，如图 6-3b 所示。取等压面 1—1，可得

$$p_{01} = p_{02} + \gamma h$$

整理得

$$p_{01} - p_{02} = \gamma h$$

这种情况表明，若连通器装有同种液体但液面压强不等，那么液面上的压强差等于液体重度与两液面高度差的乘积。这是工程上各种液柱式测压计的基本原理。

（3）第三种情况　液体重度不同，分别为 γ_1、γ_2，且互不掺混，但液面压强 p_0 相等，

如图 6-3c 所示。

通过容器互不掺混的液体分界面取等压面 1—1，可得

$$p_0 + \gamma_1 h_1 = p_0 + \gamma_2 h_2$$

整理得

$$\gamma_1 h_1 = \gamma_2 h_2$$

或

$$\frac{\gamma_1}{\gamma_2} = \frac{h_2}{h_1}$$

这种情况表明，若连通器装有两种互不掺混的液体，且液面压强相等，那么液体重度之比等于自分界面液面高度的反比。这是工程上测定液体重度和进行液柱高度换算的基本原理。

2. 液柱式测压计

工程上广泛采用液柱式测压计测量压缩机、泵、风机、某些管道断面的流体压强。

（1）测压管　测压管是一根两端开口的玻璃直管或 U 型管，管内采用水或水银、酒精等作为测量介质。应用时一端连接在被测容器或管道上；另一端开口，直接与大气相通，液面相对压强为零。如图 6-4 所示，根据管中液面上升的高度可以得到被测点的流体相对压强值。另外，如果待测流体为气体时，可以忽略气柱高度所产生的压强，认为静止气体充满的空间各点压强相等。

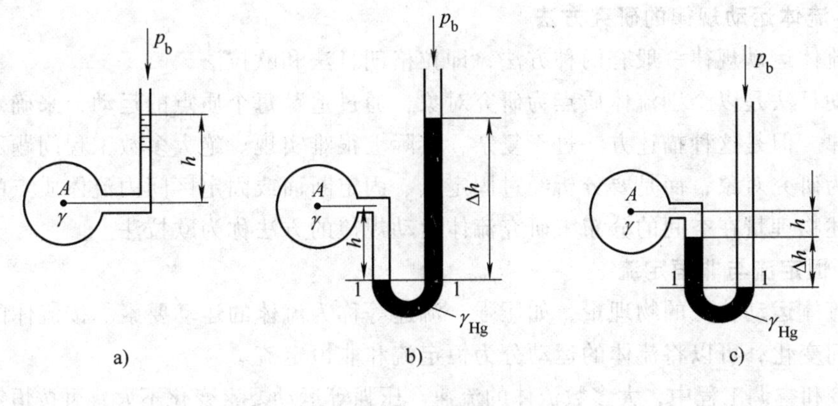

图 6-4　测压管

在图 6-4a 中，$p_{gA} = \gamma h$。

在图 6-4b 中，取 1—1 面为等压面，如待测流体为液体，则 $p_{gA} = \gamma_{Hg}\Delta h - \gamma h$；如待测流体为气体，则 $p_{gA} = \gamma_{Hg}\Delta h$。

在图 6-4c 中，显然 A 点的压强小于大气压强，为负压。取 1—1 面为等压面，如待测流体为液体，则 $p_{vA} = \gamma_{Hg}\Delta h + \gamma h$；如待测流体为气体，则 $p_{vA} = \gamma_{Hg}\Delta h$。

（2）压差计　压差计又称比压计，用来测量流体两点间压强差。如图 6-5 所示，应用时接于被测流体 A、B 两处，按 U 型管中水银的高度差可计算出 A、B 两处的压强差。

（3）微压计　在测定微小压强或压强差时，为了提高测量精度，可以将直管测压计的细管根据需要与水平方向成 α 角放置，成为一台倾斜式微压计，如图 6-6 所示。当容器中液面与测压管液面的高度差为 h、测量读数为 l 时，容器中液面的相对压强为

$$p_g = \gamma l \sin\alpha$$

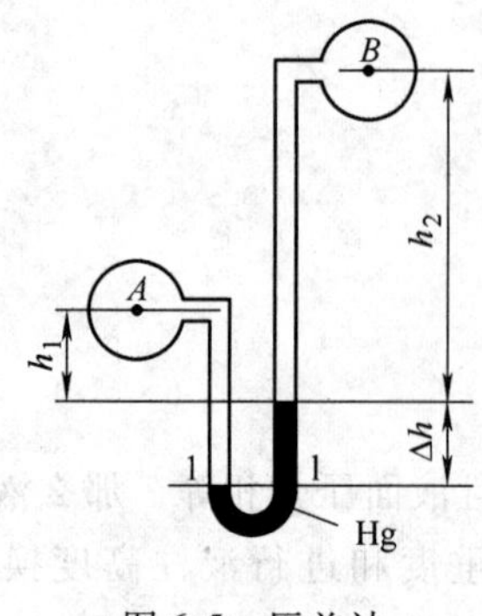

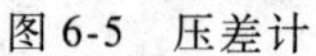

图 6-5　压差计

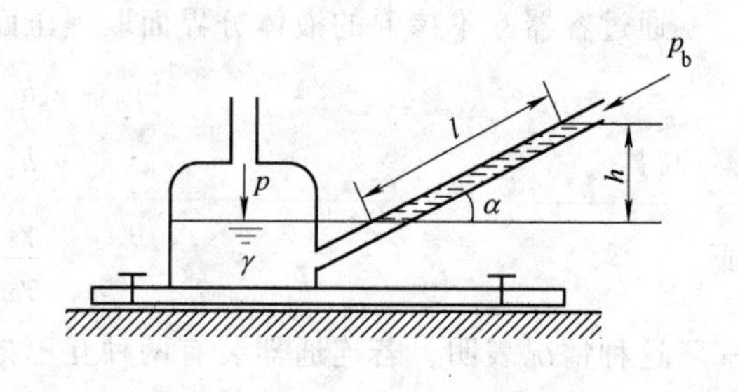

图 6-6　微压计

可见，当 α 为定值时，只要测取 l 值，就可测出压强或压强差，而且改变测压管的倾角 α 或测量介质重度 γ，可提高测量精度。

第三节　流体动力学基础

一、流体动力学基本概念

（一）流体运动规律的研究方法

研究流体运动规律一般有两种方法，即拉格朗日法和欧拉法。

拉格朗日法是以个别流体质点为研究对象，通过追踪每个质点的运动，来确定整个流体的运动规律。但是这种描述方法过于复杂，实际上很难实现。绝大多数工程问题不是以个别流体质点为研究对象，而是要分析经过固定点、固定断面或固定区间内流体质点的运动，这样通过描述物理量在空间的分布来研究流体运动规律的方法称为欧拉法。

（二）恒定流与非恒定流

描述流体运动特征的物理量，如压强、流速等称为流体的运动要素。按流体的运动要素是否随时间变化，可以将流体的运动分为恒定流和非恒定流。

在制冷和空调工程中，大多数流体的流速、压强等运动要素变化不大，可按恒定流处理。

（三）渐变流与急变流

渐变流又称缓变流，是指流速变化比较缓慢，流线近似于平行线的流动形式。由于渐变流流速变化比较小，所以在分析其运动规律时，可以不考虑惯性力和粘滞力的影响，只考虑重力与压力的作用，这与静止流体所考虑的一致。

急变流是指流速沿流向变化显著的流动。显然惯性力和粘滞力均不能忽略，流动情况比较复杂，工程中只讨论渐变流问题。

（四）流线与迹线

流线是指某一瞬时流体质点的切线方向与该点的速度方向相重合的空间曲线，它是流体质点的流动方向线，是欧拉法对流体运动的描述。流线是一条光滑的曲线或直线，不能折转，且两条流线不可能相交。流线的疏密程度可以反映流速的大小，流线密集处流速大，流线稀疏处流速小。

迹线是指在一段时间内同一流体质点所处位置连成的空间曲线，是拉格朗日法对流体运动的描述。

流线和迹线是完全不同的两种概念，但是，在恒定流中，由于流速不随时间变化，流线与迹线必定完全重合。

（五）过流断面、流量与平均流速

在流动流体中，与流线处处垂直的断面称为过流断面，其面积用符号 A 表示，单位为 m^2。当流线相互平行，则过流断面为一平面；当流线互不平行时，则过流断面为一曲面。

单位时间内通过过流断面的流体的体积称为体积流量，用符号 q_V 表示，单位是 m^3/s。工程中，有时也采用重量流量 G，是指单位时间内通过过流断面的流体的重量，单位 N/s，工程单位是 kgf/s。因此有

$$G = \gamma q_V \tag{6-6}$$

有时也采用质量流量 q_m，是指单位时间内通过过流断面的流体的质量，单位为 kg/s，因此有

$$q_m = \rho q_V \tag{6-7}$$

由于流体具有粘性，使过流断面上的流速分布不均匀，因此计算流量有一定困难，为便于分析，根据流量相等原则定义了断面平均流速。

$$v = \frac{q_V}{A} \tag{6-8}$$

（六）湿周、水力半径与当量直径

过流断面上的液体与固体壁面接触的周界长度称为湿周，用符号 x 表示。

过流断面面积与湿周之比称为水力半径，用符号 R 表示，单位为 m，即

$$R = \frac{A}{x} \tag{6-9}$$

工程中，输送流体的管道除了有圆形管外，还有如正方形或矩形等非圆形管道，对于这样的管道，将其水力半径的 4 倍称为当量直径，用符号 d_e 表示，单位为 m。

二、恒定流连续性方程

恒定流连续性方程是质量守恒定律在流体力学中的具体表现形式。

在恒定流中任取两个过流断面，其面积和平均流速分别为 A_1、v_1 和 A_2、v_2，则体积流量分别为 $q_{V1} = v_1 A_1$，$q_{V2} = v_2 A_2$，对于不可压缩流体，其密度不变，而且管段固体边界没有流体的流入流出，因此，这两个过流断面的流量应该是相等的，即

$$q_{V1} = q_{V2}$$

或

$$v_1 A_1 = v_2 A_2 \tag{6-10}$$

式（6-10）为不可压缩流体的连续性方程式。

恒定流连续性方程确立了各断面上的平均流速沿流向的变化规律，当已知流量或某一断面平均流速时，可根据连续性方程求得任意断面上的平均流速。

三、恒定流能量方程

恒定流能量方程（又称伯努利方程）是能量转换与守恒定律在流体力学中的一种表现形式。

（一）能量方程式及意义

流体的各种流动过程实际上也就是流体能量的转换过程。流体具有动能与势能，其中流

体的势能又分为位置势能（简称位能）和压力势能（简称压能）。流体在各种流动过程中的能量不断转换，但转换过程符合能量守恒定律。从动能原理出发，推导恒定流能量方程式为

$$Z_1+\frac{p_1}{\gamma}+\frac{a_1v_1^2}{2g}=Z_2+\frac{p_2}{\gamma}+\frac{a_2v_2^2}{2g}+h_w \tag{6-11}$$

式中 Z——过流断面距基准面的高度，水力学中称为位置水头，表示单位重量的流体所具有的位置势能，单位为 m；

$\frac{p}{\gamma}$——过流断面压强作用使流体沿测压管所能上升的高度，水力学中称为压强水头，表示单位重量流体所具有的压力势能，单位为 m；

$\left(Z+\frac{p}{\gamma}\right)$——过流断面测压管液面相对于基准面的高度，水力学中称为测压管水头，表示单位重量流体所具有的总势能，单位为 m；

$\frac{v^2}{2g}$——以流速 u 为初始速度，铅直向上射流所能达到的理论高度的平均值，水力学中称为流速水头，表示单位重量流体所具有的动能平均值，单位为 m；

a——动能修正系数，其大小与流速在断面上分布的均匀程度有关。流速分布越不均匀，其值越大。对于一般管流，取 1.05 ~ 1.10。工程为方便计算，常取 $a_1=a_2=1$。

$\left(Z+\frac{p}{\gamma}+\frac{av^2}{2g}\right)$——测速管液面到基准面的垂直高度，水力学中称为总水头，表示单位重量流体所具有的总机械能，单位为 m；

h_w——两断面上测速管的液柱差，水力学中称为水头损失，表示单位重量流体从一个断面流至另一个断面，因克服流动阻力所产生的能量损失，单位为 m。

（二）能量方程式的应用

1. 应用能量方程式的步骤

首先需确定流体的流动必须是恒定流且为不可压缩流体；然后在渐变流断面上选取两个断面为研究对象，并将通过两断面中较低断面中心点的水平面确定为基准面；列能量方程式，如果两端面之间流体有机械能输入（$+H$）或输出（$-H$），则能量方程式可改写为：$Z_1+p_1/\gamma+a_1v_1^2/(2g)\pm H=Z_2+p_2/\gamma+a_2v_2^2/(2g)+h_w$；然后根据已知条件并结合恒定流连续性方程确定方程的各项；最后得出结论。

2. 应用实例

（1）文丘里（Venturi）流量计　文丘里流量计是根据伯努利方程设计的一种测量管路流量的装置，属于差压式流量计。它由前段圆锥面（渐缩管）、中段圆柱面（喉管）、尾段圆锥面（渐扩管）三部分组成，如图 6-7 所示。

（2）皮托（Pitot）管　皮托管是测量流体某点流速的仪器，如图 6-8 所示，由一个测压管和一个测速管组成。使用皮托管时，将皮托管下部小孔正对来流方向放入流体中，测得测压管与测速管高度差，即可计算出该点流速。

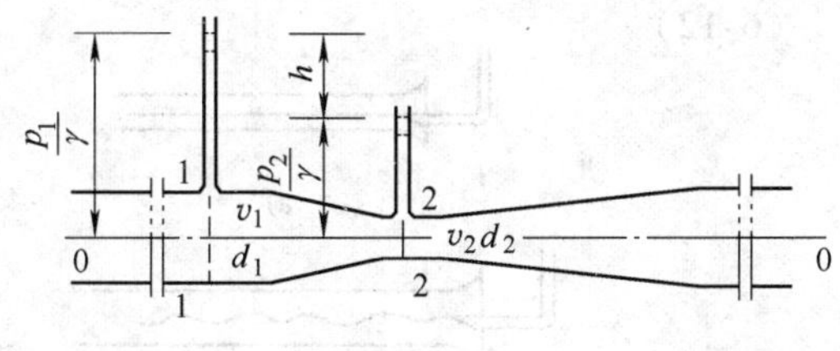

图 6-7　文丘里流量计

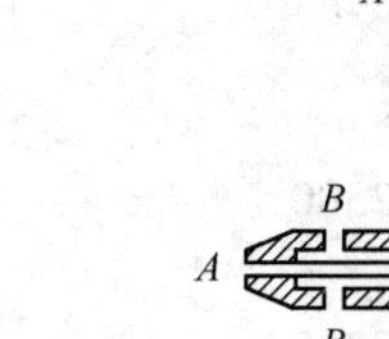

图 6-8　皮托管

（3）可以确定设备的安装高度　制冷工程中很多设备如蒸发器、冷凝器等的安装高度，可以利用恒定流能量方程式来确定。

（4）可以确定流体输送机械所提供的机械能及功率　流体输送过程中，常需要使用泵和风机等流体输送机械，对系统提供必要的机械能，以推动流体流动。运用伯努利方程可以方便地确定流体输送机械所提供的机械能及功率。

第四节　能量损失

一、流态及其判别准则

实际液体流动具有两种不同的流动形态（简称流态），并且能量损失的规律与流态密切相关。1883 年，英国物理学家雷诺在如图 6-9 所示的实验装置上进行了大量实验：水箱 A 上进水管和溢流结构用于保证水位恒定，消除水位变化对流速的影响，这样水箱中的水可以经玻璃管 B 恒定流出；阀门 C 用以调节流量，从而实现流速调节；在 B 管上 1、2 两处分别安装测压管，由伯努利方程可知两个测压管的高度差即为 1—2 之间的能量损失；容器 D 为色液箱，有色液体可以经细管 E 流入玻璃管 B 中，阀门 F 用来调节色液箱流量。

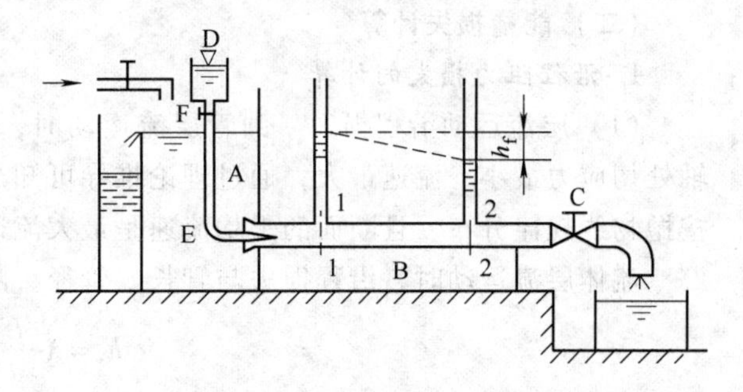

图 6-9　雷诺实验装置示意图

当玻璃管 B 中流速很小时，可以观察到其内部呈现出一条细直而又鲜明的有色流束，如图 6-10a 所示。这种流体质点互不混杂，有规则流动，称为层流。显然层流只存在由粘性引起的层间滑动摩擦阻力。当阀门 C 继续开大，流速增加到一定值时，有色流束发生波动，但仍不与周围的清水掺混，如图 6-10b 所示。这是由层流向紊流转变的过渡流。继续开大阀门 C，会发现有色流束进入玻璃管后，迅速扩散与周围清水混合，以至全部清水染色，如图 6-10c 所示。这种流体质点相互混杂，无规则的流动，称为紊流。显然紊流各流层间除了粘性阻力，还存在惯性阻力，因此，紊流比层流阻力大得多。

若实验时将阀门 C 逐渐关小，进行反方向的实验，上述现象将以相反程序重演。

雷诺实验进一步表明，流态不仅与流速有关，还与管径、流体密度和动力粘度有关，把这些影响因素组合成一个量纲为一的数，叫雷诺数，用 Re 表示，即

$$Re = \frac{vd\rho}{\mu} = \frac{vd}{\nu} \tag{6-12}$$

这样，流态的判别条件是

层流 $Re = \frac{vd}{\nu} < 2300$

紊流 $Re = \frac{vd}{\nu} > 2300$

工程上的大多数流体流动为紊流，而层流一般发生在小管径低流速的管路中或粘性较大的机械润滑系统和输油管路中。

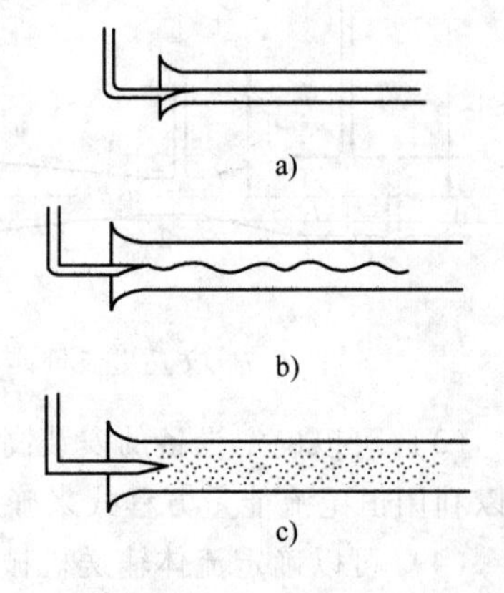

图 6-10 层流与紊流

二、能量损失的定义及计算

（一）能量损失定义及分类

流体在流动过程中由于存在粘滞性和惯性，从而受到阻力，使一部分机械能不可逆地转化为热能而散失掉，这种机械能损失称为能量损失。根据流体流动时的边界条件不同，把能量损失分为两类：在边界沿程不变的区域，如直管段，为克服摩擦阻力而损失的能量称沿程阻力损失，用符号 h_f 表示；在管道的弯头、三通、阀门、突然扩大或突然缩小等局部位置，流体的流动状态发生急剧变化，流速重新分布，并有旋涡产生，为克服局部阻碍而造成的能量损失称局部阻力损失，用符号 h_j 表示。

（二）能量损失计算

1. 沿程阻力损失的计算

（1）层流运动沿程损失　圆管层流运动时，在管壁处切应力最大、流速最小；而在管轴处切应力最小、流速最大，通过理论推导可知过流断面上的切应力按直线规律分布，流速按抛物线规律分布，且断面的平均流速是最大流速的一半。

流体层流运动时，沿程损失与管长、管径、断面平均流速及雷诺数有关，计算公式为

$$h_f = \lambda \frac{L}{d}\frac{v^2}{2g} \tag{6-13}$$

式中　h_f——沿程损失，单位为 m；

L——管道长度，单位为 m；

d——圆形管道直径，单位为 m；

v——断面平均流速，单位为 m/s；

λ——沿程阻力系数，量纲为一，$\lambda = 64/Re$。

（2）紊流运动沿程损失　紊流运动规律比较复杂，分析计算时主要采用实验法来加以归纳总结，以解决工程实际问题。

1）紊流结构。通过实验发现，紊流的主体虽处于紊流流动状态——紊流核心，但紧靠壁面处由于粘滞性及固体壁面粗糙度的影响，使管壁处的一极薄层内仍保持层流状态，这一流体薄层称为层流边界层。层流边界层的厚度以 δ 表示，一般只有几分之一至几十分之一毫米，其值随雷诺数的增大而减小。在紊流核心与层流边界层之间存在着其过渡性质的缓冲层或称过渡区。层流边界层与过渡区内，流速按抛物线规律分布；而在紊流核心，流速按对数曲线规律分布，断面的平均流速与最大流速的比值为 0.80 ~ 0.85。

2）水力光滑与水力粗糙。工程上采用的管道内壁面并非绝对光滑，而是存在着不同程度的凸凹不平。将凸出管壁的平均高度称为绝对粗糙度 ε，而绝对粗糙度与管径的比值 ε/d 称为管壁的相对粗糙度。

层流边界层的厚度 δ 和管壁绝对粗糙度 ε 之间的大小关系，对能量损失的影响较大。

当 $\delta>\varepsilon$ 时，如图 6-11a 所示，管壁凸起部分完全被淹没在层流边界层中，这时紊流核心不受管壁粗糙的影响，就像在完全光滑的管子中流动，因而沿程损失与 ε 无关，只与 Re 有关，这种情况称为水力光滑，相应的管道称为水力光滑管。

当 $\delta<\varepsilon$ 时，如图 6-11b 所示，管壁凸起部分伸入到层流边界层之外，当流速较大的液体流过粗糙凸起的部分时，在其后面就会形成旋涡，使能量损失增加，这种情况称为水力粗糙，相应的管道称为水力粗糙管。

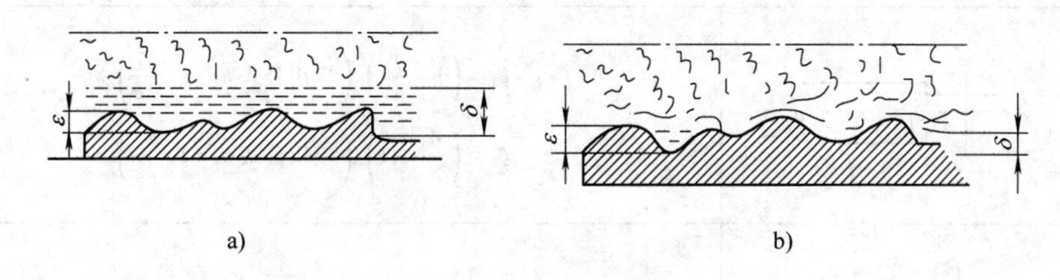

图 6-11　水力光滑与水力粗糙

3）能量损失。紊流能量损失计算公式形式与层流相同，关键在于沿程阻力系数 λ 的确定。对于紊流，沿程阻力系数 λ 是雷诺数 Re 和相对粗糙度 ε/d 的函数，即

$$\lambda=f\left(Re,\frac{\varepsilon}{d}\right) \tag{6-14}$$

由于紊流的复杂性，式（6-14）的具体形式很难从纯理论的数学分析中导出，通常由实验曲线确定或由实验提出的各种经验公式计算。

对于水力光滑，沿程阻力系数只与雷诺数有关，在 $4000<Re<10^5$ 范围内，λ 值可采用布拉修斯公式计算。

$$\lambda=\frac{0.3164}{Re^{0.25}} \tag{6-15}$$

对于水力粗糙，可采用阿里特苏里公式，又被称为 $Re>2300$ 全部紊流区的通用计算公式，它形式简单，计算方便。

$$\lambda=0.11\left(\frac{\varepsilon}{d}+\frac{68}{Re}\right)^{0.25} \tag{6-16}$$

在计算实际管道 λ 值时，各经验公式中的 ε 指的是当量粗糙度，见表 6-3。

2. 局部阻力损失的计算

局部阻力损失的普遍计算公式为

$$h_{\mathrm{j}}=\zeta\frac{v^2}{2g} \tag{6-17}$$

式中　ζ——局部阻力系数，主要与局部阻碍形状有关。

可见，计算局部阻力损失的关键在于确定局部阻力系数 ζ。多数局部阻碍的 ζ 值是通过实验测定的。现将常见各种局部阻力系数 ζ 的计算公式或实测数据综合列于表 6-4 中，供计

算时查用。

表 6-3　常用管道的当量粗糙度 ε 值

管　材	ε/mm	管　材	ε/mm
新铜管	0.0015 ~ 0.01	新铸铁管	0.20 ~ 0.30
无缝钢管	0.04 ~ 0.17	旧铸铁管	1.0 ~ 3.0
普通钢管	0.2	普通铸铁管	0.5
新焊接钢管	0.06 ~ 0.33	橡皮软管	0.01 ~ 0.03
旧钢管	0.5 ~ 1.0	混凝土管	0.30 ~ 3.0
白铁皮管	0.15	钢板制风管	0.15

表 6-4　常见各种局部阻碍的 ζ 值

<table>
<tr><th colspan="2">名称</th><th>简　图</th><th colspan="11">局部阻力系数 ζ</th></tr>
<tr><td colspan="2">突然扩大</td><td> 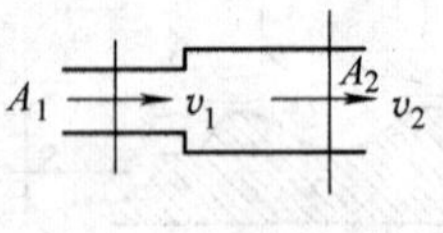</td><td colspan="11">$\zeta_1=\left(1-\frac{A_1}{A_2}\right)^2\left(应用公式\ h_j=\zeta_1\frac{v_2^2}{2g}\right)$
$\zeta_2=\left(\frac{A_1}{A_2}-1\right)^2\left(应用公式\ h_j=\zeta_2\frac{v_2^2}{2g}\right)$</td></tr>
<tr><td colspan="2">突然缩小</td><td> 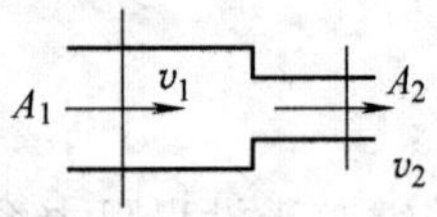</td><td colspan="11">$\zeta=0.5\left(1-\frac{A_2}{A_1}\right)\left(应用公式\ h_j=\frac{\zeta v_2^2}{2g}\right)$</td></tr>
<tr><td colspan="2" rowspan="3">渐扩管</td><td rowspan="3"> 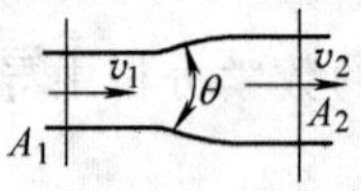</td><td colspan="11">$\zeta=\frac{\lambda}{8\sin\frac{\theta}{2}}\left[1+\left(\frac{A_1}{A_2}\right)^2\right]+k\left(1-\frac{A_1}{A_2}\right)$
当 $\frac{A_1}{A_2}=\frac{1}{4}$ 时</td></tr>
<tr><td>θ/(°)</td><td>2</td><td>4</td><td>6</td><td>8</td><td>10</td><td>12</td><td>14</td><td>16</td><td>20</td><td>25</td></tr>
<tr><td>k</td><td>0.022</td><td>0.048</td><td>0.072</td><td>0.103</td><td>0.138</td><td>0.177</td><td>0.221</td><td>0.270</td><td>0.386</td><td>0.645</td></tr>
<tr><td colspan="2">渐缩管</td><td> 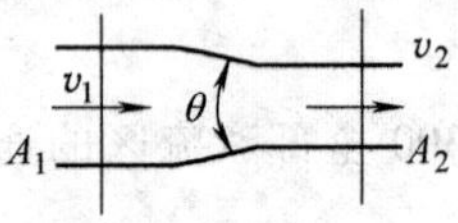</td><td colspan="11">$\zeta=\frac{\lambda}{8\sin\frac{\theta}{2}}\left[1-\left(\frac{A_2}{A_1}\right)^2\right]\left(应用公式\ h_j=\frac{\zeta\theta_2^2}{2g}\right)$</td></tr>
<tr><td rowspan="3">管子进口</td><td>修圆</td><td rowspan="3"> 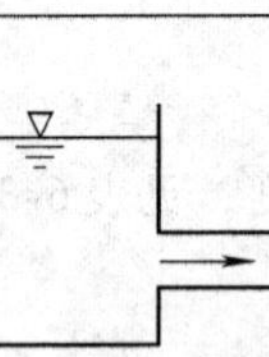</td><td colspan="11">0.05 ~ 0.10</td></tr>
<tr><td>稍修圆</td><td colspan="11">0.20 ~ 0.25</td></tr>
<tr><td>锐缘</td><td colspan="11">0.5</td></tr>
<tr><td>管子出口</td><td>（流入大容器）</td><td> 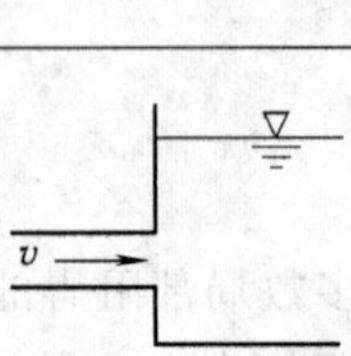</td><td colspan="11">1.0</td></tr>
</table>

（续）

名称	简图	局部阻力系数 ζ

三通（等径）

	直流	汇流	分流	转弯流
流向	②→③ ②←③	① ↑ ②→←③	① ↓ ②←→③	① ↑ ②←③
ζ	0.1	3.0	1.5	1.5

斜三通

	直流		转弯流		
流向	②→③	②←③	①→③	①←③	②→①
ζ	0.05	0.15	0.5	1.0	3.0

分支管

	分流	汇流
流向	①→② ①→③	①←② ①←③
ζ	1.0	1.5

90°弯管

d/R	0.2	0.4	0.6	0.8	1.0	1.2	1.4	1.6	1.8	2.0
ζ	0.13	0.14	0.16	0.21	0.29	0.44	0.66	0.98	1.41	1.98

折管

θ/(°)	20	40	60	80	90	100	110	120	130	140
ζ	0.046	0.139	0.364	0.741	0.985	1.260	1.560	1.861	2.150	2.431

闸阀

开度(%)	10	20	30	40	50	60	70	80	90	100
ζ	60	16	6.5	3.2	1.8	1.1	0.60	0.30	0.18	0.10

截止阀（全开）　4.3~6.1

蝶阀（全开）　0.10~0.30

（续）

<table>
<tr><th colspan="2">名称</th><th>简　图</th><th colspan="11">局部阻力系数 ζ</th></tr>
<tr><td rowspan="3">滤水网</td><td>无底阀</td><td rowspan="3">d</td><td colspan="11">2 ~ 3</td></tr>
<tr><td rowspan="2">有底阀</td><td>d/mm</td><td>40</td><td>50</td><td>75</td><td>100</td><td>150</td><td>200</td><td>250</td><td>300</td><td>350</td><td>400</td></tr>
<tr><td>ζ</td><td>12</td><td>10</td><td>8.5</td><td>7.0</td><td>6.0</td><td>5.2</td><td>4.4</td><td>3.7</td><td>3.4</td><td>3.1</td></tr>
</table>

三、减小能量损失的途径

在工程实际中，应设法减小流动阻力，以减少能量损失，它对于节能、提高系统的经济性有着十分重大的意义。根据式（6-13）与式（6-17）可知减阻的主要方法有：①在满足工程需要和安全性的前提下，尽量减小管长；②可以适当加大管径 d；③尽量减小管壁的绝对粗糙度 ε；④可以考虑用柔性边壁代替刚性边壁；⑤在流体内壁投加极少量的高分子聚合物、金属皂或分散的悬浮物等添加剂，使其影响流体运动的内部结构来实现减阻；⑥在允许的条件下，尽量减少使用局部阻碍以减小整个系统的 ζ 值。若必须采用，可从改善其形状入手，并且为了避免局部阻碍之间的相互干扰而引起的 ζ 值增大。

在管道设计和安装中，各局部阻碍之间的距离应大于管径的三倍。

1）对于管子进口，如图 6-12 所示，采用流线型进口可将能量损失降为最低。

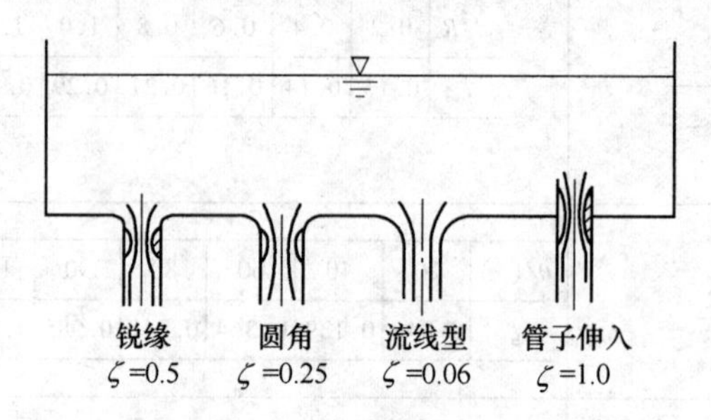

图 6-12　几种不同管道进口

2）对于弯管，可以减小转角 θ，如图 6-13 所示；或在弯道内安装导流叶片，如图 6-14 所示。通过实验可知，一般没有安装导流叶片的直角弯头，$\zeta=1.1$，安装薄钢板弯成的导流叶片后，$\zeta=0.4$，安装呈流线月牙形的导流叶片后，$\zeta=0.25$。

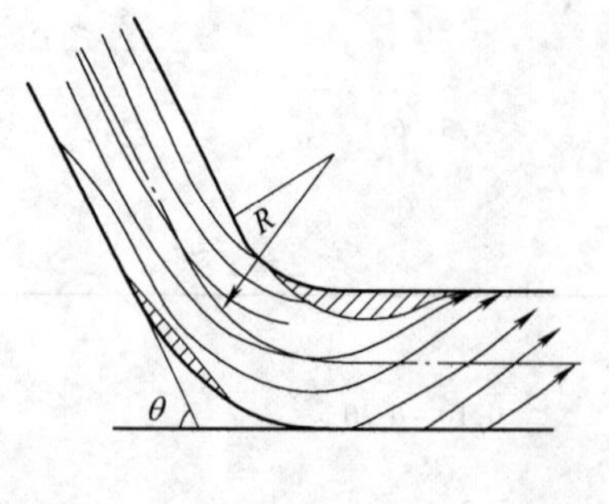

图 6-13　弯管

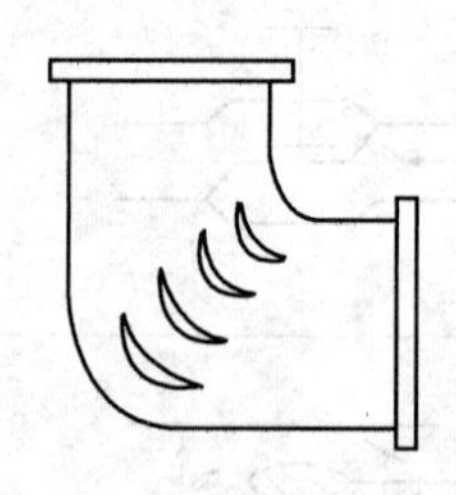

图 6-14　安装导流叶片的弯管

3）如图 6-15 所示，常用渐扩管代替突扩管，一般可使 ζ 值减小一半左右。实验表明：扩张角越小，能量损失越少，但渐扩管的长度相应就要加长，这将会给加工安装造成困难，通常取 $\alpha=8°\sim20°$。

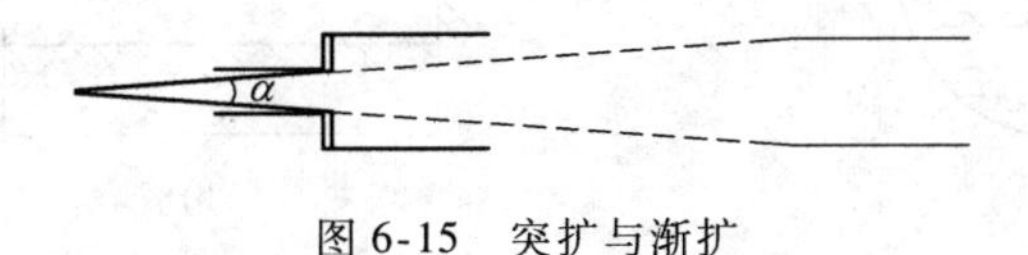

图 6-15　突扩与渐扩

4）对于三通，如图 6-16 所示，首先，可将支管与合流管连接处的折角改缓；其次，可以减小总管与支管之间的夹角；再次，可在总管中根据流量安装合流板或分流板，这样都可以起到减阻的目的。

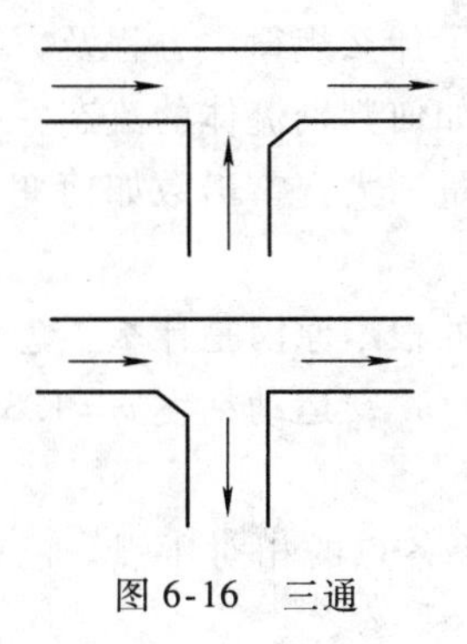

图 6-16　三通

【思考题与习题】

6-1　什么是流体？流体与固体有何区别？

6-2　什么是粘滞性？它对液体运动起什么作用？

6-3　研究流体力学常用的力学模型有哪些？

6-4　作用在流体上的力有哪几种？

6-5　什么是流体静压强？它有哪些特性？

6-6　什么是等压面？等压面的特性和确定条件是什么？

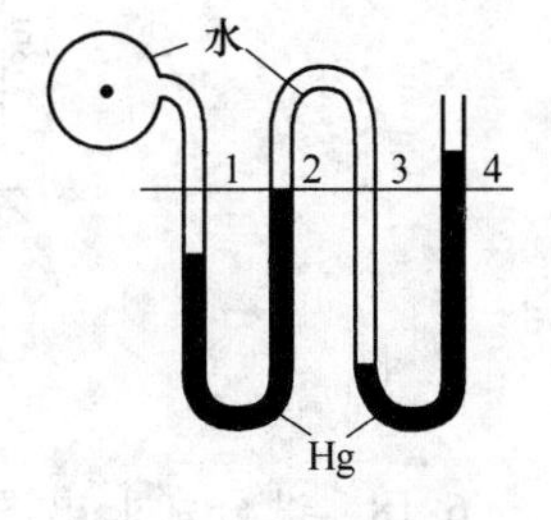

图 6-17　题 6-7 图

6-7　水管上安装一复式水银测压计，如图 6-17 所示，1、2、3、4 各点所在的水平面是不是等压面？

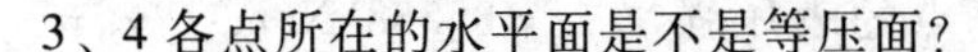

6-8　什么是恒定流与非恒定流？图 6-18 分别是什么流动？

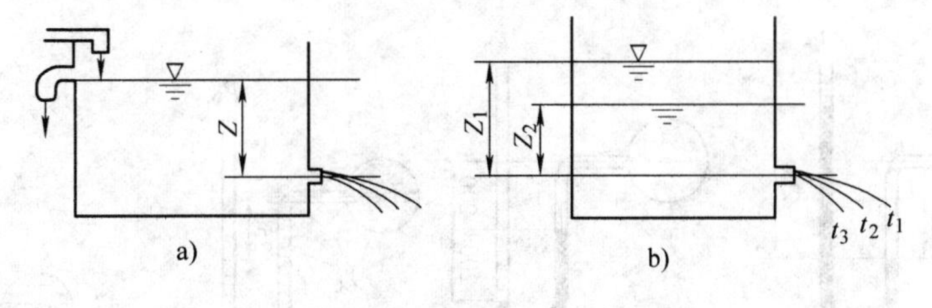

图 6-18　题 6-8 图

6-9　什么是体积流量、重量流量？什么是断面平均流速？平均流速与流量有何关系？

6-10　分别计算图 6-19 的湿周、水力半径和当量直径。其中，$d=200\text{mm}$，$h=300\text{mm}$，

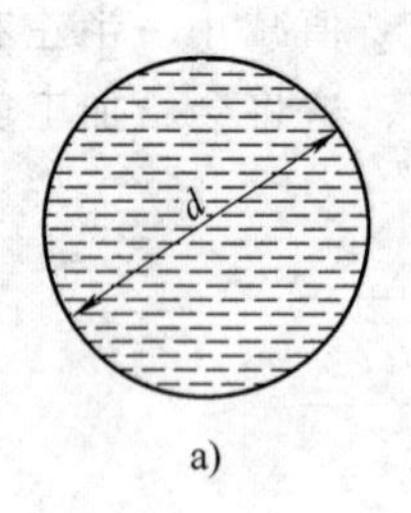

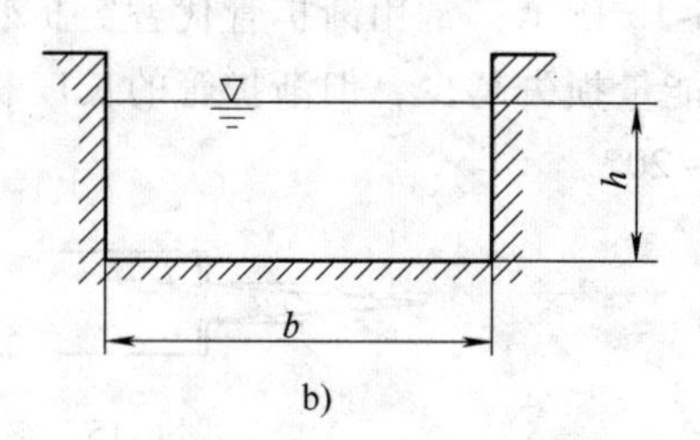

图 6-19　题 6-10 图

$b=400\text{mm}$。

6-11　恒定流连续性方程怎样表达？意义如何？

6-12　恒定流能量方程式反映了什么规律？方程及方程中各项的物理意义是什么？

6-13　层流和紊流有何不同？如何判别流体的流态？

6-14　当输水管径一定时，流量增大，雷诺数如何变化？当流量一定时，管径加大，雷诺数又如何变化？

6-15　什么是能量损失？产生的根本原因是什么？怎样减少能量损失？

6-16　已知水的重度 $\gamma=9805\text{N/m}^3$，运动粘度 $\nu=1.308\times10^{-6}\text{m}^2/\text{s}$，试问相应的动力粘度为多少？

6-17　试求图 6-20 中 A、B、C 各点的相对压强。已知当地大气压 $p_\text{b}=98.1\text{kN/m}^2$，水的重度为 9.81kN/m^3。

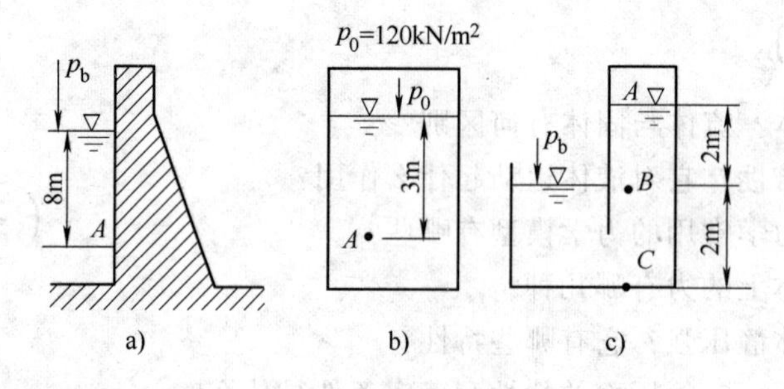

图 6-20　题 6-17 图

6-18　试分别求出图 6-21 所示的四种情况下 A 点的表压强（$\gamma_1=8.338\text{kN/m}^3$，$\gamma_2=133.4\text{kN/m}^3$，$\gamma_3=9.81\text{kN/m}^3$）。

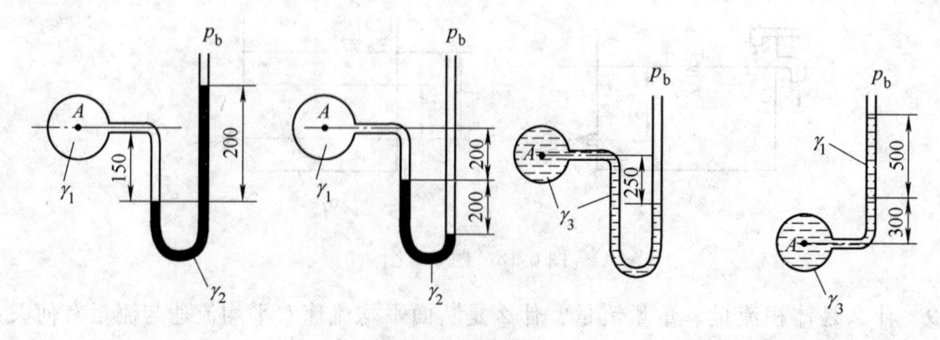

图 6-21　题 6-18 图

6-19　如图6-22所示，采用直接供液，制冷装置的高压贮液器液面压强为9kgf/cm^2（绝对），液态制冷剂经节流降压后直接供至压强为3.5kgf/cm^2（绝对）的蒸发器，液态制冷剂的最大流速为1.25m/s，供液管的能量损失为2m氨液柱，氨液的重度$\gamma=636\text{kgf/cm}^3$，试确定蒸发器的最大安装高度。

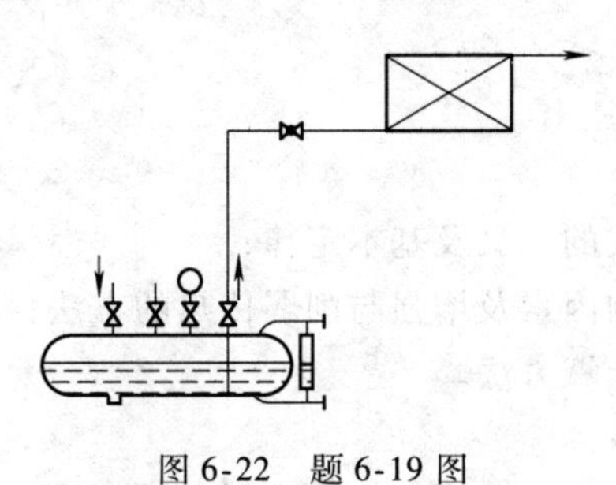

图6-22　题6-19图

第七章 传热学基础

【学习目标】

1. 掌握三种基本传热方式的定义及基本定律；
2. 掌握传热量的主要影响因素及增强与削弱传热的方法；
3. 了解换热器的形式及计算方法。

第一节 稳态导热

一、导热的基本概念

（一）导热

导热（或称热传导）是指物体各部分之间不发生相对位移时，依靠物质的分子、原子及自由电子等微观粒子的热运动而产生的热量传递现象。例如，固体内部存在温差时，热量会从高温部分传递到低温部分，或者温度较高的固体把热量传递给与之直接接触的低温物体，这些都是导热现象。单纯的导热现象只能发生在固体中，因为在流体中只要存在温差，就会出现对流现象。

（二）温度场

导热过程中热量的传递与物体内部温度分布状况有关，因此在研究导热规律之前先研究某一时刻物体内各点的温度分布——温度场。一般情况下，温度 t 是空间坐标（x，y，z）和时间（τ）的函数，即

$$t = f(x, y, z, \tau) \tag{7-1}$$

若温度场随时间变化，则称为非稳态温度场，这种情况下发生的导热现象称为非稳态导热。例如，各种热力设备在起动、停机过程或工况变动时所经历的热量传递过程。

若温度场不随时间变化，则称为稳态温度场，这种情况下发生的导热现象称为稳态导热。例如，热力设备在持续稳定运行时的热量传递过程。

若物体温度仅沿一个坐标方向有变化，则称为一维稳态温度场，表示为 $t = f(x)$，实际工程中许多情况都可以看做是一维稳态导热。

（三）导热基本定律

1822 年法国数学、物理学家傅里叶在研究了固体导热现象时指出：单位时间内传递的热量 Q 与温度梯度及垂直于导热方向的截面积 A 成正比，设比例系数为 λ，对于一维稳态温度场，有

$$Q = -\lambda \frac{\mathrm{d}t}{\mathrm{d}x}A \tag{7-2}$$

式中　Q——单位时间导热量，单位为 W；

λ——导热系数或热导率，单位为 W/(m·K)；

$\frac{dt}{dx}$——温度梯度，单位为 K/m；

A——垂直于导热方向的截面积，单位为 m^2。

其中，负号表示热量传递方向与温度升高方向相反。

单位时间内通过单位面积所传递的热量称为面积热流量，又称热流密度，用符号 q 表示，单位为 W/m^2，即

$$q = -\lambda \frac{dt}{dx} \tag{7-3}$$

（四）导热系数及其影响因素

导热系数是表征物质导热能力的物性参数，单位为 W/(m·K)。不同材料的导热系数值不同，即使是同种材料，导热系数的数值还与温度、湿度等有关。

金属中因存在较多的自由电子，其导热系数很高。而合金中的杂质影响自由电子的能量传递，其 λ 小于纯金属，且杂质含量越多，λ 值就越小。气体的导热系数很小，而液体的导热系数介于金属和气体之间。一般情况下，材料的导热系数随密度增大而增大，其大小按金属、非金属、液体、气体的次序排列。

工程计算中，许多工程材料的导热系数与温度呈近似直线关系，即

$$\lambda = \lambda_0(1 + bt) \tag{7-4}$$

式中　λ——温度为 t℃时的导热系数；

λ_0——温度为0℃时的导热系数；

b——由实验确定的常数。

一般情况下，气体、建筑材料和绝热材料等，b 为正值，λ 随温度升高而增大；大多数液体（水和甘油除外）和金属材料，b 为负值，λ 随温度升高而减小。

多数材料的导热系数受湿度的影响很大，一般随着湿度的增加，材料的导热系数会明显变大，保温性能将下降。因为当材料的孔隙中渗入水分时，水的 λ 值比空气的 λ 值大 20～30 倍，更重要的是在导热过程中，水分会随着热量传递而迁移，因此湿材料的 λ 值比纯水的 λ 值还要大。如干砖的导热系数为 0.35W/(m·K)，水的导热系数为 0.51 W/(m·K)，而湿砖的导热系数却高达 1.0 W/(m·K)。因此，对于建筑物的围护结构，特别是冷、热设备的保温层表面，都应采取适当的防潮措施。

有些材料导热系数与其结构有关，查用这类材料的导热系数时必须注意热量传递方向对导热系数的影响。例如，木材顺木纹方向的导热系数是垂直方向的 2～4 倍。

工程上通常把室温条件下导热系数小于 0.12 W/(m·K) 的材料称为绝热材料或保温材料，也称隔热材料，例如岩棉、泡沫塑料、膨胀珍珠岩等。因为绝热材料一般孔隙内充满了导热系数小的空气，所以良好的绝热材料一般都是孔隙多、密度小的轻质材料。表 7-1 列出了一些材料的密度及导热系数值。

二、平壁的稳态导热

一单层平壁，如图 7-1a 所示，其厚度为 δ，导热系数为 λ，左右两侧表面分别维持均匀稳定的温度 t_1 和 t_2，且 $t_1 > t_2$。当平壁的高度与宽度远大于其厚度时，可认为温度仅沿厚度方向发生变化，属于一维稳态导热。

表 7-1　一些材料的导热系数

材料名称	温度 t/℃	密度 ρ/(kg/m³)	导热系数 λ/[W/(m·℃)]	材料名称	温度 t/℃	密度 ρ/(kg/m³)	导热系数 λ/[W/(m·℃)]
膨胀珍珠岩散料	25	60~300	0.021~0.062	钢(w_C=0.5%)	20	7833	54
岩棉制品	20	80~150	0.035~0.038	钢(w_C=1.5%)	20	7753	36
膨胀蛭石	20	100~130	0.051~0.07	硬泡沫塑料	30	29.5~56.3	0.041~0.048
石棉绳		590~730	0.10~0.21	软泡沫塑料	30	41~162	0.043~0.056
石棉板	30	770~1045	0.10~0.14	铝箔间隔层(5层)	21		0.042
粉煤灰砖	27	458~589	0.12~0.22	红砖(营造状态)	25	1860	0.87
矿渣棉	30	207	0.058	红砖	35	1560	0.49
软木板	20	105~437	0.044~0.079	松木(垂直木纹)	15	496	0.15
木丝纤维板	25	245	0.048	松木(平行木纹)	21	527	0.35
云母		290	0.58	水泥	30	1900	0.30
大理石		2499~2707	2.70	混凝土板	35	1930	0.79
纯铜	20	8954	398	聚苯乙烯	30	24.7~37.8	0.04~0.043
金	20	19320	315	水垢	65		1.31~3.14

根据傅里叶定律可知，单层平壁单位面积上的热流量为

$$q=\lambda\frac{t_1-t_2}{\delta}=\frac{\Delta t}{\delta/\lambda} \tag{7-5}$$

可见在单位时间内，平壁单位面积热流量与导热系数及平壁两表面的温度差成正比，与平壁的厚度成反比。

将式（7-5）与电工学中的欧姆定律相对照，q 类似于电流，Δt 类似于电压，而 δ/λ 类似于电阻，称为单位面积平壁的导热热阻，它表示材料层阻止导热的能力，单位为 $m^2\cdot K/W$。单层平壁导热过程的模拟电路如图 7-1b 所示。

若平壁的导热面积为 A，则总热流量为

$$Q=qA=\frac{\Delta t}{\dfrac{\delta}{\lambda A}} \tag{7-6}$$

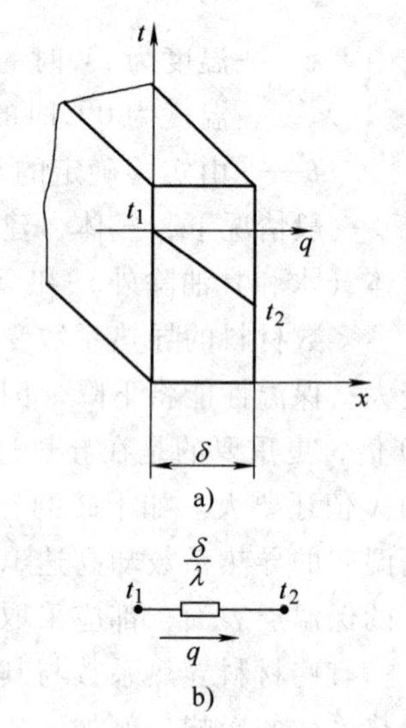

图 7-1　单层平壁的稳态导热

在工程计算中，常常遇到由几层不同材料组成的多层平壁。例如，房屋的外墙用砖砌成，内抹白灰，外抹水泥砂浆；制冷工程中，冷藏库的围护结构一般由建筑材料、保温层、防潮层等组成。多层平壁单位面积总热阻等于各层平壁热阻之和，这与串联电路的情况相类似，热流密度可以直接表示为

$$q=\frac{t_1-t_{n+1}}{\sum_{i=1}^{n}\dfrac{\delta_i}{\lambda_i}}=\frac{t_1-t_{n+1}}{R_t} \tag{7-7}$$

式中　t_1-t_{n+1}——n 层平壁的总温差，单位为℃；

$\sum_{i=1}^{n}\frac{\delta_i}{\lambda_i}$——$n$ 层平壁的总热阻，单位为 $m^2\cdot℃/W$。

三、圆筒壁的稳态导热

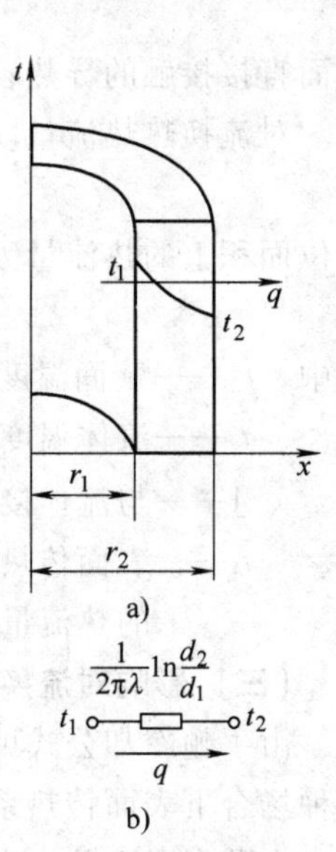

图 7-2　单层圆筒壁的稳态导热

制冷设备中的压力容器、换热管道等的导热属于圆筒壁的导热问题。图 7-2a 所示为一单层圆筒壁，内、外半径分别为 r_1 和 r_2（相应直径为 d_1 和 d_2），长度为 l，导热系数为 λ，圆筒内外壁的温度分别为 t_1 和 t_2，且 $t_1>t_2$。当圆筒壁的长度较长时，可以忽略不计沿轴向的导热，认为温度仅沿半径方向发生变化，属于一维稳态导热。

根据傅里叶定律可知，单层圆筒壁的热流量计算公式为

$$Q=\frac{2\pi\lambda l}{\ln\frac{d_2}{d_1}}(t_1-t_2)=\frac{t_1-t_2}{\frac{1}{2\pi\lambda l}\ln\frac{d_2}{d_1}} \tag{7-8}$$

式中　$\frac{1}{2\pi\lambda l}\ln\frac{d_2}{d_1}$——单层圆筒壁长度为 l 时的导热热阻，单位为℃/W。

工程上为了计算方便，常按单位管长计算热流量，即

$$q_l=\frac{Q}{l}=\frac{t_1-t_2}{\frac{1}{2\pi\lambda}\ln\frac{d_2}{d_1}} \tag{7-9}$$

式中　$\frac{1}{2\pi\lambda}\ln\frac{d_2}{d_1}$——单层圆筒壁单位管长的导热热阻，单位为 $m\cdot℃/W$；

l——单层圆筒壁长度，单位为 m。

单层圆筒壁导热过程的模拟电路如图 7-2b 所示。

制冷工程常采用由几种不同材料组合成的多层圆筒壁，如裹有隔热材料的制冷剂管道等。与多层平壁的分析方法相同，多层圆筒壁单位管长的热流量为

$$q_l=\frac{t_1-t_{n+1}}{\sum_{i=1}^{n}\frac{1}{2\pi\lambda_i}\ln\frac{d_{i+1}}{d_i}} \tag{7-10}$$

第二节　对流换热

一、对流换热的基本概念

（一）对流换热过程

热对流是指由于流体的宏观运动，使其各部分之间发生相对位移，冷热流体相互掺混所引起的热量传递过程，这种现象仅发生在流体内部。在工程中通常遇到的是在流体与固体之间发生的对流换热（又称放热）。

（二）对流换热计算公式

对流换热过程的热量传递是两种基本传热方式共同作用的结果，一种是粘性流体与固体

壁面直接接触的导热；另一种是流体内部的热对流。所以对流换热过程远比导热要复杂得多。对流换热热流量以牛顿冷却公式为基本计算式，即

$$Q=\alpha(t_w-t_f)A \tag{7-11}$$

单位面积上的热流量为

$$q=\alpha(t_w-t_f)=\alpha\Delta t \tag{7-12}$$

式中 t_w——壁面温度，单位为℃；

t_f——流体温度，单位为℃；

A——与流体接触的壁面面积，单位为 m^2；

α——表面传热系数，单位为 $W/(m^2\cdot ℃)$，在数值上等于温差为1℃时的单位面积的热流量，可以反映对流换热过程的强弱程度。

（三）影响对流换热的因素

由牛顿冷却公式可知，研究对流换热的主要任务就是利用理论分析或实验方法具体求出各种场合下表面传热系数 α 的计算公式，而 α 的大小与换热过程中的许多因素有关，归纳起来大致有以下几个方面：

1. 流体流动的状态

流体力学中讲到，流体在流动过程中有层流和紊流两种不同的流态。层流时，流速缓慢，流体沿主流方向作有规则的分层流动，流体与壁面间的热量传递主要依靠导热，表面传热系数的大小取决于流体的导热系数；紊流时，在层流边界层中的热量传递依靠导热，而紊流核心中的热量传递则依靠流体各部分的剧烈混合，表面传热系数的大小主要取决于层流边界层的热阻。因此，在其他条件相同时，紊流对流换热的强度要比层流时强烈，表面传热系数大。

2. 流体流动的起因

由于引起流体流动的起因不同，对流换热可分为自然对流换热与强制对流（也称受迫运动）换热两大类。自然对流是由于流体各部分温度不同而引起的密度不同所产生的流动，例如家用电冰箱冷凝器表面附近的空气受热向上流动就是这种情况。如果流体的运动是由于水泵、风机或其他外部动力源所造成的，则称为强制对流。强制对流时由于外力的作用，流体相对于壁面的流速较自然对流高，因此表面传热系数较大。例如，水在自然对流换热时，$\alpha\approx200\sim1000W/(m^2\cdot ℃)$，而在强制对流换热情况下，$\alpha\approx1000\sim15000W/(m^2\cdot ℃)$。

3. 流体的相变

一般来说对同一种流体，有相变的对流换热比无相变时强烈得多。因为无相变时对流换热量主要是流体的显热，而在有相变的对流换热过程中，如沸腾或凝结换热，对流换热量主要是流体吸收或放出的潜热。例如，水在沸腾换热时，$\alpha\approx2500\sim35000W/(m^2\cdot ℃)$。

4. 流体的物理性质

流体的物理性质对于对流换热有很大影响，如导热系数越大，其导热热阻越小，换热效果就越好；而粘度大的流体流动时阻力大，影响流体各质点间的相互混合，使对流换热减弱；比热容和密度较大的流体单位体积能携带更多的热量，对流换热量也较大。

5. 放热表面的几何因素

放热面几何尺寸、形状、粗糙程度和放热面与流体运动方向的相对位置会影响流体在换热面附近的流动情况，也就影响到对流换热的强度。如流体在管内流动与流体横掠圆管时的流动情况不同，换热规律必然是不同的；平板表面加热空气自然对流时，热面朝上气流扰动

比较激烈，如果热面朝下时，自然对流受抑制，放热强度比热面朝上时要小。

二、沸腾与凝结换热

在饱和温度下工质由液态转变为气态的过程称为沸腾，而由气态转变为液态的过程称为凝结。沸腾与凝结换热都是伴随有相变的对流换热，广泛应用于各式蒸发器和冷凝器等设备。

（一）沸腾换热

沸腾分为大容器沸腾（或称池内沸腾）和管内沸腾（或称有限空间沸腾、强迫流动沸腾）。

大容器沸腾是指加热壁面沉浸在自由表面的液体中所发生的沸腾，主要特点是液体内部不断地产生气泡。并且大量气泡是在放热表面上的某些地点（称汽化核心）不断地产生、长大、脱离壁面，穿过液体层进入上部的气相空间，同时冷流体不断地冲刷壁面，使换热表面和液体内部都会受到气泡的强烈扰动，因此，对于同一种流体，沸腾换热时的表面传热系数一般要比无相变时高。

沸腾表面上的微小凹坑最容易产生汽化核心，而沸腾换热强弱与汽化核心的多少有很大关系，近年来的强化沸腾换热的研究主要是增加表面凹坑。目前有两种常用的手段：

1）用烧结、钎焊、火焰喷涂、电离沉积等物理与化学手段在换热表面上形成多孔结构。

2）用机械加工方法在换热面上造成多孔结构，如图 7-3 所示。

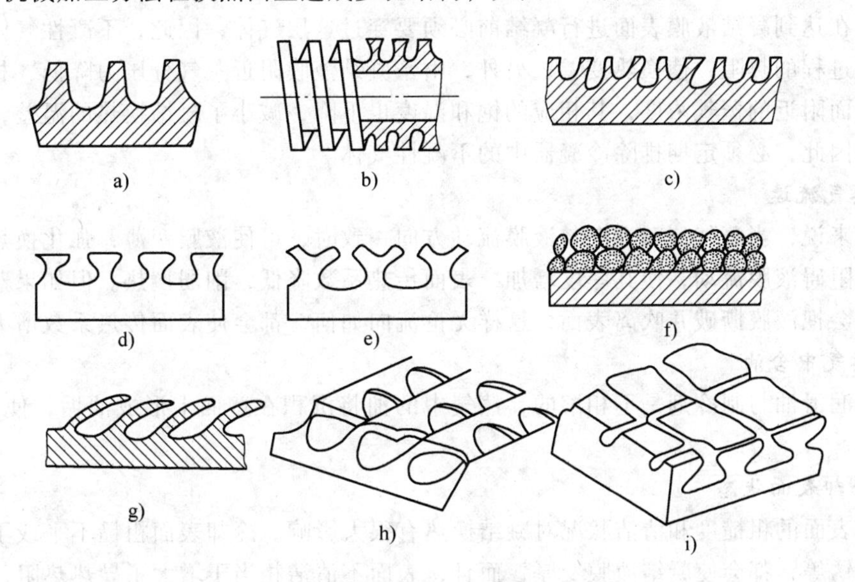

图 7-3 沸腾换热强化管表面结构示意图

a）整体肋 b）GEWA-T 管 c）内扩槽结构管 d）W-TX 管（1） e）W-TX 管（2） f）多孔管 g）弯肋 h）日立 E 管 i）Tu-B 管

管内沸腾是指液体在管内流动时的沸腾，如制冷系统管式蒸发器中的沸腾。由于沸腾空间的限制，沸腾产生的蒸气和液体混合在一起，出现多种不同形式的两相流结构，并且管子的放置（垂直、水平或倾斜）、管长与管径、壁面状态、汽液比例、液体初参数、流速、流量等因素也会对换热产生很大影响，因此管内沸腾换热机理比大容器沸腾换热复杂得多。

（二）凝结换热

当蒸气与低于其饱和温度的壁面相接触时有两种不同的凝结形式，如图7-4所示。如果凝结液体能很好地润湿壁面，就会在壁面上形成一层液膜，这种凝结形式称为膜状凝结。膜状凝结时，壁面总是被一层液膜覆盖着，凝结放出的潜热必须穿过这层液膜才能传到冷却壁面上，此时，液膜层就成为换热的主要热阻。如果凝结液体不能很好地润湿壁面，就会在壁面上形成一个一个的小液珠，且不断发展长大，向下滚落，这种凝结形式称为珠状凝结。珠状凝结时，大部分蒸气可以直接与冷壁面接触，放出的汽化潜热直接传给冷壁面，因此换热表面传热系数远大于同条件下的膜状凝结。尽管如此，在大多数冷凝器中得到的都是膜状凝结，因为珠状凝结不能长久地保持。

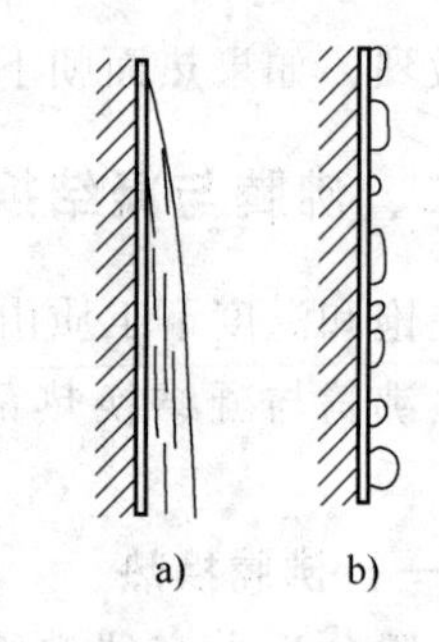

图7-4　两种凝结形式
a）膜状凝结　b）珠状凝结

影响膜状凝结的主要因素除了液膜的厚度外，还有以下几点：

1. 不凝性气体

制冷系统在安装、运行或维修过程中，会有不凝性气体（如空气、氮气）残留或渗入系统，此外制冷剂也会分解出一些气体。即使蒸气中不凝性气体含量很少，也会对凝结换热产生十分不利的影响。这是因为在靠近液膜表面的蒸气侧，随着蒸气的凝结，蒸气分压力减小，而不凝性气体的分压力增大并且会停留在冷壁面附近，在液膜和蒸气之间形成一层气体层，蒸气在达到凝结液膜表面进行凝结前必须要穿过这层气体，因此，不凝性气体的存在增加了传递过程的热阻，使换热变差；另外，由于凝结液膜附近蒸气分压力降低，相当于降低了凝结液面附近的蒸气浓度，其相应的饱和温度也下降，减小了凝结换热的温差，使凝结过程削弱。因此，必须定期排除冷凝器中的不凝性气体。

2. 蒸气流速

一般来说，当蒸气流动方向与液膜流动方向一致时，可使液膜变薄，强化换热；反方向时，则会阻碍液膜流动，使其厚度增加，表面传热系数降低，削弱换热。但如果蒸气流速较大时，将会把液膜撕破并吹离表面，这样无论流向如何，都会使表面传热系数增大。

3. 蒸气中含油

如果润滑油与制冷剂是不相溶的，蒸气中的油将沉积在壁面上形成油垢，使热阻增加，削弱换热。

4. 冷却表面状态

冷却表面的粗糙度和清洁状况对凝结换热有很大影响。冷却表面粗糙不平或不清洁，有污垢、生锈等，都会使凝结液膜变厚，而且，表面不清洁相当于增大了导热热阻，使放热恶化。因此，冷凝器要定期清洗、除垢，保持换热面的光滑清洁。

5. 管内冷凝

制冷和空调系统常遇到蒸气在管内凝结，如电冰箱中的冷凝器，蒸气在压差的作用下流经管子内部，同时凝结成液体，此时换热的强弱与蒸气的流速有很大关系。

6. 管子排列方式

蒸气在管外流动时，在条件相同的情况下，单管横放比竖放的凝结表面传热系数大，因为管子横放时液膜薄而短，竖放时管子上液膜厚而长。工程中的冷凝器大多数是由多排管子的管束组成，管子的排列方式对换热影响很大，如图 7-5 所示。就整个管束的凝结平均表面传热系数而言，图 7-5c 的表面传热系数较大。这是因为管束与水平方向倾斜了一个角度，减少了上排管子的液膜对下一排管子的影响，因此其表面传热系数比另外两种排列形式大。而顺排管束的流动阻力最小，易于清洗管外表面的污垢。

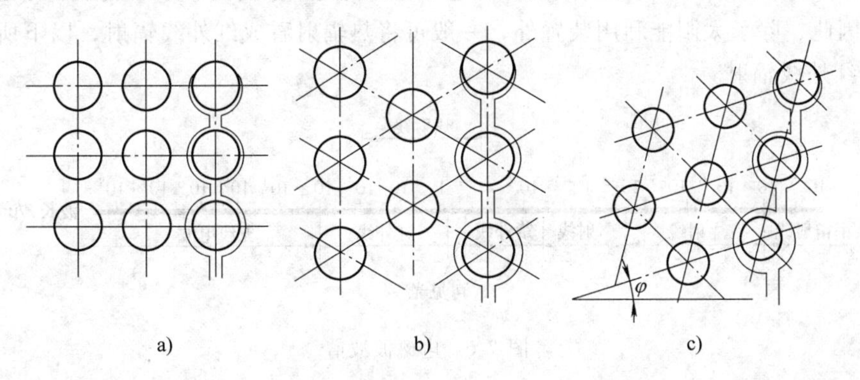

图 7-5　管子排列方式

a）顺排　b）叉排　c）斜转排列

第三节　辐射换热

一、热辐射的基本概念

（一）热辐射的本质和特点

热辐射是热量传递的三种基本方式之一，它与导热和对流有着本质的区别。人们冬天在太阳下会感到暖和，站在火堆旁人脸上立刻会感到灼热，此时热量的传递既不是依靠导热，也不是靠对流换热，而是通过另外一种热量传递方式——热辐射进行的。

物体通过电磁波的形式传递能量的过程称为辐射。物体会因各种原因向外发射辐射能，其中，由于温度的原因而产生的电磁波辐射的过程称为热辐射。热辐射时的电磁波是物体内部微观粒子的热运动状态改变时激发出来的，只要物体的温度高于“绝对零度”（即 0K），物体就能不断地把热能转变为辐射能，并向外发射。同时又不断地吸收周围其他物体投射到它表面的热辐射，并把吸收的辐射能重新转变成热能。热辐射与吸收过程的综合效果就形成了以辐射方式进行的物体间的能量转移——辐射换热。当物体与四周环境处于热平衡时，虽然辐射换热量等于零，但辐射与吸收过程仍在不停地进行。

热辐射具有一般辐射现象的共性，都可以在真空中传播，而导热、对流这两种热量传递方式只有当冷、热物体直接接触或通过中间介质相接触才能进行。当两个温度不同的物体被真空隔开时，导热与对流都不会发生，只能进行辐射换热。这是辐射换热区别于导热、对流的一个根本特点。另一个特点是它不仅产生能量的转移，而且还伴随着能量形式的转化，即向外辐射时能量从热能转换为辐射能，吸收时将辐射能转换为热能。

各种波长的电磁波在科研、生产与日常生活中有着广泛的应用，波长可以从几万分之一微米到数千米，其名称和分类如图 7-6 所示。从理论上讲，物体热辐射的电磁波波长可以包括整个波谱，然而，在工业上所遇到的辐射体的温度在 2000K 以下，有实际意义的热辐射波长位于 0.38 ~ 100μm 之间，其中包括部分紫外线、全部可见光和部分红外线，它们投射到物体上能产生较为显著的热效应，这个范围内的电磁波称为热射线。并且大部分能量位于红外线区段的 0.76 ~ 20μm 范围内，而在可见光区段，即波长为 0.38 ~ 0.76μm 的区段，热辐射能量的比重不大。如果把太阳辐射包括在内，热射线的波长区段可放宽为 0.1 ~ 100μm。因此，除了太阳能利用装置外，一般可将热辐射看成红外线辐射，以下所讨论的热辐射即指红外线辐射。

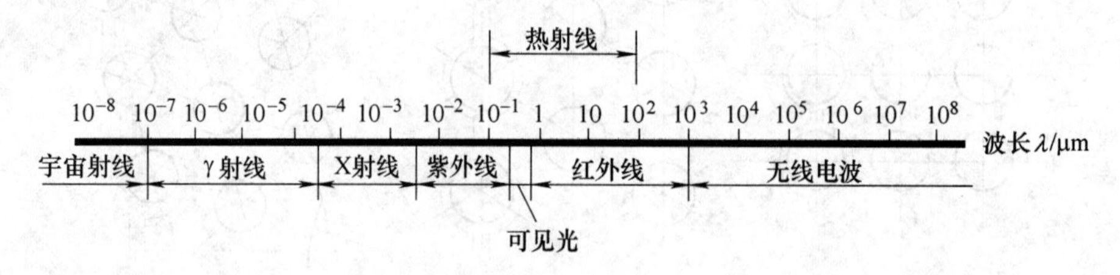

图 7-6 电磁波波谱

（二）辐射的吸收、反射和穿透

当热辐射的能量投射到物体表面时，与可见光一样，也会有吸收、反射和穿透现象，如图 7-7 所示。设外界投射到物体表面上的总能量为 Q，一部分能量 Q_α 被物体吸收，另一部分能量 Q_γ 被物体反射，其余部分能量 Q_τ 穿过物体。根据能量守恒定律有

$$Q = Q_\alpha + Q_\gamma + Q_\tau$$

等式两边同除以 Q 得

$$\frac{Q_\alpha}{Q} + \frac{Q_\gamma}{Q} + \frac{Q_\tau}{Q} = 1$$

即
$$\alpha + \gamma + \tau = 1 \tag{7-13}$$

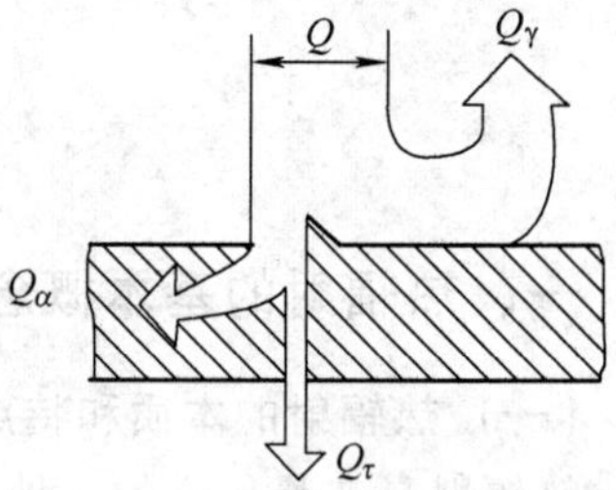

图 7-7 物体对热辐射的吸收、反射与穿透

式中 α——物体的吸收率，$\alpha = Q_\alpha / Q$；

γ——物体的反射率，$\gamma = Q_\gamma / Q$；

τ——物体的穿透率，$\tau = Q_\tau / Q$。

α、γ、τ 三个数值的大小与物体的特性、温度及表面特性有关。在自然界中，不同的物体具有不同的 α、γ、τ 值。固体和液体都可以看成是不透明体，即 $\tau = 0$，此时 $\alpha + \gamma = 1$，这说明吸收能力强的物体反射能力就弱，反之，反射能力强的物体吸收能力弱。而气体对辐射能几乎没有反射能力，即 $\gamma = 0$，$\alpha + \tau = 1$。工程上为了方便起见，从理想物体入手进行分析研究，然后再将实际物体与理想物体比较。如果 $\alpha = 1$，即 $Q_\alpha = Q$，$\gamma = \tau = 0$，表示投射到物体表面上的辐射能全部被吸收，这样的物体称为绝对黑体，简称黑体；如果 $\gamma = 1$，即 $Q_\gamma = Q$，$\alpha = \tau = 0$，表示投射到物体表面上的辐射能全部被反射出去，这样的物体称为绝对白体，简称白体或镜体；如果 $\tau = 1$，即 $Q_\tau = Q$，$\alpha = \gamma = 0$，表示投射到物体表面上的辐射能全部穿透该物体，这样的物体称为绝对透明体，简称透明体。

（三）辐射力和黑度

为了表示物体向外界发射辐射能的数量，需要引入辐射力的概念。辐射力 E 是指单位时间内物体每单位表面积向半球空间所有方向辐射出去的全部波长范围内的总能量，即 $E =$

Q/A，单位是 W/m^2。绝对黑体的辐射力用 E_b表示。

实际物体的辐射力都要比同温度下黑体的辐射力小，其比值称为物体的发射率或黑度，用符号 ε 表示，即

$$\varepsilon = \frac{E}{E_b} \tag{7-14}$$

黑度表示实际物体辐射力接近黑体辐射力的程度。物体表面的黑度取决于物质种类、表面温度和表面状况。显然，不同种类的物体黑度不同，即使是同种物体，黑度会随着温度和表面状况的变化而变化。常用材料表面的黑度可以查询相关技术手册。需要注意的是，经实验测定，大部分非金属材料的黑度值很高，一般在 0.85～0.95 之间，且与表面状况的关系不大，近似计算时可取 0.90。

二、热辐射的基本定律

（一）斯蒂芬-波尔茨曼定律

实验证明，物体的辐射能力与温度有关。斯蒂芬-波尔茨曼定律（四次方定律）指出：黑体的辐射力正比于其热力学温度的四次方，即 $E_b = \sigma_0 T^4$，其中 $\sigma_0 = 5.67 \times 10^{-8} W/(m^2 \cdot K^4)$，称为黑体辐射常数。为了便于计算，斯蒂芬-波尔茨曼定律的数学表达式通常写成

$$E_b = C_0\left(\frac{T}{100}\right)^4 \tag{7-15}$$

式中　C_0——绝对黑体的辐射系数，$C_0 = 5.67 W/(m^2 \cdot K^4)$。

实际物体确定了黑度后，辐射力可表示为斯蒂芬-波尔茨曼定律的经验修正形式，即

$$E = \varepsilon E_b = \varepsilon C_0\left(\frac{T}{100}\right)^4 \tag{7-16}$$

（二）基尔霍夫定律

基尔霍夫定律揭示了实际物体的辐射与吸收之间的内在关系。这个定律可以从研究两个表面之间的辐射换热导出。如图 7-8 所示，假定两个面积很大的平板相距很近，平行放置，于是从一个平板上发射的辐射能可以全部落到另一个平板上。若其中板 1 为黑体表面，其辐射力、吸收率和表面温度分别为 E_b、α_b（=1）和 T_1；板 2 为任意物体表面，其辐射力、吸收率和表面温度分别为 E、α 和 T_2。板 2 发射的能量 E 投射到板 1 上时被全部吸收。同时，板 1 表面发射的能量 E_b落到板 2 上时，只被吸收了 αE_b，其余部分 $(1-\alpha)E_b$被反射回板 1，并被板 1 全部吸收。板 2 支出与收入能量的差额即为两板间辐射换热的热流密度 q，即

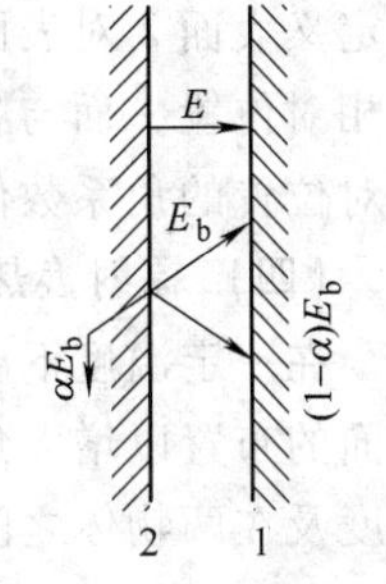

图 7-8　平行平板间的辐射换热

$$q = E - \alpha E_b$$

当 $T_1 = T_2$，即辐射体系处于热平衡状态时，$q=0$，那么上式变为

$$E = \alpha E_b \text{或} \frac{E}{\alpha} = E_b$$

把这种关系推广到任何物体时，可得出如下关系式，即

$$\frac{E_1}{\alpha_1} = \frac{E_2}{\alpha_2} = \cdots = \frac{E}{\alpha} = E_b \tag{7-17}$$

式（7-17）为基尔霍夫定律的数学表达式，它说明：在热平衡条件下，任何物体的辐

射力和吸收率之比恒等于同温度下黑体的辐射力，并且只和温度有关。

从基尔霍夫定律可得出如下结论：

1）同温度下，物体的辐射力越大，其吸收率越大。也就是说，善于辐射的物体必善于吸收。

2）因为所有实际物体的吸收率都小于1，所以同温度下黑体的辐射力最大。

3）将基尔霍夫定律数学表达式与黑度的定义式相对照，则有

$$\alpha = \varepsilon \tag{7-18}$$

说明在热平衡条件下，任何物体对黑体辐射的吸收率等于同温度下该物体的黑度。

但是必须注意，式（7-18）在太阳辐射吸收中并不适用，因为太阳辐射中可见光占了约46%的比例，物体颜色对可见光的吸收表现出强烈的选择性，而常温下物体的红外线辐射一般又与颜色无关，所以物体的吸收率和黑度不可能相等。

（三）物体间相对位置对辐射换热的影响

除温度、黑度外，物体换热表面的形状及其相对位置对辐射换热有很大影响。图7-9所示为两个平板的三种布置情况：设两板表面的温度分别为T_1和T_2，图7-9a中由于两平板无限接近地相对放置，每个表面发射出的辐射能几乎全部落到另一板上，换热量最大；图7-9b中每个表面发射出的辐射能只有一部分落到另一表面上，换热量较小；图7-9c中两表面位于同一平面上，每个表面发射出的辐射能无法投射到另一表面上，换热量等于零。

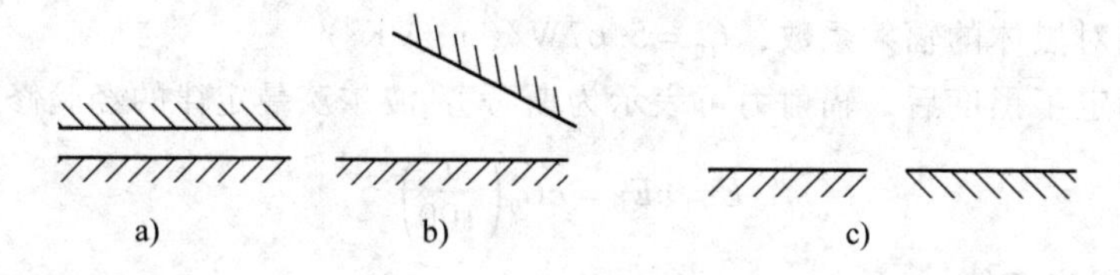

图7-9　相对位置的影响

表面1发出的辐射能落到表面2上的百分数称为表面1对表面2的角系数φ_{12}。同样可以定义表面2对表面1的角系数φ_{21}。角系数的大小取决于物体表面的形状、尺寸及物体间的相对位置，而与各表面的温度、黑度等无关。工程上为了计算方便，将常见的几何形状与相对位置的角系数值绘成了图表以供查用。

（四）辐射换热的强化与削弱

在一定温度下要强化两物体表面间的辐射换热，可以采取增加换热表面黑度以及改变两表面的布置以增大角系数的方法；而为了削弱两物体表面间的辐射换热，可以采取减少表面黑度及在两物体之间安装遮热板（黑度低的金属薄板）的方法。

第四节　传热与换热器

一、传热过程

实际工程中，经常遇到热量从高温流体穿过壁面传给低温流体的现象，这个过程称为传热过程。如室内外温度不同时，室内外空气通过墙壁进行传热；蛇管式蒸发器管道内外冷热流体的换热等。

理论和实践表明，在稳态的传热过程中，当两种流体的温差一定时，传热面积越大，传递的热量越多；当传热面积相同时，两种流体的温差越大，传热量也越多；而在一定的传热面积和温差下，传热量的多少则取决于传热过程本身的强烈程度。传热基本方程式可以表示为

$$Q = KA(t_{f1} - t_{f2}) \tag{7-19}$$

式中　A——传热面积，单位为 m^2；

t_{f1}——热流体的温度，单位为℃；

t_{f2}——冷流体的温度，单位为℃；

K——传热系数，单位为 $W/(m^2 \cdot ℃)$，表示在温差为1℃，面积为 $1m^2$ 条件下传热量的数值大小。传热系数越大，表明传热能力越大，传热过程就越强烈。

应用热阻的概念，将式（7-19）改写成如下形式，即

$$Q = \frac{t_{f1} - t_{f2}}{\dfrac{1}{KA}} = \frac{\Delta t}{R_t}$$

式中　Δt——热流体与冷流体间的温差，单位为℃；

R_t——传热热阻，$R_t = 1/(KA)$，单位为℃/W。

对于单位面积，传热热阻为 $1/K$，单位为 $m^2 \cdot ℃/W$。传热热阻一般包括冷热流体与固体壁面之间的对流换热热阻及固体的导热热阻。

二、传热的增强与削弱

在制冷工程中常遇到的传热问题可以分为两类：一类是计算传热量；另一类是研究如何增强或削弱传热。增强传热是指提高换热设备的传热能力，或在满足传热量前提下使设备尺寸尽量缩小、减轻设备重量、节省材料、提高设备工作效率。而削弱传热是指减少热量损失，节约能耗。

（一）增强传热

1. 提高传热系数 K

增强传热的有效方法是设法增大传热系数，减小传热热阻。传热过程的总热阻是各串联热阻的总和，那么改变其中哪一项局部热阻对减小总热阻，增强传热效果最显著呢?

在换热设备中，固体壁一般都是金属材料，其厚度小而导热系数大，故壁面的导热热阻很小，可以忽略不计，这样传热总热阻为

$$\frac{1}{K} = \frac{\alpha_1 + \alpha_2}{\alpha_1 \alpha_2}$$

即传热系数为

$$K = \frac{\alpha_1 \alpha_2}{\alpha_1 + \alpha_2} = \alpha_1 \frac{\alpha_2}{\alpha_1 + \alpha_2} = \alpha_2 \frac{\alpha_1}{\alpha_1 + \alpha_2}$$

由上式可以看出，K 值必小于 α_1 及 α_2，而且它比 α_1 和 α_2 两者中较小的一个还小。所以，为有效地增大传热系数，必须增大 α_1 和 α_2 中最小的一项。当 $\alpha_1 \approx \alpha_2$ 时，要想减小总热阻，则应当同时减小每一项局部热阻。

当然，虽然金属薄壁的导热热阻可以忽略，但在实际运行中，壁上可能会增加一层污

垢，如水垢、油污、霜层或灰尘，其厚度虽很小，但导热系数也很小，故其热阻对传热将十分不利，例如1mm厚的水垢层相当于40mm厚的钢壁；1mm厚的灰层相当于400mm厚的钢壁；0.1mm厚的油膜相当于33mm厚的钢壁等，会严重影响制冷设备的工作参数和性能。所以在采取增强传热措施的同时，应定时清除设备传热面上的水垢、灰尘、油污、霜层和排放系统中不凝性气体，以保证设备的工作效率。

提高传热系数的方法具体有很多，如改变流体的流动情况，增加流速和流体的扰动，以增加流体的紊流程度；正确安装换热面（如叉排布置等），选用与制冷剂相溶解的润滑油，从而避免油膜热阻，这些都可以有效地减小局部热阻，增大传热系数。

2. 增大传热面积 A

增大传热面积的具体措施就是在传热面上加装肋片，如空调器的翅片管组，暖气设备上的散热片等。肋片面积与光面面积比值称为肋化系数。由计算可知，当传热面两侧的表面传热系数相差3~5倍时，可采用低肋化系数的螺纹管；当两侧传热系数相差10倍以上时，则采用高肋化系数的肋片。肋片的形状很多，通常加在表面传热系数低的一侧可以取得较显著的增强传热的效果。

3. 增大传热温差 Δt

增大传热温差的具体途径有两种：①换热面两侧流体的流动采用逆流方式；②提高热流体温度或降低冷流体温度，具体措施要根据系统设备决定。在冷凝器换热中要尽量降低冷却介质温度，在蒸发器中要尽量提高被冷却介质温度，从而保证制冷装置在高性能下工作。

（二）削弱传热

对制冷空调系统中的低压设备、冷藏库的围护结构及管道等，为了减小传热，常设法增大传热热阻，最简单的办法就是在壁面上包裹热绝缘材料，达到隔热的目的。但是，覆盖热绝缘层是不是在任何情况下都能有效地减少热损失呢？根据传热基本方程式可知，在平壁上覆盖热绝缘层，总是能够增加热阻而削弱传热；而在圆管上敷设热绝缘层时，单位面积的传热热阻增加了，但总热阻并不总是随厚度的增加而增加，相反有时会减小，从而使传热增加。这是由于圆管传热量与保温层外径有关，增加保温层就意味着增加了传热面积。

$$d_{cr}=\frac{2\lambda}{\alpha_2}$$

式中 d_{cr}——临界热绝缘直径，即管道散热量为最大值时的热绝缘层外径。

λ——保温材料的导热系数；

α_2——保温层外表面与周围环境的总表面传热系数。

由公式可知，只有当管道外径大于临界热绝缘直径时，覆盖热绝缘层才肯定有效地起到减少热损失的作用；而当管道外径较小为削弱传热敷设保温层时，应注意临界热绝缘直径的问题。

三、换热器的基本知识

（一）换热器基本形式

换热器是用来使热量从热流体传递到冷流体，以满足规定的工艺要求装置的统称。工程中应用的换热器种类很多，按工作原理可分为三种类型。

1. 混合式换热器（或称直接接触式换热器）

在混合式换热器内，冷、热两种流体通过直接接触互相混合来实现换热，热量传递的同时伴随着质量的交换或混合，它具有传热速度快、效率高、设备简单等优点。中央空调系统中的喷水室（见图7-10）、冷却塔（见图7-11）等都属于这一类型。

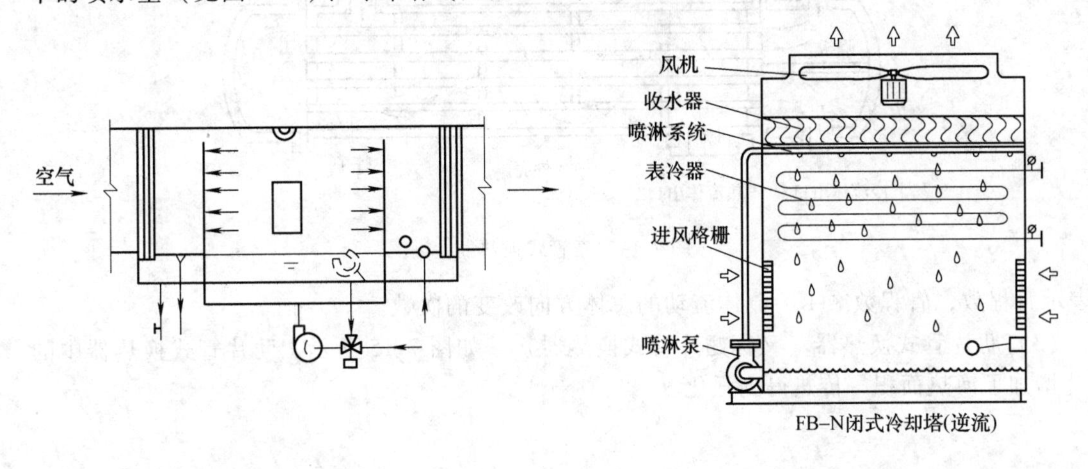

图7-10　喷水室　　　　图7-11　冷却塔

2. 回热式换热器（或称蓄热式换热器）

在回热式换热器中，冷、热两种流体依次交替地流过同一换热表面，当热流体流过时，固体壁面吸收并贮存热量；当冷流体流过时，壁面把储存的热量再传给冷流体，如图7-12所示。这种换热器结构紧凑，价格便宜，单位体积传热面大，较适用于气-气热交换的场合。回转式空气预热器就属于这一类型。

3. 间壁式换热器（或称表面式换热器）

在间壁式换热器里，冷、热流体同时在换热器内流动，但被壁面隔开，互不接触，热量由热流体通过壁面传给冷流体。这种间壁式换热器在制冷工程中应用最为广泛。从结构上来说，间壁式换热器又可分为套管式、壳管式、肋片管式、螺旋板式、板式、板翅式等。

（1）套管式换热器　如图7-13所示，套管式换热器由两根直径不同的无缝钢管或铜管套装在一起，管间用特制的封头隔成互不相通的两个空间，再盘绕成圆形或椭圆形。一般套管式冷凝器的冷却水在小管内流动，制冷剂在大小管之间流动。

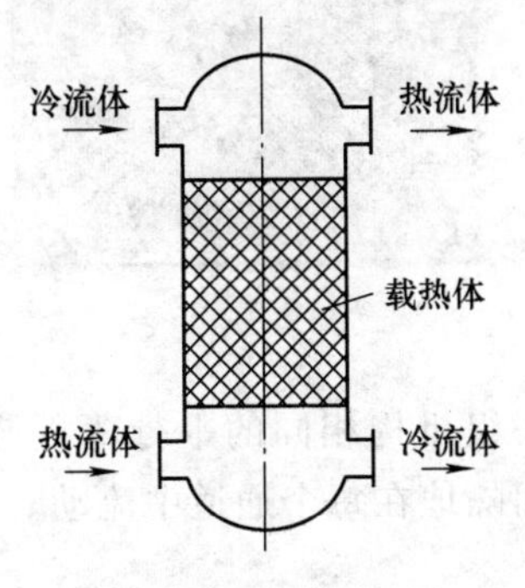

图7-12　回热式换热器

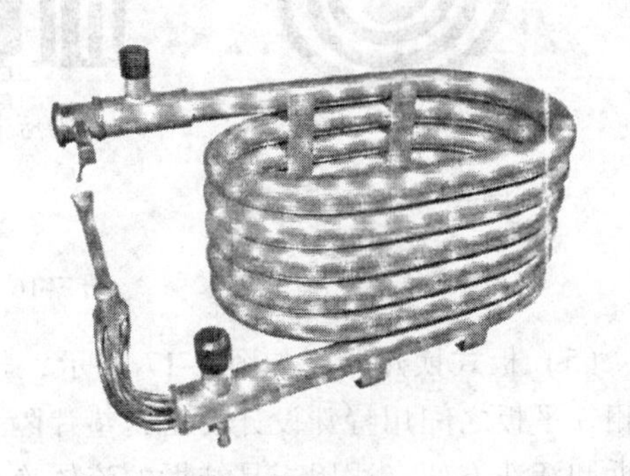

图7-13　套管式换热器

（2）壳管式换热器（又称管壳式换热器）　如图7-14所示，一种流体从封头流进管子，再经封头流出，这条路径称为管程；另一种流体在壳体与管子之间流动，这条路径称为壳程。图7-14所示为1-2型换热器，其中1表示壳程数，指的是流体所流经的壳体的个数；

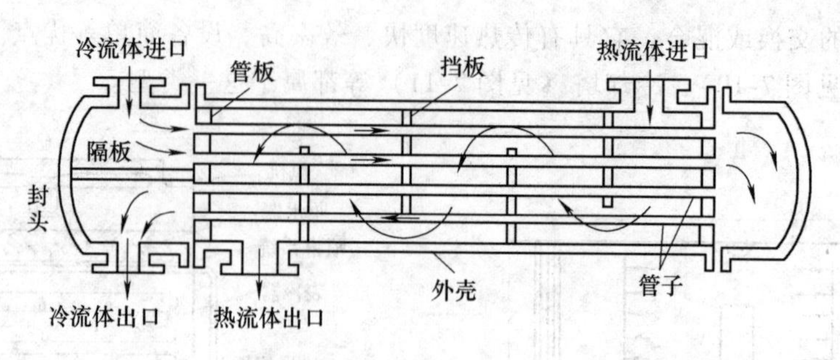

图 7-14 壳管式换热器

2 表示管程数，管程数减 1 为流体流动的总体方向改变的次数。

（3）肋片管式换热器（又称翅片管式换热器） 如图 7-15 所示，肋片管式换热器中的肋片增加了换热面积，传热得到强化。

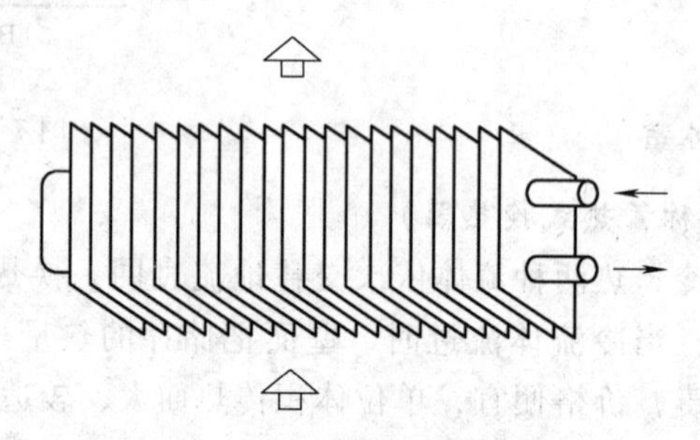

图 7-15 肋片管式换热器

（4）螺旋板式换热器 如图 7-16 所示，螺旋板式换热器的换热表面由两块金属板卷制而成，构成两个螺旋通道，制造工艺简单，结构紧凑，换热效果较好，但密封比较困难，且不易清洗。

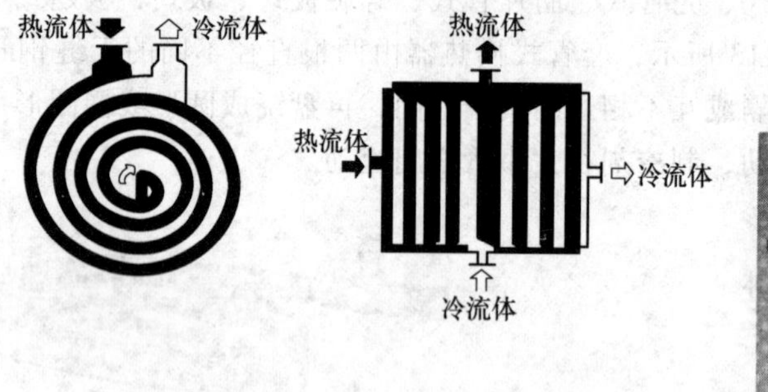

图 7-16 螺旋板式换热器

（5）板式换热器 如图 7-17 所示，板式换热器由一组机构相同的平行薄板叠加组成，两相邻平板之间用特殊设计的密封垫片隔开，冷热流体间隔地在每个通道中流动。这类换热器拆卸清洗方便，适用于易结垢的流体换热。

（6）板翅式换热器 如图 7-18 所示，板翅式换热器结构非常紧凑，单位体积内的换热量很大，但易堵塞，清洗困难，适用于清洁和无腐蚀性的流体换热。

（二）换热器传热计算

换热器的传热计算可分为两种情况：一种是设备设计选型计算，目的是根据流体参数，

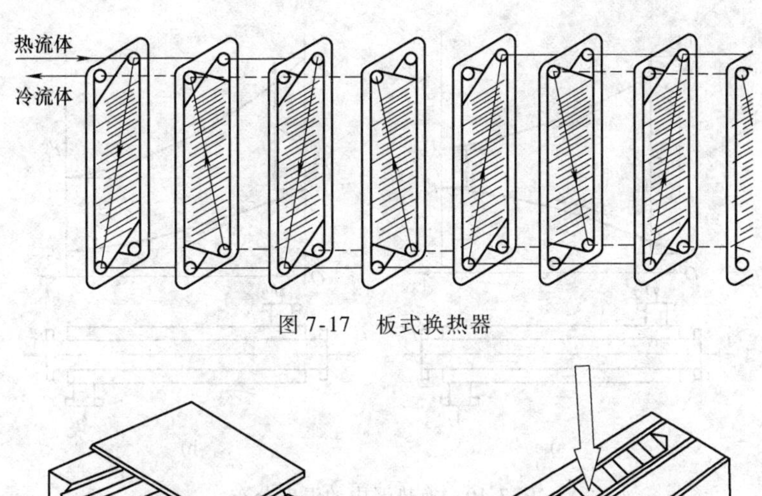

图 7-17 板式换热器

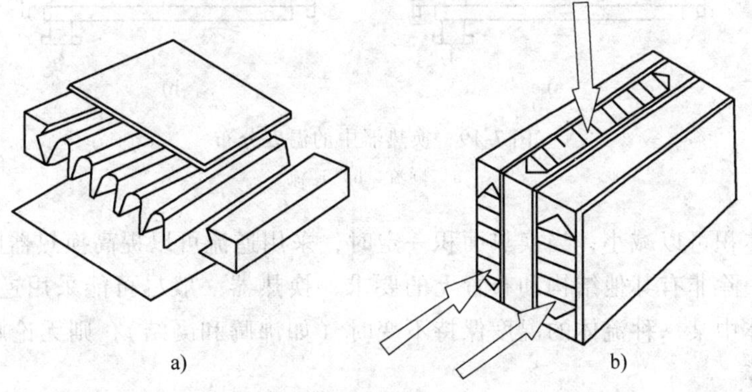

图 7-18 板翅式换热器

确定换热的形式、换热面积及结构参数；另一种是对现有的换热器进行校核计算，目的是确定其换热量和冷却介质温度参数等是否满足生产工艺要求。这两种计算使用的基本方程均为传热方程式。

1. 传热计算公式

换热器的传热计算公式为

$$Q = KA\Delta t_{m} \tag{7-20}$$

式中 A——换热器的面积，单位为 m^2；

K——换热器的传热系数，单位为 $W/(m^2 \cdot ℃)$，可以根据冷热两种流体的性质、流体在换热器内流动的情况及换热器的结构等查阅有关手册；

Δt_{m}——平均温差，单位为℃。

2. 平均温差的计算

对于换热器，冷热流体沿传热面进行换热，其温度是沿流向不断变化的，所以温差也不断变化，故计算时要采用平均温度差。

在间壁式换热器中，冷热流体可以平行流动，也可以交叉流动（或称横流式）。平行流动时，若冷热流体流向相同，称为顺流（见图 7-19a）；若流向相反则称为逆流（见图 7-19b）。实际换热器中流体流动比较复杂，通常是上述流动方式的组合，称为混流式。

图 7-19 表示顺流和逆流时冷热流体的温度分布，图中横坐标表示换热面积 A，纵坐标表示工作流体的温度。从图 7-19 上可以看出，顺流时冷流体的出口温度 t_2''必然低于热流体的出口温度 t_1''；而逆流时冷流体的出口温度则不受热流体的出口温度限制。另外，在相同的进、出口温度下，逆流时的平均温差比顺流大，因此传热量一定时，采用逆流时换热面积

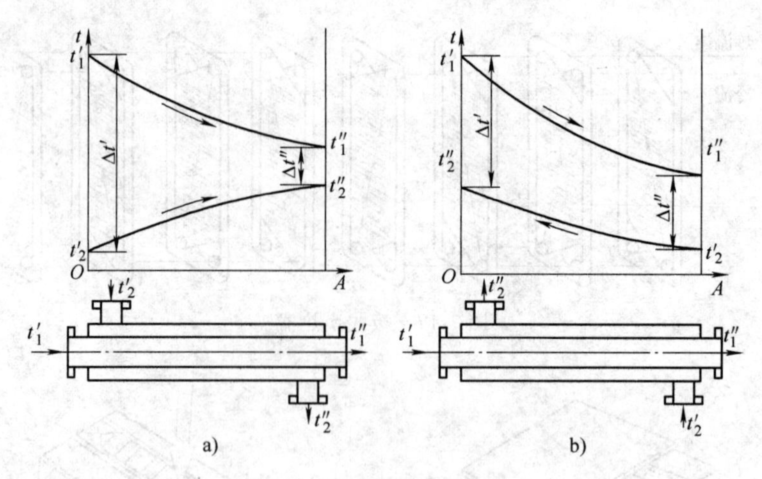

图 7-19 换热器中的温度分布

a）顺流 b）逆流

小，换热器的体积可以减小；当换热面积一定时，采用逆流可以提高换热器的传热量。所以在工程应用中，除非有其他结构和布置上的要求，换热器一般尽可能采用逆流布置。不过，当两种工作流体中某一种流体的温度保持不变时（如沸腾和凝结），则无论顺流或逆流，其平均温差都相等。

确定平均温差的方法有以下两种：

（1）算术平均温差

$$\Delta t = \frac{\Delta t' + \Delta t''}{2} \tag{7-21}$$

式中 $\Delta t'$——进口处两流体温度差；

$\Delta t''$——出口处两流体的温度差。

算术平均温差计算简便，但有较大误差。只有在冷、热流体间的温差沿传热面变化不大时采用，否则应采用对数平均温差。

（2）对数平均温差

$$\Delta t_{\mathrm{m}} = \frac{\Delta t' - \Delta t''}{\ln \dfrac{\Delta t''}{\Delta t''}} \tag{7-22}$$

式中 $\Delta t'$——换热器两端的冷热流体温差中较大的温差；

$\Delta t''$——换热器两端的冷热流体温差中较小的温差。

【思考题与习题】

7-1 三种基本传热方式都包括什么？

7-2 什么是导热？导热基本定律的内容是什么？

7-3 什么是导热系数？单位是什么？有何意义？导热系数的影响因素主要有哪些？

7-4 有一个三层平壁，已经测得 t_1、t_2、t_3、t_4 依次为 700℃、600℃、300℃ 和 50℃，在稳态导热情况下，哪层平壁的热阻最小？哪层平壁的热阻最大？

7-5 什么是对流？什么是对流换热？对流换热的计算公式是什么？

7-6　表面传热系数的单位是什么？有何意义？

7-7　影响对流换热的主要因素有哪些？

7-8　什么是膜状凝结和珠状凝结？哪种凝结换热效果好？为什么？

7-9　简述蒸气中不凝性气体的来源。不凝性气体对换热会产生怎样的影响？

7-10　热辐射与导热、对流换热有什么区别？

7-11　冬季室内取暖的暖气片及壳管式冷凝器热量传递过程（见图7-20）中，各个环节的换热方式分别是什么？

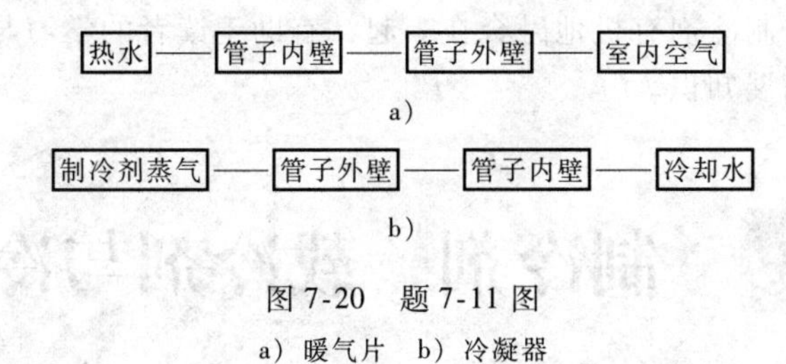

图7-20　题7-11图

a）暖气片　b）冷凝器

7-12　什么是传热过程？

7-13　在传热面上加装肋片有何作用？它应装在传热壁的哪一面？

7-14　增强传热的目的是什么？采用哪些方法能使传热增强？

7-15　减弱传热的原则是什么？具体措施有哪些？

7-16　什么是换热器？按工作原理可分为哪几种类型？

7-17　换热器长时间工作后会有哪些原因使其传热效果下降？应采取什么措施？

7-18　有一换热器，冷流体初温30℃，末温200℃；热流体初温360℃，末温300℃，试求顺流与逆流的平均温差。

第三篇　制冷基本原理

本篇从制冷技术的应用角度出发，比较全面地讲述了常用制冷剂、载冷剂和冷冻机油的基本知识、各种制冷方法、制冷系统的组成，知识面广，信息量大。

本篇将制冷循环与制冷剂有机地融合在一起，有助于读者的学习与理解，资料详尽，方便初学者查阅信息及拓展知识。

第八章　制冷剂、载冷剂与冷冻机油

【学习目标】

1. 了解制冷剂的基本常识；
2. 掌握常用制冷剂的性质；
3. 掌握常用载冷剂的特性；
4. 熟悉冷冻机油的规格与选用。

第一节　制　冷　剂

制冷剂又称制冷工质。它是在制冷系统中循环流动的工作介质。在蒸气压缩式制冷系统中，它通过集态变化，在需要制冷的部位吸热汽化而起到制冷作用，并通过消耗压缩机的功率，将热量由低温物体转移给高温物体。如果把制冷压缩机比作压缩式制冷系统的心脏，那么制冷剂就好比制冷系统中的血液。如果“血液”出现循环不畅，则制冷效果就受到影响。

一、制冷剂的分类

制冷剂采用字母 R 作为总代号，R 后面的数字和字母可区分不同的制冷剂。制冷剂的种类很多，现在可用作制冷剂的物质有几十种，但常用的不过十几种。它的分类方法通常有两种：一种是根据制冷剂的化学成分及组成来分类；另一种是根据制冷的要求来分类，即根据制冷剂常温下在冷凝器中冷凝时的饱和压力 p_k 和标准大气压下的蒸发温度 t_s 的高低来分类。

（一）根据制冷剂化学成分及组成分类

根据制冷剂化学成分及组成可分为四类，即无机化合物、碳氢化合物、氟利昂和多元混合溶液。

1. 无机化合物

无机化合物制冷剂有氨、水和二氧化碳等。氨多用于大、中型冷藏库中。水可用于蒸气喷射式制冷机，但其蒸发温度只能在0℃以上。二氧化碳在船用冷藏装置中应用50年后，于1955年被氟利昂所代替。

2. 碳氢化合物

碳氢化合物制冷剂有甲烷、乙烷、丙烷、乙烯、丙烯等。从经济观点来考虑，这些制冷剂是非常实惠的，但它们易燃易爆，安全性差，所以在家用和商用制冷方面还需进一步改良性能。目前其主要应用于石油化工部门。

3. 氟利昂

氟利昂是饱和碳氢化合物的卤素衍生物。常用的氟利昂制冷剂有R22、R134a等。氟利昂制冷剂广泛用于各种制冷、空调设备中。

4. 多元混合溶液

多元混合溶液是由两种以上制冷剂组成的混合物，有共沸溶液和非共沸溶液两种。前者在蒸发和冷凝过程中，两种制冷剂液相和气相成分保持不变，有共同的沸点，就像一种制冷剂一样。如R500、R502等。后者没有共同的沸点和凝固点，在等压下相变时，气液两相成分也在不断变化。常见的有R407A、R410A等。

（二）根据常温下冷凝压力大小和在大气压力下蒸发温度的高低分类

根据常温下冷凝压力大小和在大气压力下蒸发温度的高低，制冷剂可分为三大类，即高温低压制冷剂、中温中压制冷剂和低温高压制冷剂。

高温低压制冷剂冷凝压力小于0.3MPa，蒸发温度大于0℃，如R11、R21、R113和R114等，这类制冷剂适用于高温环境下空调系统用的离心式制冷压缩机。

中温中压制冷剂冷凝压力为0.3～2MPa，蒸发温度为－50～0℃，如R717、R12、R22、共沸溶液R502等，这类制冷剂使用的范围比较广，适用于以活塞式制冷压缩机为主的电冰箱、食堂用小冷柜、空调用制冷系统、大型冷藏库等制冷装置中。

低温高压制冷剂冷凝压力大于2MPa，蒸发温度低于－50℃。如R13、R14、共沸制冷剂R503等，这类制冷剂只适用于复叠式制冷装置中的低温部分或－50℃以下的低温制冷设备。

二、制冷剂的符号表示

为了书写方便，国际上统一规定用字母“R”和它后面的一组数字或字母作为制冷剂的简写符号。字母“R”表示制冷剂，后面的数字或字母则根据制冷剂的分子组成按一定的规则编写。编写规则如下：

（一）无机化合物

无机化合物的简写符号为R7（）。括号中填入的数字是该无机物相对分子质量的整数部分。例如，NH_3相对分子质量的整数部分为17，符号表示为R717。又如H_2O相对分子质量的整数部分为18，符号表示为R718。再如，CO_2相对分子质量的整数部分为44，符号表示为R744。

（二）氟利昂

氟利昂的分子通式为$C_mH_nF_xCl_yBr_z$，它们的简写符号规定为$R(m-1)(n+1)x$。如含有溴原子时，则再在数字后面加字母B和溴原子数，即为$R(m-1)(n+1)xB\ (z)$。式中，m、n、x、z均为数字，分别表示该类氟利昂分子中C、H、F、Br原子的数目。某项数值为零时则省去不写。如四氟二氯乙烷（$CFCl_2CF_3$），其中的 $m=2$，$n=0$，$x=4$，$z=0$，按符号规定表达为 R114。另外，对于氟利昂的同分异构体，则根据不对称程度依次加 a、b……如 R134a、R152b 等。常见氟利昂符号见表 8-1。

表 8-1　氟利昂和烷烃类符号

化合物名称	分子式	m、n、x、z 的值	简写编号
一氟三氯甲烷	$CFCl_3$	$m=1,n=0,x=1$	R11
二氟二氯甲烷	CF_2Cl_2	$m=1,n=0,x=2$	R12
二氟一氯甲烷	CHF_2Cl	$m=1,n=1,x=2$	R22
五氟一氯甲烷	C_2F_5Cl	$m=2,n=0,x=5$	R115
甲烷	CH_4	$m=1,n=4,x=0$	R50
乙烷	C_2H_6	$m=2,n=6,x=0$	R170
丙烷	C_3H_8	$m=3,n=8,x=0$	R290
四氟乙烷	$C_2H_2F_4$	$m=2,n=2,x=4$	R134a

（三）碳氢化合物

碳氢化合物如甲烷、丙烷、异丁烷等，是由 C 和 H 两种元素组成的物质，其分子通式为 C_mH_{2m+2}，命名原则与氟利昂相同，即为 $R(m-1)(n+1)x$。由于分子式中不含 F 原子，故 $x=0$。因此，碳氢化合物的简写符号为 $R(m-1)(n+1)0$。例如甲烷，其分子式为 CH_4，由分子式知 $m=1$，$n=4$，故其简写符号为 R50。又如丙烷，其分子式为 C_3H_8，由分子式知 $m=3$，$n=8$，故其简写符号为 R290。

（四）多元混合溶液

1. 共沸溶液

共沸溶液的简写符号为 R5（）。括号中的数字为该溶液命名的先后顺序，从 00 开始。例如最早命名的共沸溶液为 R500，以后命名按先后次序分别用 R501、R502 等表示。

2. 非共沸溶液

非共沸溶液的简写符号为 R4（）。括号中的数字为该溶液命名的先后顺序，从 00 开始。例如最早命名的共沸溶液为 R400，以后命名按先后次序分别用 R401、R402 等表示。若构成的混合溶液物质种类相同，但成分不同时，用大写字母以示区别，如 R407A、R407B 等。

三、制冷剂的选用原则

在实际应用中，应根据不同的制冷要求选择不同的制冷剂，在选择制冷剂之前必须对有关制冷剂的性能有所了解。总体来说，制冷剂应具有较好的热力性质、迁移性质及物理化学性质等。同时，随着环保意识的增强，选择制冷剂时也要考虑它是否对环境造成污染。

（一）热力学性质的要求

1）单位容积制冷量要大，这样可以提高制冷效率，即用少量的制冷剂便可吸收大量的热量。在制冷量一定时，可减少制冷剂的循环量，缩小制冷设备的几何尺寸。

2）凝固点要低，以获得较低的蒸发温度，扩大制冷剂的使用温度范围。

3）传热系数要高，这可提高热交换的效率，减小热交换器的尺寸。

4）粘度和密度要小，以减少制冷剂在流动过程中的能量损耗。

5）临界温度要高于环境温度，使制冷剂气体被压缩后能在常温下冷凝液化。

6）蒸发压力要高于大气压力，在足够的低温下，制冷剂的蒸发压力最好接近或稍高于大气压力，以避免空气渗入系统内，影响换热器的传热效果，增大压缩机的耗功量。对于易燃易爆的制冷剂，还可避免引起爆炸。

7）冷凝压力不要过高。在常温下，冷凝压力最好不大于1.26～1.5MPa，这样可降低对系统密封性的要求，减轻结构重量。冷凝温度不宜过低，常温空气或水就能使制冷剂液化。

（二）物理化学性质的要求

1. 安全性

制冷剂的安全性主要是指制冷剂的毒性和可燃性。目前将制冷剂规定了6个安全等级，选用制冷剂时，应根据需要尽量选用安全性能好的制冷剂。

2. 热稳定性

为保证制冷剂不发生热分解现象，制冷剂的工作温度不允许超过其分解温度。如制冷剂R717的工作温度不得超过150℃，R22和R502的工作温度不得超过145℃。

3. 对材料的腐蚀性

正常情况下，氟利昂制冷剂对大多数常用金属材料无腐蚀作用。但是当制冷系统中含有水时，氟利昂与水发生水解反应，生成酸性物质，会对金属产生腐蚀作用。同时，氟利昂与润滑油的混合物对铜有溶解作用，碳氢化合物对金属无腐蚀作用，氨对铝、铜有轻微的腐蚀作用。

4. 与水的溶解性

氟利昂和碳氢化合物都难溶于水，氨是易溶于水的制冷剂。当制冷系统的水分超量时，系统容易产生冰堵。氨制冷系统虽然不易产生冰堵，但氨溶于水后产生的物质对管道有腐蚀作用。制冷剂的溶水性一般会随着温度的升高而增大，因此，制冷系统中必须严格控制含水量。

5. 与润滑油的溶解性

制冷剂R717比油轻，油在下部，便于从系统下部放油和回油。氟利昂制冷系统一般要求采用与制冷剂溶解性较好的润滑油，如R12的制冷系统选用HD-18号润滑油，R22的制冷系统选用HD-25号润滑油。

（三）其他要求

原料来源充足，价格便宜，易于购买。

目前所采用的制冷剂或多或少都存在一定的缺点。在使用中，可根据不同的用途和工作条件来选择比较理想的制冷剂。

四、常用制冷剂的特点与选用

（一）氨（R717）

氨的汽化潜热大，工作压力适中，传热性能好，流动阻力小，吸水性强，几乎不溶于油，价格低廉，来源充足，是应用较为广泛的中温中压制冷剂。氨在矿物润滑油中的溶解度很小（溶解度不超过1%），所以，在氨制冷系统的管道和热交换器内部的传热表面上会积有油膜，影响传热效果。由于氨比矿物润滑油轻，因此润滑油会积存在冷凝器、贮液器及蒸发器的下部，这些部位需要定期放油。

氨的主要缺点是具有较大的毒性，且有强烈的刺激性臭味，对铜及铜合金的腐蚀性强，空气中含氨量高时遇火会燃烧爆炸。如果制冷系统内部含有空气，高温下氨会分解出游离态的氢，当氢在压缩机中积存到一定程度时，遇到空气会引起强烈的爆炸。因此，氨制冷系统中必须设空气分离器，及时排除系统内的空气。

氨的价格低廉，又易于获得，目前多用于蒸发温度在 -65℃以上的大型和中型单级或双级活塞式制冷系统中，国内大中型冷藏库中氨作为制冷剂的较多。

（二）**R12**

R12 是甲烷的卤素衍生物，分子式为 CF_2Cl_2，是最早出现的氟利昂制冷剂，广泛应用于中、小型制冷设备中，如早期的冰箱、冰柜等。

R12 的标准蒸发温度为 -29.8℃，凝固温度为 -155℃，是无色、无味、毒性小、不燃烧和不爆炸的制冷剂，对人体的生理危害小，R12 常温下且不与明火接触时，不会分解出有毒气体。当 R12 在空气中的含量达 20%（体积分数）时，人开始有感觉，当体积分数超过 30% 时才能窒息。

R12 不易溶于水，0℃时，其溶解度不超过 0.0026%，温度越低，溶解度越小。若 R12 的含水量超过其溶解度，那么在低温状态下（0℃以下），很容易出现冰堵现象，并且含水时会对金属产生腐蚀作用。所以对使用 R12 的制冷系统，必须严格限制其含水量。

R12 极易溶于油，可以与润滑油以任何比例相互溶解。由于这一特性，它对制冷系统会产生不同的影响：一方面，它有利于润滑油在制冷系统的回油，使得制冷剂携带润滑油返回压缩机，并防止润滑油在制冷系统中呈游离状态，粘附于传热器上，恶化传热效果；另一方面，润滑油会降低制冷剂的饱和压力，引起单位容积制冷量的降低，同时，因润滑油被制冷剂稀释，减小了润滑油的作用。为此，制冷压缩机排气管道上应设有油分离器，以使随 R12 进入制冷系统的润滑油尽量少。

R12 对金属没有腐蚀作用，但对镁以及含镁量超过 2% 的合金有腐蚀作用，含水后会产生镀铜作用。

R12 对天然橡胶和塑料有膨胀渗透作用，含 R12 的制冷系统密封材料应使用耐腐蚀的丁腈橡胶或氯醇橡胶，全封闭式制冷压缩机中绕组导线要涂抹聚乙烯醇缩甲醛树脂绝缘漆，电动机要采用 B 级或 E 级绝缘。

R12 的渗透能力极强，特别容易泄漏，故要求系统有严格的密封措施。

（三）**R22**

R22 的分子式为 CF_2HCl，标准沸点为 -40.8℃，凝固温度为 -160℃，属于中温中压制冷剂，也是家用和商用制冷空调系统中广泛使用的一种制冷剂。

R22 在常温下的冷凝压力一般不超过 1.5MPa，在中等低温和压力下，R22 的饱和压力比 R12 约高 65%，单位容积制冷量却比 R12 大得多，其他物理、化学性质与 R12 相近，所以在中等低温下使用 R22 比 R12 更好。

R22 是无色无味、不燃烧、不爆炸的制冷剂，毒性比 R12 略大，但仍属于安全的制冷剂。它的传热性能与 R12 差不多，流动性比 R12 好。溶水量比 R12 稍大，例如 0℃时，水在 R22 中的溶解度为 0.06%，但 R22 仍然是属于不溶于水的物质。当含水量超过溶解度时，仍有冰堵的危险，并且对金属有腐蚀作用，所以对 R22 含水量仍限制在 0.0025% 以内，所采取的措施与 R12 相同。

R22 的化学稳定性不如 R12。它的分子极性比 R22 大，故对系统密封性能要求更强。密封材料可采用氯乙醇橡胶或 CH-8-30 橡胶。封闭式压缩机中电动机绕组可采用 QF 漆包线、QZF 漆包线。

（四）R134a

R134a 的分子式是 CH_2FCF_3，是目前在家用电冰箱及汽车空调中使用最普遍的一种新型制冷剂，标准蒸发温度为 -26.5℃，凝固温度为 -101℃，属于中温制冷剂。

R134a 的许多性质与 R12 相似，如无色、无味、无毒、不燃烧、不爆炸。R134a 的临界压力比 R12 略低，温度及液体密度均比 R12 略小，标准沸点略高于 R12，液体、气体的比热容均比 R12 大。

R134a 制冷剂与 R12 相比，具有如下特点：

1）R134a 对制冷系统的干燥和清洁性要求更高，因为微量水分会对制冷系统的性能产生影响，制冷系统中对水的含量要求严于 R12，而且不能选用与 R12 相同的干燥剂。

2）在制冷系统中 R134a 比 R12 的能耗稍大，而制冷量较为接近。

3）R134a 压缩比较高，而 R12 的压缩比较低，过高的压缩比会导致机壳温度过高及阀门泄漏，还会导致排气温度过高，影响压缩机寿命。

4）R134a 与 R12 的排气压力大致相当，从量值看 R134a 比 R12 略高一些。

5）R134a 与 R12 在溶油种类和溶油行为上都有很大差异。R134a 的分子极性大，在非极性油中的溶解度极小，能完全溶于多元醇酯类合成润滑油。

6）R134a 渗透性比 R12 更强，从而对密封材料的选用及气密性试验要求更高。又因为 R134a 中不含氯原子，所以不能采用传统的卤素检漏仪检漏，必须采用电子检漏仪。

虽然 R134a 与 R12 的热力性质接近，但 R134a 对金属有腐蚀作用，两种制冷压缩机不能互换使用。

R134a 与 R12 相比有相似的物理性质，其主要性能的比较见表 8-2。

表 8-2　制冷剂 R134a 与 R12 的基本物理性质比较

比较项目	R12	R134a
化学名称	二氟二氯甲烷	四氟乙烷
化学分子式	CF_2Cl_2	$C_2H_2F_4$
相对分子质量	120.92	102.04
标准沸点/℃	-29.8	-26.5
凝固点/℃	-155	-101
临界点/℃	112	101
汽化潜热/(kJ/kg)	167.3	219.8
25℃时水的溶解性(%)	0.009	0.15
臭氧破坏潜能 ODP	1.0	0.0
温室效应潜能 GWP	2.8～3.4	0.24～0.29
与矿物油互溶性	相溶	不相溶
适应冷冻机油	矿物油 18 号	酯类油 RL329
适应密封材料	氯丁橡胶、氟橡胶、丁腈橡胶	氯丁橡胶、高丁腈橡胶、尼龙橡胶

R134a 制冷剂的最大优点是其对臭氧层的破坏潜能为零，能满足环保要求。但从另一方面来看，R134a 制冷剂的分子小、相对分子质量小、渗透能力强，极易吸水，与矿物油不相溶。因此，R134a 制冷剂对压缩机内的洁净度要求更高。同时利用 R134a 制冷剂的系统还必须使用酯类或新型合成多元醇润滑油。R134a 对金属有腐蚀性，为此，压缩机内部零部件表面均作了特殊处理。R134a 标准沸点、凝固点、汽化潜热较高，其制冷量低于 R12 制冷剂 10% 左右。

（五）R600a

R600a（异丁烷）的沸点为 -11.73℃，凝固点为 -160℃，现在已作为 R12 的永久替代制冷剂。它的临界压力比 R12 低，临界温度及临界体积均比 R12 高，标准沸点比 R12 约高 18℃，压缩比高于 R12，单位容积制冷量小于 R12。

R600a 与 R12 相比，具有如下特点：

1）取材容易，有炼油工业就可生产。

2）价格低。

3）润滑油可采用原 R12 的润滑油。

4）每台冰箱充注量小，充注量约为 R12 的 40% 左右。

5）运行压力低，噪声小，能耗降低可达 5% ~10%。

但 R600a 也存在如下不足：

1）R600a 可燃，用在大冰箱或灌注量大时，如果发生泄漏可能有爆炸的危险。

2）生产过程要有安全防爆方面的投资。

3）运行压力低时，原 R12 压缩机不能继续使用，只能使用 R600a 压缩机。

五、制冷剂替换问题

（一）CFC_S（CFC）的限制和禁用

在各类制冷剂中，由于氟利昂具有许多优点，得到广泛的应用，但氟利昂是用氟、氯、溴等元素全部或部分取代饱和碳氢化合物中的氢而生成的新化合物。其中不含氢的氟利昂称作氯氟化碳，写成 CFC；含氢的氟利昂称作氢氯氟化碳，写成 HCFC；不含氯的氟利昂称作氢氟化碳，写成 HFC。近十几年的研究证明，CFC 类物质（即 CFC_S）对大气中臭氧和地球高空的臭氧层有严重的破坏作用，会导致太阳对地球表面的紫外线辐射强度增加，破坏人体免疫系统，其危害程度用大气臭氧层损耗潜能值 ODP 表示。同时 CFC_S 在大气中能稳定吸收太阳热，导致大气温度升高，加剧温室效应，其危害程度可用温室效应潜能 GWP 表示。因此，减少和禁止 CFC_S 的使用和生产，已成为国际社会环境保护的紧迫任务。根据 1987 年通过的《关于消耗臭氧层物质蒙特利尔议定书》和其他有关国际协议，规定工业发达国家在 1996 年 1 月 1 日停产和禁止使用公害物质 CFC_S，发展中国家在 2010 年完全停用。过渡性物质 $HCFC_S$ 在工业发达国家于 2020 年停用，发展中国家于 2040 年完全停用。

（二）CFC_S 替代问题

为了降低氟利昂制冷剂对大气臭氧层的破坏程度和延缓温室效应引起的全球变暖的趋势，应采取以下措施：

1）目前尽量减少 CFC_S 排放量，强化设备密封措施，研制 CFC_S 回收装置，逐年减少 CFC_S 的生产和使用。

2）逐步采用低公害的$HCFC_S$物质，如R22、R142b、R123等纯制冷剂，可由其组成的非共沸混合制冷剂过渡性替代使用。

3）最终使用ODP=0，且GWP值相对较小的物质作为制冷剂，这是从根本上解决消耗臭氧层问题的方法。目前在冰箱中，美国主要选用R134a作为制冷剂，R141b作为发泡剂。欧洲更倾向于用R600a替代R12、用环烷替代R11的方案。

第二节　载冷剂与冷冻机油

一、载冷剂概述

载冷剂又称冷媒，用于向被间接冷却的物体输送制冷系统产生的冷量。例如，中央空调系统冷水机组生产的冷冻水就是载冷剂，经组合空调机组处理后送入空调房间的空气也是载冷剂。常用载冷剂有空气、水、盐水、有机化合物及其水溶液等。

用载冷剂传递冷量，有以下优点：

1）可以将制冷系统集中在机房或一个很小的范围内，节省管道，便于密封和检漏。

2）减少制冷剂的充注量。

为提高载冷量、增强传热及减小流动阻力，选择载冷剂时，通常对载冷剂的要求如下：

1）无毒、无腐蚀性。对人体无毒，不会引起其他物质变色、变质，对金属不易腐蚀。

2）比热容大。当制冷量一定时，比热容大可使载冷剂的循环量或进出温差减小。

3）粘度小、相对密度小。相对密度小，流动时阻力损失也减小；粘度高时传热性能变差，所需传热面积要增加。

4）凝固温度低。在使用温度范围内不会凝固，呈液态。

5）传热性能好，可使传热面积减小。

6）价格低廉，易于获得。

二、常用载冷剂

（一）空气

空气作为载冷剂有较多的优点，价廉易得，但其比热容小，使用范围小。

（二）水

水是一种较理想的载冷剂。水的比热容大，密度小，化学性质稳定，腐蚀性小，无毒害，安全可靠。不足之处是，水的凝固温度为0℃，只适用于温度范围在0℃以上的工况。水在适应的温度范围内被广泛用作载冷剂，常用于大中型空调系统。在集中式空气调节系统中，水是最适宜的载冷剂。机房的冷水机组产出7℃左右的冷水，送到建筑物房间的终端冷却设备中，供房间空调降温使用。

（三）无机盐水

当制冷温度要求在0℃以下时，可使用盐水（氯化钙或氯化钠的水溶液）作载冷剂。无机盐水的凝固温度取决于无机盐的种类和配制含量。无机盐溶液冰、盐共同结晶析出的温度称为冰盐共晶点。冰盐共晶点所对应的盐水溶液的质量分数和温度，分别称为它的共晶质量分数和共晶温度。NaCl水溶液的共晶质量分数为23.1%，共晶温度为-21.2℃；$CaCl_2$水溶液共晶质量分数为29.9%，共晶温度为-55℃。盐水的凝固温度在一定范围内随质量分数的增加而降低。一般在配制无机盐水溶液时，无机盐含量不超过其共晶含量。选择盐水的浓度时，一般使对应的盐水凝固点比制冷系统制冷剂的蒸发温度低6~8℃。

无机盐水溶液对金属有一定的腐蚀作用，为减缓盐水对金属的腐蚀作用，应尽量减少盐水与空气的接触，还可在盐水中加入一定量的缓蚀剂。常用的缓蚀剂有重铬酸钠和氢氧化钠等。

（四）有机物载冷剂

对于较低温度的制冷装置，可以用有机化合物或其水溶液作为载冷剂。

有机物载冷剂包括有机液体载冷剂和有机溶液载冷剂。常见的纯有机液体载冷剂有甲醇水溶液、乙二醇水溶液、丙二醇水溶液和丙三醇水溶液、二氯甲烷、三氯乙烯等。甲醇和乙醇水溶液的密度和比热容均比其纯溶液的高。乙二醇水溶液和丙二醇水溶液的密度和比热容都较大，溶液粘度高，毒性较小。丙三醇水溶液是极稳定的化合物，无毒，对金属无腐蚀性，是良好的载冷剂。

常见有机物载冷剂的物理性质见表8-3。

表8-3 常见有机物载冷剂的物理性质

使用温度/℃	载冷剂名称	质量分数(%)	密度/(kg/m³)	比热容/(kJ/kg)	凝固点/℃
-10	氯化钙水溶液	20	1188	3.035	-15.0
	甲醇水溶液	22	970	4.061	-17.8
	乙二醇水溶液	35	1063	3.559	-17.8
-20	氯化钙水溶液	25	1253	2.809	-29.4
	甲醇水溶液	30	949	3.810	-23.0
	乙二醇水溶液	45	1080	3.308	-26.6
-35	氯化钙水溶液	30	1312		-50
	甲醇水溶液	40	963		-42
	乙二醇水溶液	55	1097		-41.6
	二氯甲烷	100	1433		-96.7
	三氯乙烷	100	1549		-88

三、冷冻机油

（一）冷冻机油的作用

冷冻机油又称为冷冻油，是制冷压缩机的专用润滑油，可保证压缩机正常运转、可靠工作和延长使用寿命，在使用中不能用通用润滑油来代替。其在制冷空调系统中的作用主要可概括如下：

1. 减少摩擦

压缩机是高速运转的机器，轴承、活塞环、曲轴、连杆等零件表面需要润滑，以减小阻力和减少磨损，延长使用寿命，降低功耗，提高制冷系数。

2. 冷却作用

运转的表面摩擦产生高温，需要用冷冻机油来冷却。冷冻机油冷却不足会引起压缩机温度过高，排气压力过高，制冷系数降低，甚至烧坏压缩机。

3. 密封作用

汽车使用的压缩机输入轴需要油封来密封，防止制冷剂泄漏，有润滑油，油封才起作用。同时，活塞环上的润滑油不仅起减磨作用，而且起密封压缩机蒸气的作用。

（二）冷冻机油的性能与要求

冷冻机油与制冷剂的溶解性可分为基本不溶解、有限溶解和无限溶解三种情况。对于氟利昂制冷系统，一般要求采用与制冷剂溶解性好的冷冻机油。

制冷系统的冷冻机油应满足以下要求：

1. 粘度适当

粘度是冷冻机油的一项主要性能指标，冷冻机油的型号主要是根据粘度划分的，不同的制冷剂选用不同粘度的冷冻机油。一般情况下，制冷系统工作温度低，应选用粘度低的冷冻机油；制冷系统工作温度高，应选用粘度高的冷冻机油。

2. 浊点应低于蒸发温度

冷冻机油中石蜡开始结晶析出时的温度称为冷冻机油的浊点。冷冻机油的浊点必须低于制冷系统的蒸发温度，否则冷冻机油析出石蜡，会造成堵塞。

3. 凝固点应低

冷冻机油在制冷系统循环流动过程中，应保持流体状态，若出现凝固，就失去了作用，因此，凝固点应足够低。比如 R12、R22 制冷系统的冷冻机油凝固点应分别低于 -30℃ 和 -40℃。

4. 闪点要高

闪点是冷冻机油蒸气与火焰接触时出现闪火的最低温度。制冷系统中压缩机排气时温度最高，为避免出现闪火现象，冷冻机油的闪点应高于压缩机排气温度 20～30℃。

5. 化学稳定性好

冷冻机油与制冷剂相互溶解，循环于整个制冷系统，在温度较高的部件中，不能发生分解、氧化等化学反应，同时与金属管道、密封材料接触，不能产生具有腐蚀作用的物质。

6. 其他

冷冻机油还须具备绝缘性能好、杂质含量低等优点。

（三）冷冻机油的规格与选用

1. 规格

冷冻机油按国家标准 GB/T 16630—1996 的规定分为 L-DRA/A、L-DRA/B、L-DRB/A、L-DRB/B 四个品种，每个品种中又以粘度等级划分出 5～9 种规格，因而该标准共计规定了 24 种规格。冷冻机油的规格区分是以 40℃ 时运动粘度为基准的，如 46 号油即指 40℃ 时运动粘度为 41.4～50.6mm^2/s 的油品。冷冻机油常见的粘度等级（牌号）有 15、22、32、46、68 等。

2. 选用

选用冷冻机油的常规要求是：透明度好，若浑浊变色，说明油已变质，不能使用；粘度适宜，粘度过大会增加压缩机功耗，粘度过小则摩擦面间不能形成必要的油膜，会加快磨损；闪点高；凝固点低；化学稳定性好，与系统中材料有相溶性；不含水分、机械杂质、溶胶等，避免产生冰堵、镀铜、脏堵、加快磨损等现象。GB/T 16630—1996 标准规定的冷冻机油均为矿物油或合成烃油，主要适用于制冷剂为氨、CFC 类（如 R12）和 HCFC 类（如 R22）的制冷压缩机；对于制冷剂为 HFC 类（如 R134a）的压缩机应采用酯类油；对于混合制冷剂（如 R22/R152a/R124），则采用烷基苯润滑油。冷冻机油新旧标准粘度等级对照见表8-4。

表8-4 冷冻机油新旧标准粘度等级对照

新粘度等级(牌号)(国际GB/T 16630—1996以40℃为基准)	旧粘度等级(牌号)(原部标SY1213以50℃为基准)	新粘度等级(牌号)(国际GB/T 16630—1996以40℃为基准)	旧粘度等级(牌号)(原部标SY1213以50℃为基准)
15	13	46	25、30
22	13	68	40
32	18		

(四) 冷冻机油的更换和检查方法

1. 冷冻机油的更换

制冷机在正常运转时，消耗的冷冻机油极少，但运转一定时期以后，如果系统内混入水分和杂质，使润滑油恶化变质，则有必要予以更换。

全封闭式压缩机采用氟利昂制冷剂时，一般家用电冰箱选用18号冷冻机油（HD18），空调器使用25号冷冻机油（HD25），氨制冷压缩机使用的是国产13号和25号冷冻机油（HD13和HD25），汽车空调一般有国产18号或25号冷冻机油，进口冷冻机油一般使用日本的Suniso3GS～5GS。国产冷冻机油的性能见表8-5。

表8-5 国产冷冻机油的性能

技术参数 \ 序号	13号	18号	25号	30号
运动粘度40℃/(m^2/s)	$(11.5\sim14.5)\times10^{-6}$	$>18\times10^{-6}$	25.4×10^{-6}	30×10^{-6}
凝固点/℃	< -40	< -40	< -40	< -40
开口闪点/℃	<160	<160	<170	<180
酸值(每克中KOH的含量)/mg	<0.14	<0.03	<0.02	<0.01
灰分(%)	<0.012	—	—	—
机械杂质(%)	无	无	无	无
水分(%)	无	无	无	无

2. 冷冻机油的简单检查方法

冷冻机油变质的简单检查方法是在白色干净的吸墨纸上，滴一滴冷冻机油，过一段时间后，若油迹浅而均匀，说明冷冻机油质量正常。若油滴中央部分有黑色斑点，则说明这种油已经不能使用，必须重新提炼后方能使用。优质的冷冻机油应是无色透明的，使用一段时间后变成淡黄色，随着时间延长，油的颜色逐渐变深。

冷冻机油是不制冷的，而且会妨碍热交换器的换热效果，所以只允许加到规定的用量，不允许过量使用，以免降低制冷量。

【思考题与习题】

8-1 压缩式制冷对其采用的制冷剂的热力学性质有哪些基本要求？为什么要有这些要求？

8-2 载冷剂的作用是什么？对载冷剂的性质有哪些基本要求？

8-3 为什么原采用 R12 制冷剂的制冷装置不能任意将制冷剂更换为 R22？

8-4 何为 CFC 类物质？为何要限制和禁用 CFC 类物质？

8-5 采用盐水作载冷剂时，如何减小它对金属的腐蚀作用？

8-6 R12 较 R22 禁用时间早，那么在设计新型冰箱时，是否可以考虑采用 R22 作制冷剂？为什么？

8-7 比较 R12 与 R22 的热力学性质，说明为什么电冰箱选用 R12 作为制冷剂，而房间空调器却选用 R22 作为制冷剂？

8-8 冷冻机油的性能要求如何？如何选用冷冻机油？

8-9 R134a 与 R12 相比有哪些特点？

8-10 在常温常压条件下，为什么看不见 R134a、R22、R717 的液体？为什么能够看见水的存在？

第九章　制冷循环

【学习目标】

1. 掌握单级蒸气压缩式制冷循环；
2. 理解多级蒸气压缩式制冷循环；
3. 理解复叠式制冷循环；
4. 理解吸收式制冷循环；
5. 了解蒸气喷射式制冷循环、混合制冷剂制冷循环、空气压缩式制冷循环及其他制冷循环。

第一节　单级蒸气压缩式制冷循环

蒸气压缩式制冷是利用低沸点的液态工质（如氟利昂等制冷剂）沸腾汽化时，从制冷空间介质中吸热来实现制冷的。这种制冷方法利用制冷剂的液-气集态的变化过程，实现等温吸热和放热，使制冷循环较为接近逆卡诺循环，从而提高制冷系数。又由于工质的汽化潜热一般较大，能提高单位质量工质的制冷能力，因此这种制冷方式有广泛的应用。

在蒸气压缩式制冷中，对制冷剂蒸气只进行一次压缩，称为单级蒸气压缩。

下面介绍单级蒸气压缩式制冷系统的基本组成与制冷循环。

一、制冷系统与制冷循环

单级蒸气压缩式制冷系统主要由制冷压缩机、冷凝器、膨胀阀和蒸发器四大部件组成，如图 9-1 所示。实际的制冷装置中根据需要增加了一些辅助设备，如油分离器、贮液器、气液分离器等。

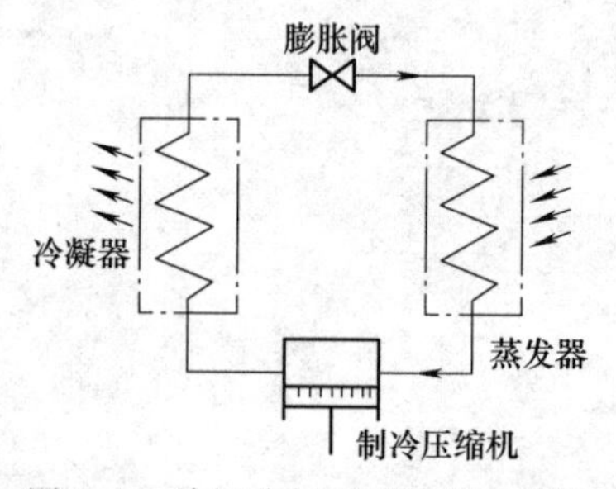

图 9-1　单级蒸气压缩式制冷系统

蒸气压缩式制冷系统使用的制冷剂是常压下沸点低于 0℃的物质，例如 R12 和 R22 在一个大气压下的沸点分别是 -29.8℃和 -40.8℃。制冷剂在制冷系统中循环流动，整个循环过程主要由压缩、冷凝、节流和蒸发四个过程组成，每个过程在不同的部件中进行，具体情况如下：

（一）蒸发过程

蒸发过程是在蒸发器中进行的。蒸发器由一组或几组盘管组成，是制冷系统冷量输出设备，也是制冷剂状态变化和与外界进行热量交换的部位。低温液态制冷剂进入蒸发器盘管流动时，通过管壁吸收盘管周围介质（空气或水）的热量沸腾汽化，使盘管周围的介质温度降低或保持一定的低温状态，从而达到制冷的目的。因此，蒸发器盘管应置于需要制冷的空间介质中。

制冷剂在蒸发器盘管内沸腾汽化时保持温度和压力不变，相应的温度和压力称为蒸发温度和蒸发压力，分别用 t_0 和 p_0 来表示。蒸发温度随蒸发压力的增大而升高，它们有确定的对应关系。由于蒸发温度通常都很低，因而对应的蒸发压力也不高。

（二）压缩过程

制冷循环的压缩过程是在压缩机中进行的。压缩机的作用就是将从蒸发器流出的低温低压制冷剂蒸气压缩，使蒸气的压力提高到与冷凝温度对应的冷凝压力，从而保证制冷剂蒸气能在常温下被冷凝液化。制冷剂蒸气经压缩机压缩后，温度也提高了，因此，制冷剂在压缩机中是由低温低压的蒸气变为高温高压的蒸气。

（三）冷凝过程

冷凝过程是在冷凝器中进行的。冷凝器是制冷系统中输出热量的设备，为了制冷剂能够反复利用，需将从蒸发器流出的制冷剂蒸气冷凝还原为液态，冷凝器就是让从压缩机输出的气态制冷剂向环境介质放热冷凝液化的换热器。

制冷剂蒸气在冷凝器中冷凝液化时也保持温度和压力不变，相应的温度和压力分别称为冷凝温度和冷凝压力，用符号 t_k 和 p_k 来表示。冷凝温度随冷凝压力的增大而升高，它们也有确定的对应关系。

（四）节流过程

节流过程是在膨胀阀中完成的。冷凝器冷凝得到的液态制冷剂的温度和压力为冷凝温度和冷凝压力，要高于蒸发温度和蒸发压力，在进入蒸发器前需使它降温降压。为此，让冷凝液先流经膨胀阀或毛细管绝热节流，将压力和温度降至需要的蒸发温度和蒸发压力后再进入蒸发器蒸发制冷。

综上所述，制冷系统工作时，制冷压缩机将蒸发器所产生的低压、低温制冷剂蒸气吸入气缸内，经压缩压力升高，温度也升高，当压力稍大于冷凝器内的压力时，将气缸内的高压制冷剂蒸气排到冷凝器中，所以制冷压缩机起着压缩和输送制冷剂的作用。在冷凝器内高压高温的制冷剂蒸气与温度较低的空气（或常温水）进行热交换而冷凝为液态制冷剂。这时液态制冷剂再经过膨胀阀降压降温后，进入蒸发器，在蒸发器内吸收被冷却物体的热量而再次汽化。这样，被冷却物体便得到冷却；而制冷剂蒸气又被制冷压缩机吸走。因此，制冷剂在系统中经过压缩、冷凝、膨胀和蒸发四个过程，完成一个循环。

二、制冷系统中制冷剂的状态

（一）制冷剂在低压侧的状态变化

从膨胀阀经过蒸发器到制冷压缩机吸气口之间为低压侧，在低压侧的任何地方都具有相等的低压侧压力，用符号 p_0 来表示。低压侧压力实际上等于蒸发器内的压力（即蒸发温度下的饱和压力），所以蒸发温度的数值可以从低压侧压力表的读数经核查制冷剂热力特性表得知。

在低压侧，制冷剂保持一定的低压 p_0，与此同时，制冷剂不断从周围吸取热量，其状态变化主要是蒸发，如果蒸发结束之后依然吸热，就会出现过热现象。因此制冷压缩机所吸入的如果是干饱和蒸气，则制冷剂在低压侧的压力 p_0 不变，蒸发温度 t_0 不变；如果压缩机吸入的是过热蒸气，则制冷剂的温度将上升。

（二）制冷剂在高压侧的变化

从制冷压缩机出口经冷凝器到膨胀阀之前这一段为高压侧。在高压侧的任何地方都具有相等的高压侧压力，用符号 p_k 表示。高压侧的压力实际上等于冷凝器内的压力，即在冷凝温度下制冷剂的饱和压力，所以冷凝温度的数值可通过高压侧压力表的读数经核查制冷剂热力特性表可以得知。

在高压侧，制冷剂保持着一定的高压 p_k，并且制冷剂要向周围环境散发热量。制冷剂的状态变化主要是冷凝液化，在冷凝液化过程中压力保持不变，状态由气态变为液态。此外也存在过热蒸气的冷却及饱和液的过冷。

（三）制冷剂在制冷压缩机中的压缩

制冷剂由于被压缩，体积缩小，压力由低压 p_0 上升到高压 p_k。随着压力和比体积的变化，制冷剂的温度升高。一般来讲，制冷剂被压缩后变为过热蒸气。

由于压缩是在极短的时间内完成的，所以可认为在这极短的时间内，制冷剂与外界没有热量交换，可近似认为是绝热压缩。在绝热压缩时，制冷剂与外界无热量交换，所加给制冷剂的机械功都转变成热，致使制冷剂蒸气温度升高，压力变大，但是在绝热压缩过程中制冷剂的熵值不变。

（四）制冷剂在膨胀阀中的节流膨胀

制冷剂由冷凝器到达膨胀阀时，一般是高压 p_k 的过冷液。当制冷剂在通过膨胀阀的狭窄阀路或毛细管的狭长管路时，由于阻力的作用，使制冷剂的压力从高压 p_k 降到低压 p_0。但是这个变化是瞬间形成的，这时的制冷剂与外界既没有热的交换（即绝热膨胀），又没有做功，因而在能量上并没有多少变化，制冷剂的焓保持一定。但因压力降低的缘故，温度也将随之下降。加之一部分液态制冷剂变为蒸气（闪发蒸气），体积显著增大，所以进入蒸发器时制冷剂已变为液态和蒸气的混合状态，即湿蒸气，它的压力是蒸发器中的压力 p_0。所以经节流膨胀后的制冷剂温度是在低压 p_0 下的饱和温度，即为蒸发温度 t_0。

制冷剂通过膨胀阀时，在膨胀阀中发生的变化（即焓值一定，压力下降，比体积增大）称为节流膨胀。

综上，制冷剂在制冷系统四大部件中的状态见表9-1。

表 9-1　制冷剂状态

制冷系统部件	制冷剂状态	温度变化	压力变化
压缩机	气态	低温→高温	低压→高压
冷凝器	气态→气、液共存→液态	高温→中温	高压
膨胀阀	液态	中温→低温	高压→低压
蒸发器	液态→气、液共存→气态	低温	低压

三、单级蒸气压缩的实际制冷循环

（一）实际制冷循环分析

实际循环中，为了防止压缩机液击和节流汽化现象的产生，离开蒸发器进入压缩机的制冷剂蒸气往往是过热蒸气，离开冷凝器进入膨胀阀的液体也往往是过冷液体。同时，制冷剂在压缩机中的压缩过程不是等熵压缩，制冷剂通过膨胀阀的节流过程也不可能完全绝热，节流后比焓值会有所增加。在蒸发器和冷凝器处也会存在传热温差，即制冷剂的冷凝温度高于冷却介质的温度，蒸发温度低于被冷却介质的温度。同时也要考虑制冷剂在管道及设备内的流动存在的压力损失并与外界存在的热量交换。综合以上因素，下面对单级蒸气压缩的实际制冷循环进行分析。

1. 节流前制冷剂的过冷循环

由于制冷剂液体经膨胀阀进行节流后，易产生一些闪发气体，使正在蒸发器中进行汽化吸热的液态制冷剂流量减少，制冷量下降。

液体过冷是指液体制冷剂的温度低于同一压力下饱和液体的温度，两者的温差称为过冷度。为防止节流汽化现象产生，在实际制冷循环中，膨胀阀前的液态制冷剂温度通常要低于冷凝压力下所对应的饱和温度，成为该压力下的过冷液体，有效地减少了节流后产生的闪发气体。同时，由于进入蒸发器的制冷剂为过冷液体，焓值较低，从而增加了单位制冷剂的制冷量。这种采用过冷制冷剂液体进行的制冷循环称为过冷循环。

过冷循环的压焓图如图 9-2 所示，其中 1—2—3—4—1 为理论循环，1—2—3′—4′—1 表示过冷循环。其中 3—3′表示制冷剂在冷凝器中完全液化后继续冷却的过冷过程，温度差 $\Delta t_3 = t_3 - t_3'$称为过冷度，一般为 3 ~ 5℃。从图 9-2 中可以看到，过冷循环过程 1—2—3′—4′—1 与无过冷循环过程 1—2—3—4—1 相比较，点 4′的干度小于点 4 的干度，因此在过冷循环中节流后产生的蒸气少，单位质量制冷剂的制冷量增加了 Δq_0，$\Delta q_0 = h_4 - h_4'$。

由于循环的单位压缩功没有变化，从而使整个循环的制冷系数得到了提高。因此，过冷循环可以提高制冷系统的经济性而被广泛采用。

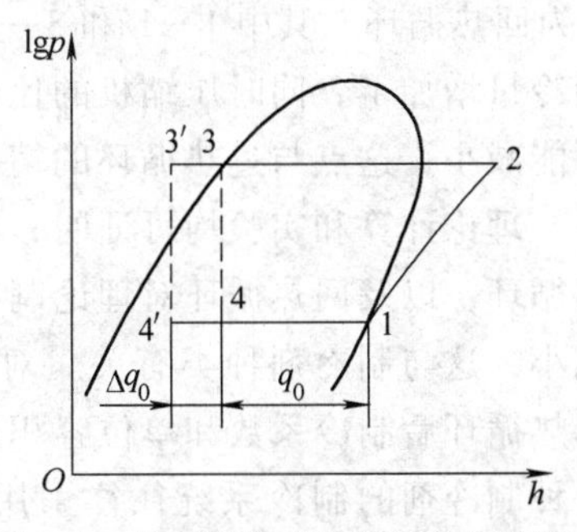

图 9-2 具有液体过冷循环的压焓图

在实际应用中主要通过以下方式来实现过冷循环：

1）在冷凝器之后（膨胀阀之前）增设“再冷却器”（或称“过冷器”）。

2）冰箱空调中将节流毛细管贴焊在（或穿入）低压回气管上（或管中），可以同时实现制冷液“过冷”和低压回气“过热”。

对于 R12 制冷循环来说，过冷循环可提高制冷系统的经济性，而对于氨制冷系统，不能提高制冷系数，因此不采用过冷循环。

2. 蒸气压缩式制冷的过热循环

在蒸气压缩式制冷的理论循环中，制冷剂离开蒸发器进入制冷压缩机时的状态是干饱和蒸气。但实际上工作循环中制冷压缩机吸入的制冷剂蒸气通常为过热蒸气，而不是干饱和蒸气，因为干饱和蒸气接近湿蒸气状态，如果制冷装置运行工况稍有变化，制冷压缩机就可能吸入湿蒸气，导致制冷压缩机气缸产生液击，损坏阀片。如果让干饱和蒸气在进入制冷压缩机之前吸收热量，使其温度上升至高于汽化压力所对应的饱和温度，成为该压力下的过热蒸气，这样的制冷循环称为过热循环。过热蒸气的温度与干饱和蒸气的温度差称为过热度。

图 9-3 所示为蒸气过热循环的压焓图，图中 1—2—3—4—1 为理论循环，1′—2′—3—4—1′为实际制冷循环。其中，1—1′表示制冷剂蒸气的过热过程，温度差 $\Delta t_1 = t_1' - t_1$ 称为过热度。1′—2′为过热蒸气制冷剂在制冷压缩机气缸内的压缩过程。由于压焓图上的等熵线是不平行的，因此，$h_2' - h_1'$大于 $h_2 - h_1$，也就是说制冷剂蒸气过热后压缩功增加了。这时，如果制冷剂蒸气是通过吸收周围环境的热量达到过热，它没有吸收被冷却介质的热量产生制冷

效应，即没有被有效地应用于制冷过程，则系统的制冷系数就会下降，这种过热称为“无效过热”。如果过热过程在蒸发器中进行，过热是通过吸收被冷却介质的热量来完成的，这种过热称为“有效过热”。而有效过热的制冷系数究竟是增大还是减小，要看耗功与制冷量两者的变化情况而定，这就与制冷剂的特性有关。对于R12来说，制冷循环采用过热后可提高制冷系数；对于R22来说，制冷循环采用过热效果不明显，制冷系数变化不大；对于R17来说，制冷循环采用过热后制冷系数下降了。

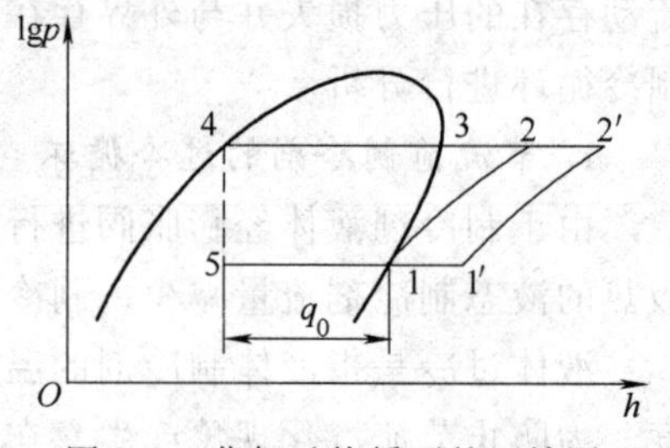

图9-3　蒸气过热循环的压焓图

3. 蒸气压缩式制冷的回热循环

制冷剂在制冷循环过程中，如果实现了节流前的过冷和制冷压缩机吸气过热，而且不是通过与外界介质的热交换，而是利用流出蒸发器的低温制冷剂蒸气与流出冷凝器的液体进行热交换，这样既能减轻吸气管道中的有害过热，又使节流前的液体制冷剂达到了过冷，这种制冷循环就称为回热循环。为了实现这种循环，在制冷系统中通常增设一个热交换器，称为回热器。

回热循环的压焓图如图9-4所示。其中1—2—3—4—1为理论循环，1′—2′—3′—4′—1′为回热循环。其中1—1′和3—3′表示回热过程。从压焓图中可看出，回热循环的单位质量制冷量增加了，同时压缩机的比功也增加了。因此，回热循环的制冷系数有可能增加，也有可能减小，这点与过热循环的情况类似。

理论计算和实验均可证明，在实际应用中是否采用回热循环，以及回热循环对理论制冷系数的作用是增大还是减小，这与制冷剂种类有关。对于R12和R502，在采用回热循环后制冷系数和单位容积制冷量均有提高，所以这两种制冷剂的制冷系统往往采用回热循环；R717和R11等制冷剂采用回热循环后制冷系数反而降低，所以它们的制冷系统不采用回热循环；R22则处于上述两种情况之间，应用回热循环后性能指标无明显变化。

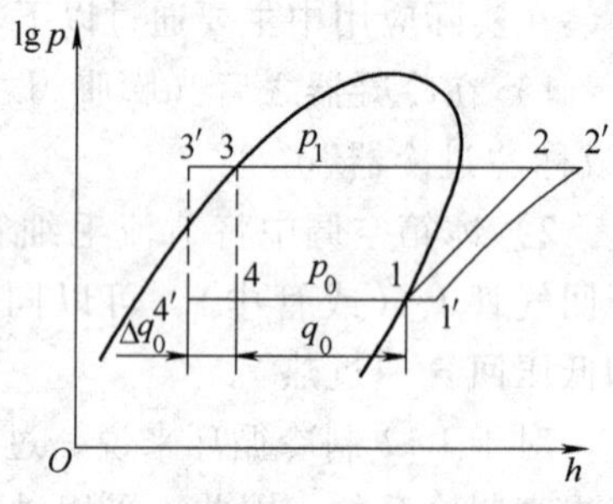

图9-4　回热循环的压焓图

4. 管道换热及压力损失对循环性能的影响

（1）压缩机的吸气管道　根据前面的过热分析可知，压缩机的吸气管道中的热交换没有被有效地应用于制冷过程，因此是无效的，它使制冷系数下降。同时，管道中存在压力损失，制冷剂压力的降低将会使压缩机吸气比体积增大，压缩机的压力比增大，单位容积制冷量减小，压缩机比功增大，制冷系数下降。通常采用的克服方法是扩大吸气管的管径，减少阀门、弯头等阻力器件。

（2）压缩机的排气管道　压缩机排出的气体是高温高压的制冷剂蒸气，排气温度远远高于环境温度，热量由高温物体向低温物体传递的过程是自然换热过程。因此，压缩机的排气管道的热交换不影响制冷循环的性能，反而能减轻冷凝器的热负荷。但是排气管道中有压力损失，压力下降会增大压缩机的压力比和比功，使制冷系数下降。

（3）液体管道　液体管道是指从冷凝器出口到膨胀阀入口之间的管道。如果从冷凝器出口的制冷剂温度高于环境温度，热量由制冷剂传向周围介质，会使制冷剂温度降低，即制冷液过冷，提高制冷系数。但若环境温度低于冷凝温度，就会有部分制冷液汽化，使制冷量减小。同时液体管道中的压力降将引起部分饱和液汽化，减小了制冷量。引起管道中压力降的主要原因不是流体与管壁的摩擦，而是液体流动中的高度变化引起的压力差。

设制冷液流出冷凝器时压力为 p_1，与液体过冷后温度对应的饱和压力为 p_2，则两者之差满足

$$p_1 - p_2 \geqslant \frac{g(h_2 - h_1)}{v}$$

时制冷液才不会汽化。

式中　g——重力加速度值；

v——比体积；

$(h_2 - h_1)$——液体允许垂直上升的高度差。

由此可知，系统设计时，一般将冷凝器装在膨胀阀的上方，如不是，则高度差不能超过 $(h_2 - h_1)$。

(4) 两相管道　两相管道是指从膨胀阀出口到蒸发器入口之间的管道。由于制冷剂在这段管道中的温度通常比环境温度要低，因此，制冷剂会通过管道吸热。如果系统中膨胀阀安装在被冷却的空间内，则将产生有效的制冷量；膨胀阀如果安装在室外，则制冷量将减小，此时这段管道必须保温。压力降低无论发生在膨胀阀，还是发生在管道中，对系统的制冷性能没有影响。因此，这段管道中的管压降无关紧要。

(5) 蒸发器和冷凝器　在讨论蒸发器和冷凝器管道压力损失对循环的性能影响时，要假定不改变制冷剂现有的状态。

假定不改变蒸发器出口制冷剂的状态，为了克服制冷剂在蒸发器中的流动阻力，必须提高蒸发器入口处的压力，从而提高蒸发温度，使传热温差减小，达到同样的制冷量需增大传热面积或降低蒸发器出口的压力，从而使压缩机的压缩比功增大，制冷系数减小。

假定冷凝器出口制冷剂的压力不变，为了克服制冷剂在冷凝器中的压力损失，必须提高冷凝器入口制冷剂的压力，从而要求压缩机的排气压力升高，压缩比增大，压缩机消耗的功增大，制冷系数降低。

另外，蒸发器和冷凝器中传热温差的存在，也会使制冷系数降低。在实际的制冷循环中，制冷剂与冷、热源之间的传热温差必须有合适的数值。如果数值大，循环的效率就会降低；如果数值小，为满足要求，传热面积必须增大。

(6) 压缩机　理论循环中，压缩机的压缩过程为等熵绝热过程。实际上，在压缩的开始阶段，由于气缸壁温度高于吸入的制冷剂温度，因而制冷剂与气缸壁间有热量交换；当制冷剂蒸气被压缩一定阶段后，制冷剂的温度高于气缸壁的温度，制冷剂与气缸壁之间也有热量交换。同时，制冷剂气体与吸、排气阀片之间有热交换和压力损失，气体容易通过活塞与气缸壁间隙处泄漏，这些因素都会使制冷量下降，压缩机消耗的功率增大。

(二) 实际循环的压焓图

实际循环要综合以上因素来考虑，由于实际循环的复杂性，很难利用理论模型进行分析，为了分析和计算的方便，通常将实际循环作一些简化。简化的实际循环在压焓图上的表示如图 9-5 所示。

图 9-5 中 1—1′表示蒸气在蒸发压力下的过热过程，1′—2′表示蒸气在压缩机内的实际

压缩过程，2′—2 表示等压排气过程，2—3 表示冷凝器中的冷却过程，3—4 表示冷凝器中的冷凝液化过程，4—4′表示冷凝液的过冷过程，4′—5 表示等焓节流过程，5—1 表示等压蒸发过程。

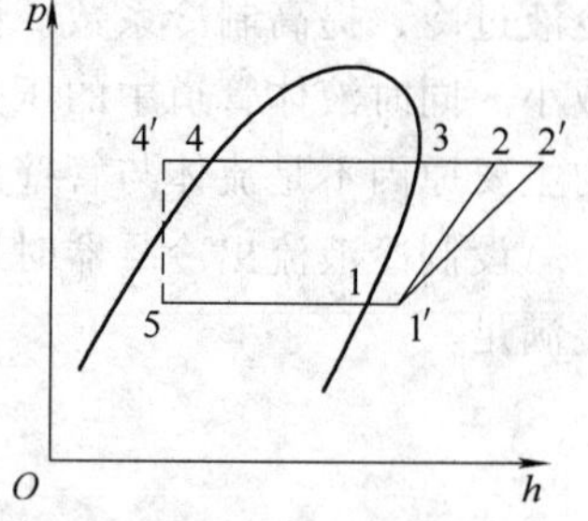

图 9-5　单级蒸气压缩式制冷简化的实际循环压焓图

经过简化后，可方便对实际循环进行热力计算。实践证明，如此简化计算的误差较小。其计算方法与理论循环的计算方法相同，在此不详细介绍。

在实际循环中，还要考虑蒸发温度和冷凝温度对循环性能的影响，在实际应用中发现，当冷凝温度升高或蒸发温度下降时，制冷循环的制冷系数是减小的；反之，制冷系数是提高的。因此，在满足要求的前提下，一般会对冷凝温度进行控制，不使其过高，同时，应尽量提高蒸发温度。

第二节　多级蒸气压缩式制冷循环

一、采用多级压缩式制冷循环的原因

由于生产和技术上的需要，当对制冷温度要求较低时，单级制冷循环即使选用合适的制冷剂，其蒸发温度也只能达到 -25 ~ -35℃。当单级压缩制冷无法满足需要时，就要考虑采用多级蒸气压缩制冷循环了。

单级蒸气压缩式制冷循环要达到最低蒸发温度，则要降低蒸发压力，因而使压缩机压缩比增大。同时，随着蒸发温度的降低，制冷剂经膨胀阀节流后的干度增大，节流损失增大，制冷循环的制冷系数降低。

单级压缩所能达到的最大压缩比与机器的设计性能、制造质量、运行条件、制冷剂种类等有关，一般为 8 ~ 10。我国规定，对于 R717（NH_3），$p_k/p_0 \leqslant 8$；对于 R12 和 R22，$p_k/p_0 \leqslant 10$。

当压缩比 $p_k/p_0 = 10$ 时，在不同的冷凝温度下，一些常用的中温制冷剂所能达到的最低蒸发温度见表 9-2。

表 9-2　压缩比为 10 时一些常用中温制冷剂的最低蒸发温度

制冷剂	冷凝温度/℃				
	30	35	40	45	50
R717	-30.5	-27.2	-24.4		
R12	-37.2	-34.2	-31.5		
R22	-36.8	-33.8	-31.1	-28.3	-25.4

因此，如果要获得较低的蒸发温度（一般为 -30 ~ -65℃），又要使压缩比控制在一个合理的范围内，就需要采用多级压缩制冷，本节重点介绍两级压缩制冷循环。

二、两级压缩制冷循环

（一）两级压缩制冷循环的类型

在两级压缩制冷循环中，把压缩过程分为两个阶段进行，即来自蒸发器的低压蒸气先在

压缩机的低压级压缩到适当的中间压力，经中间冷却器冷却后进入高压级，然后在高压级进一步压缩到冷凝器所需的冷凝压力。

两级压缩可以使每一级的压缩比都比较适中，一般限制在10以下，系统的总压缩比是两级压缩比的乘积。这样既可以得到较高的压缩比，又可以改善压缩机的性能。

由于两级压缩制冷循环所用节流级数及中间冷却方式的不同，可以进行如下分类：

1. 按照制冷循环中间冷却方式分类

按照制冷循环中间冷却方式可分为中间不完全冷却和中间完全冷却两种制冷循环。

（1）中间不完全冷却制冷循环　中间不完全冷却制冷循环是指从低压级压缩机排出的制冷剂蒸气经过中间冷却时没有冷却为中间压力下的饱和蒸气，而进入高压级压缩机进行下一步压缩。

（2）中间完全冷却制冷循环　中间完全冷却制冷循环是指从低压级压缩机排出的制冷剂蒸气经过中间冷却时完全冷却为中间压力下的饱和蒸气，然后再进入高压级压缩机进行下一步压缩。

实际应用中采用哪一种冷却方式，与所用制冷剂有关，对于氨，一般采用中间完全冷却系统，而对于氟利昂，采用中间不完全冷却系统。

2. 按照制冷循环中制冷剂节流方式分类

按照制冷循环中制冷剂节流方式可分为一级节流循环和二级节流循环。

（1）一级节流循环　一级节流循环是指制冷剂液体经过膨胀阀时其压力由冷凝压力直接降压到蒸发压力。

（2）二级节流循环　二级节流循环是指制冷剂液体经过膨胀阀时其压力由冷凝压力并不是直接降压到蒸发压力，而是先降压到中间压力，然后再由中间压力经过二级膨胀阀节流降压到蒸发压力。

两者相比，一级节流循环比较简单，制冷剂直接从冷凝压力 p_k 节流到蒸发压力 p_0，压差大，可实现远距离供液或向高层冷库供液，而且容易调节，因此实际生产中应用较多。

（二）两级压缩制冷循环分析

1. 一级节流中间完全冷却循环

两级压缩氨制冷系统大多采用一级节流中间完全冷却循环。

图9-6所示为两级压缩一级节流中间完全冷却循环系统工作原理。其循环为：

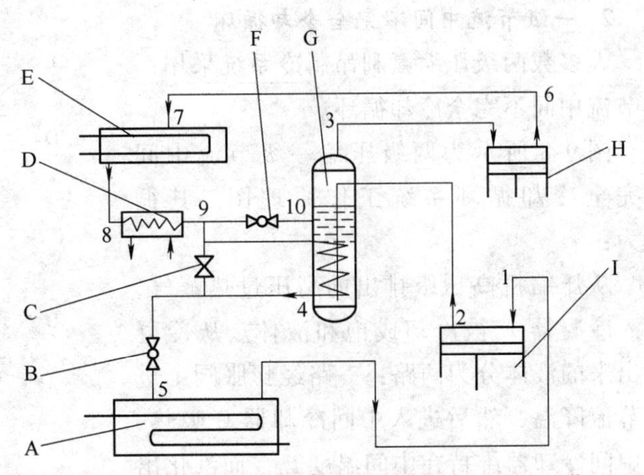

图9-6　两级压缩一级节流中间完全冷却循环系统工作原理

A—蒸发器　B—膨胀阀1　C—旁通阀　D—再冷却器　E—冷凝器　F—膨胀阀2　G—中间冷却器　H—高压压缩机　I—低压压缩机

来自蒸发器A的低压蒸气，经低压压缩机I压缩至中间压力 p_m 后排入中间冷却器G，被其中的氨液冷却到中间压力下的饱和温度 t_m，再进入高压压缩机H，压缩到冷凝压力 p_k，然后进入冷凝器E冷凝成液体。从冷凝器出来的氨液经再冷却器D进一步降低温度后分为两路：

一路经膨胀阀 1 节流到中间压力 p_m，然后进入中间冷却器 G 吸热，使中间冷却器中来自低压级的排气充分冷却，中间冷却器中汽化出来的氨蒸气与低压压缩机 I 的排气一起被高压压缩机吸收压缩；另一路则在中间冷却器的盘管内被冷却后流经膨胀阀 2 节流降压到蒸发压力 p_0，再进入蒸发器 A 蒸发制冷，完成一个制冷循环。

该循环中制冷剂直接从冷凝压力节流降压为蒸发压力，节流前的液体在中间冷却器中完全冷却。

该循环的 T-s 图和 p-h 图如图 9-7 所示。

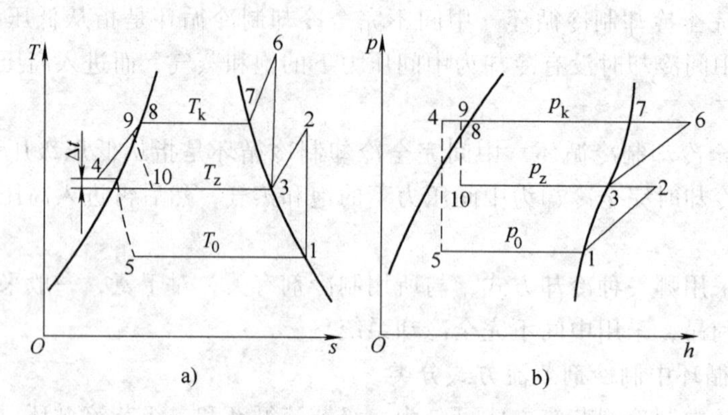

图 9-7　两级压缩一级节流中间完全冷却循环的 T-s 图和 p-h 图

图 9-7 中过程线 1—2 为氨蒸气在低压压缩机中的压缩过程，2—3 为低压压缩机排出的压力为 p_m 的氨蒸气在中间冷却器中的冷却过程，3—6 为来自中间冷却器压力为 p_m 的氨蒸气在高压压缩机中的压缩过程，6—7 为从高压压缩机排出的高压氨蒸气在冷凝器中的冷却过程，7—8 为氨蒸气在冷凝器中的冷凝放热过程，8—9 为氨液的过冷过程。此后氨液分为两路：一路为 9—10—3，是一部分节流后的氨液在中间冷却器中吸热逐渐汽化为氨蒸气，其中 9—10 为氨液在膨胀阀 1 中的节流过程，10—3 为氨液在中间冷却器内的蒸发吸热汽化过程；另一路为 9—4，是氨液在中间冷却器盘管内的冷却过程，4—5 为这部分氨液在膨胀阀 2 中的节流过程，5—1 为低压氨在蒸发器中吸热汽化的制冷过程。

2. 一级节流中间不完全冷却循环

大多数两级压缩氟利昂制冷系统采用一级节流中间不完全冷却循环。

图 9-8 所示为两级压缩一级节流中间不完全冷却循环系统工作原理图。其循环为：

从压缩机高压级排出的高压过热蒸气，进入冷凝器 E 被冷却成饱和液体。从冷凝器出来的液体分为两路：一路经膨胀阀 1 进行节流降温，然后进入中间冷却器 C 吸热，使中间冷却器维持在中间温度 t_m，而汽化出来的干蒸气与低压级排气混合作为高压级的吸气，经高压级压缩后变成过热蒸气，至此

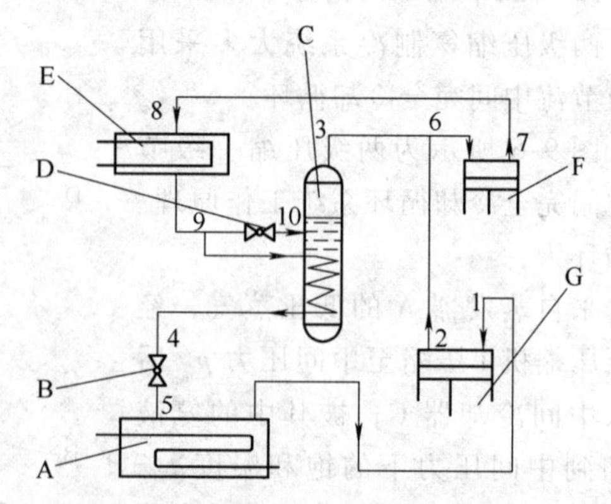

图 9-8　两级压缩一级节流中间不完全冷却循环系统工作原理

A—蒸发器　B—膨胀阀 2　C—中间冷却器　D—膨胀阀 1　E—冷凝器　F—高压压缩机　G—低压压缩机

构成一个高压级的循环回路；另一路饱和液体经中间冷却器 C 过冷后变成过冷液，经膨胀阀 2 节流后变成低压液体，进入蒸发器 A 汽化制冷，然后变成饱和蒸气，在低压级压缩后变成过热蒸气，混合后进入高压级，经压缩后变成高压级排气，形成另一个循环，这是实现低温制冷的主循环。

从图 9-8 中可看出，中间不完全冷却循环与中间完全冷却循环的主要区别是：低压压缩机的排气不在中间冷却器中冷却，而是与中间冷却器中产生的饱和蒸气在管道中混合后进入高压压缩机。因此，高压压缩机吸入的不是中间压力下的饱和蒸气，而是过热蒸气，这也使中间冷却器的结构比较简单。中间不完全冷却循环高压压缩机的排气温度会高于中间完全冷却循环的排气温度，但由于氟利昂制冷剂在压缩过程中温升较小，因而影响不大。

整个制冷循环中有三个压力：冷凝压力 p_k（高压）、蒸发压力 p_0（低压）和中间压力 p_m，它既是低压级的排气压力，也是高压级的吸气压力。

如果要确定中间压力，一般取

$$p_m = \sqrt{p_0 p_k}$$

从上式得到的 p_m，使高低压级的压缩相等，此情况虽然使制冷系数偏离最佳值，但可使压缩机气缸工作容积的利用率较高，比较实用。

图 9-9 所示为该循环的 $p-h$ 图和 $T-s$ 图，图中 6 表示低压压缩机的排气与从中间冷却器中来的饱和蒸气在管路中混合后的状态，即为高压压缩机的吸气状态。图 9-9 中各过程线与图 9-5 类似，不再细述。

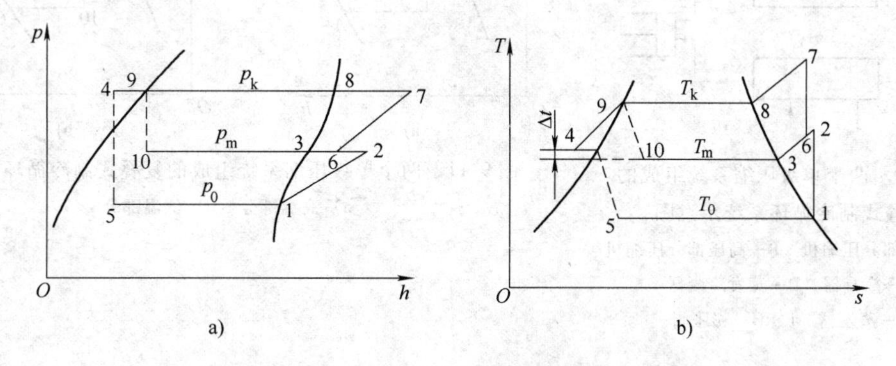

图 9-9　两级压缩一次节流中间不完全冷却循环的 p-h 图和 T-s 图

第三节　复叠式制冷循环

科研和生产对低温的要求越来越高，如需要 -70 ~ -120℃ 的低温箱、低温冷库等。但是，采用单一制冷剂的多级压缩制冷循环会遇到蒸发压力过低或制冷剂凝固等问题，如 R12、R22 在 -80℃时，蒸发压力已低于 0.01MPa，而氨在 -77.7℃时，已经凝固了。同时，蒸发温度过低引起的蒸发压力过低，这样，一方面会使蒸发器与外界的压差增大，空气渗入系统的可能性增加，影响系统的正常工作；另一方面，会使压缩机实际吸入气缸的气体减少，为达到制冷量，需增加压缩机气缸的尺寸。

由于上述原因，当需要蒸发温度低于 -70℃时，就要采用两种或两种以上制冷剂组成的复叠式制冷循环。

复叠式制冷循环通常由两个或三个独立的制冷循环组成，分别称为高温部分和低温部分，其中每一个循环都是完整的单级或两级压缩制冷系统。高温部分采用中温制冷剂，低温部分采用低温制冷剂，两部分用一个蒸发冷凝器相连，它既是高温部分的蒸发器，又是低温部分制冷剂的冷凝器，高温部分的制冷剂蒸发使低温部分的制冷剂冷凝，低温部分的制冷剂再蒸发吸热，达到降温的目的。

一、两个单级压缩系统组成的复叠式制冷循环

图 9-10 所示为两个单级压缩系统组成的复叠式制冷循环系统示意图，高、低温部分分别用 R22、R13 为制冷剂，蒸发温度可达 -80 ~ -90℃。图 9-10 中 1—2—4—5—1 为低温部分的循环，6—7—9—10—6 是高温部分的制冷循环。低温部分的冷凝温度必须高于高温部分的蒸发温度，这个温差就是蒸发冷凝器的传热温差，通常为 5 ~ 10℃。

该制冷循环的 $p-h$ 图如图 9-11 所示。

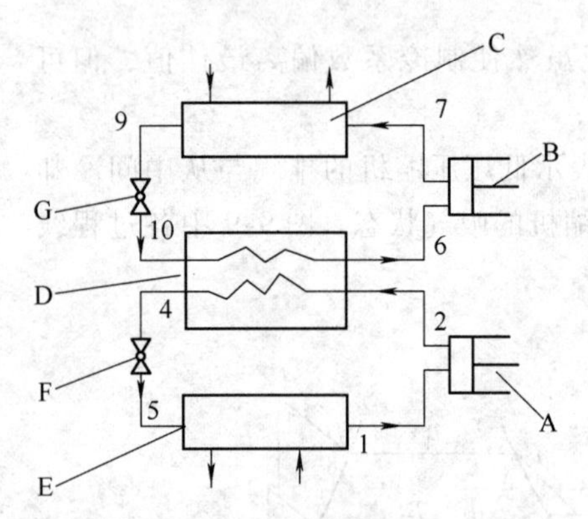

图 9-10　两个单级压缩系统组成的复叠式制冷循环系统示意图

A—低压部分压缩机　B—高压部分压缩机

C—冷凝器　D—蒸发冷凝器

E—蒸发器　F、G—膨胀阀

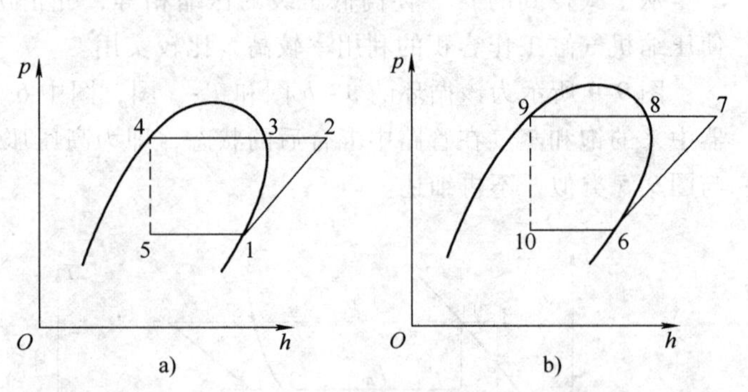

图 9-11　两个单级压缩系统组成的复叠式制冷循环 p-h 图

a）高温部分　b）低温部分

二、两级压缩系统组成的复叠式制冷循环

复叠式制冷机可制取的低温范围是相当广泛的，形式也是多样的。

如要制取 -75 ~ -110℃的低温，则可采用一个单级压缩系统和一个两级压缩系统组成的复叠式制冷系统，或由两个两级压缩系统组成的复叠式制冷系统。

图 9-12 所示为一个两级压缩制冷系统和一个单级压缩制冷系统组成的复叠式制冷循环示意图。此系统高温部分采用两级压缩，选用 R22 作为制冷剂，低温部分采用单级压缩，选用 R13 作为制冷剂。

三、三元复叠式制冷循环

为获取 -120 ~ -150℃的低温，可采用使用三种制冷剂的三元复叠式制冷循环。循环由

高、中、低温三部分组成。根据制冷温度的不同，每一部分可以是单级压缩系统，也可以是两级压缩系统。

图 9-13 所示为由三个单级压缩系统组成的三元复叠式制冷循环示意图。

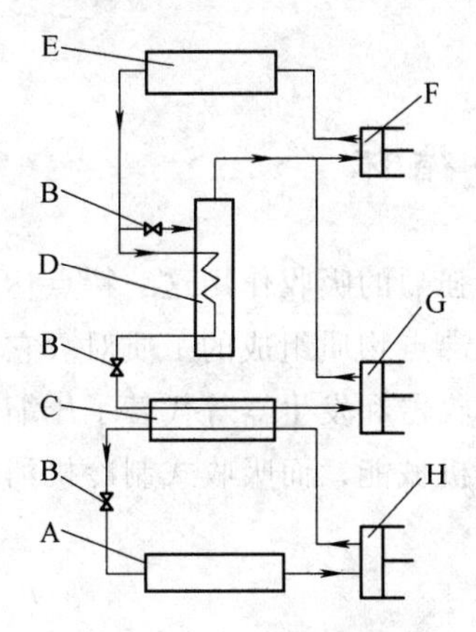

图 9-12　两级压缩组成的复叠式制冷循环示意图

A—蒸发器　B—膨胀阀　C—蒸发冷凝器　D—中间冷却器　E—冷凝器　F—高温部分高压压缩机　G—高温部分低压压缩机　H—低温部分压缩机

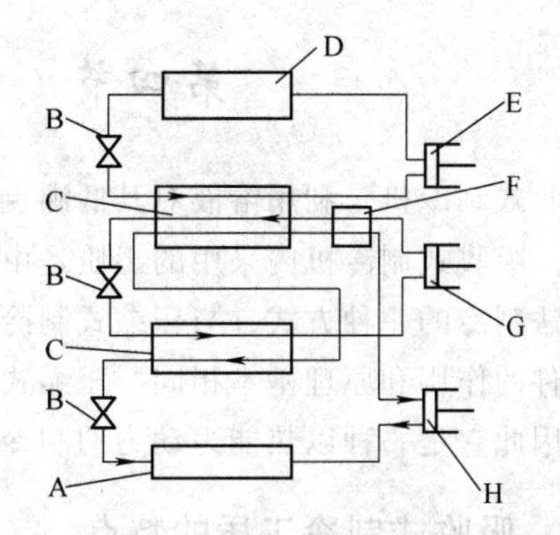

图 9-13　由三个单级压缩系统组成的三元复叠式制冷循环示意图

A—蒸发器　B—膨胀阀　C—蒸发冷凝器　D—冷凝器　E—高温部分高压压缩机　F—预冷器　G—中温部分低压压缩机　H—低温部分压缩机

由于三元复叠式制冷循环较复杂，通常用两级压缩的复叠式制冷循环来替代，所以三元复叠式制冷循环较少采用。

在实际应用中，复叠式制冷循环形式多样，为获取不同的蒸发温度可采用不同的复叠式循环组合方式。

常用复叠式循环组合及相应的制冷剂见表 9-3。

表 9-3　不同蒸发温度下常用的复叠式循环组合方式

蒸发温度/℃	组合方式	制冷剂
-70	R22 单级 + R13 单级	R29-R13
-80	R22 单级或两级 + R13 单级 R290 单级或两级 + R13 单级	R29-R13 R290-R13
-100	R22 两级 + R13 单级或两级 R22 两级 + R14 单级	R29-R13 R29-R14
-100 ~ -110	R290 二段离心式 + R1150 三段离心式	R290-R1150
-120	R22 两级 + R1150 单级或两级	R29-R1150
-130	R22 两级 + R14 单级或两级	R29-R14
-140	R22 两级 + R13 单级 + R14 单级	R29-R13-R14
-150 ~ -160	R290 二段离心式 + R1150 二段离心式 + R50 多段离心式	R290-R1150-R50
-170	R22 两级 + R13 单级或两级 + R14 单级或两级 + R50 单级或两级	R29-R13-R14-R50

复叠式制冷系统在实际应用时，由于环境温度较高，为防止停机后低温工质汽化为过热蒸气，使低温循环的压力升高，超过限定值而出现事故，往往在低温系统接入一个膨胀容

器，使停机后低温工质进入膨胀容器。膨胀容器可与压缩机吸气管或排气管相接。

复叠式压缩制冷系统在开机起动时要先起动高温循环，只有当中间温度降至可保证低温循环的冷凝压力不致过高时才可起动低温循环。只有在低温循环中安装有膨胀容器和压力控制阀时，高、低温循环才可同时起动。

第四节　吸收式制冷循环

吸收式制冷机是利用溶液对其低沸点组分的蒸气具有强烈的吸收作用这一特点达到制冷目的的。吸收式制冷机内采用的工质是由低沸点物质和高沸点物质组成的工质对。它也是液体气化法制冷的一种方式，与压缩式制冷不同，它是用吸收器和发生器等代替了压缩机，而其他部件的作用和原理基本相同。压缩式制冷机消耗的是机械能，而吸收式制冷机消耗的是热能，因此它是一种以热能为动力的制冷机。

一、吸收式制冷工质的特点

（一）二元溶液

二元溶液是由两种互相不起化学作用的物质组成的均匀混合物。这种均匀混合物内部各处的各种物质物理性质如压力、温度、浓度、密度等都是相同的，并且用纯机械的沉淀法或离心法不能将两种组分分离。

（二）制冷剂-吸收剂工质对

吸收式制冷以两种沸点相差很大的物质组成的二元溶液作为工质。其中沸点低的物质温度较低时容易被沸点高的物质吸收；而在温度较高时，沸点低的物质又容易气化从溶液中分离出来。在吸收式制冷循环中的二元溶液工质中，常将沸点低的物质作制冷剂，沸点高的物质作吸收剂。通常，把两种沸点相差很大的工质称为制冷剂-吸收剂工质对，可简称工质对。

现在采用最多的工质对有氨-水溶液和溴化锂-水溶液。在氨-水溶液中，氨是制冷剂，水是吸收剂。在温度较低时，氨易溶于水，制冷温度在 -45 ~ 1℃的范围内。由于氨有强烈的刺激性臭味，故一般只在工艺生产过程所需的冷源中才采用。而在溴化锂-水溶液中，水是制冷剂，溴化锂是吸收剂。溴化锂具有强烈的吸水性，但受水凝固点的限制，制冷温度只能在 0℃以上，故多在空气调节的冷源中采用。

吸收式制冷机同时采用两种或三种工质，其中低沸点的工质为制冷剂，高沸点的工质为吸收剂，如果还有第三种工质，那它是扩散剂（常用氢）。使用双组分工质的制冷机称为吸收式制冷机；使用三组分工质的制冷机则称为吸收-扩散式制冷机。后者一般用作冰箱制冷机。吸收式制冷机工质对应具有如下特征：

1）两个组分的沸点相差要大，当溶液沸腾时，被蒸发出来的只能是制冷剂。

2）吸收剂必须具备强的吸收能力，即在相同压力下能强烈吸收温度比它低的制冷剂。

3）制冷剂的蒸发潜热要大，而吸收剂的比热容要小。

4）用于空调和冰箱的工质应无毒、不燃、不爆。

5）成本低，对金属腐蚀小。

（三）工质对的浓度

工质对浓度用质量浓度，即某一组分质量与溶液质量之比来表示。规定：氨-水溶液的浓度是指溶液中含制冷剂氨的质量浓度；而溴化锂-水溶液则是指溶液中含吸收剂溴化锂的质量浓度。因此，对氨-水溶液而言，水对氨的吸收过程是工质对浓度增大的过程；氨挥发的过程是工质对浓度减小的过程。对溴化锂-水溶液则恰好相反，溴化锂吸水的过程工质对浓度减小，水汽化的过程工质对浓度增大。

（四）工质对吸收和分离的温度条件

在较低的温度条件下，吸收剂对制冷剂的吸收能力强。吸收制冷剂是两种物质的混合过程，氨-水混合，或者溴化锂-水混合时，都要释放混合热。因此，对吸收混合过程需用常温的介质进行冷却。

由于制冷剂沸点较吸收剂低得多，因此，可采用加热使工质对升温的办法，令制冷剂从工质对中气化分离出来。使工质对分离出来的加热热源温度要求不高，只需用0.29～0.98bar的低压蒸气，或高于75℃的热水等低温热源即可。

氨-水溶液中的吸收剂也具有一定的挥发性，因此，对氨-水溶液加热获得的蒸气中，氨的浓度不高，作为制冷剂还需进一步用分凝器提纯。分凝器通过对蒸气进行部分冷凝，使沸点高的水蒸气先从混合蒸气中冷凝分离出来，这样便可得到满足制冷要求的纯度高的氨蒸气了。

溴化锂-水溶液经加热就可获得纯度很高的制冷剂蒸气——水蒸气，无需用分凝器分凝。这是因为吸收剂溴化锂的沸点极高，在普通加热的情况下也极难挥发的缘故。

二、吸收式制冷机的工作原理

吸收式制冷机利用的是低温热源，如0.03～0.1MPa的低压蒸气、高于75℃的热水、燃气、烟气、太阳能等。吸收式冰箱的热源是用煤油、煤气或电加热器，吸收式制冷机的制冷量可大可小，小到几十瓦的冰箱，大到百万瓦的大型制冷装置。

如图9-14所示，吸收式制冷的基本组成与压缩式制冷的区别是：吸收式制冷系统中由吸收器、溶液泵、发生器和调压阀组成的系统代替了压缩机。

自蒸发器出来的低压氨蒸气进入吸收器，被吸收剂水强烈吸收，吸收过程中放出溶解热，被冷却水带走；形成的浓氨水溶液由泵送入发生器中，被热源加热后升温并产生氨的高压蒸气，而吸收剂变成稀溶液后经减压回到吸收器，继续循环，这样吸收剂水在发生器和吸收器之间完成工作循环。而氨在发生器、冷凝器、膨胀阀、蒸发器、吸收器之间完成大循环。其制冷过程在蒸发器中完成。

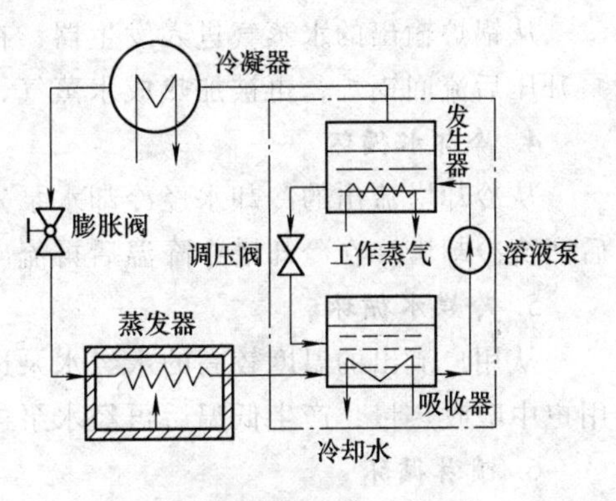

图9-14　吸收式制冷的组成

可见，吸收器、溶液泵和发生器的共同作用相当于压缩机，使制冷剂蒸气完成了由低温低压状态到高温高压状态的转变。

三、溴化锂吸收式制冷循环

溴化锂吸收式制冷机以水作为制冷剂，溴化锂为吸收剂，只能获取高于0℃的温度。

溴化锂吸收式制冷机的主要设备有：发生器、吸收器、节流机构、回热器和溶液泵等。在发生器中，浓度较低的溴化锂溶液被加热，使溶液中的水蒸发出来，溶液则被浓缩。浓溶液送往吸收器，水蒸气则进入冷凝器凝结成水，经节流机构降压后进入蒸发器蒸发吸热，然后由吸收器中的溶液所吸收。

实际的大型双筒溴化锂-水吸收式冷水机组如图9-15所示，将冷凝器1和发生器2装在位于上部的高压筒内，蒸发器3和吸收器4装在位于下部的低压筒内。

双筒溴化锂吸收式制冷机共有七个循环：纯水循环（制冷剂循环）、溴化锂溶液循环、冷却水循环、冷媒水循环、水蒸气加热循环和喷淋循环。

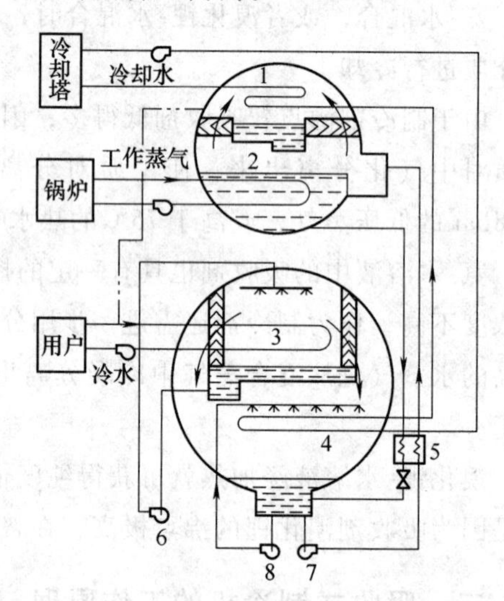

图9-15 双筒溴化锂吸收式制冷机示意图

1—冷凝器 2—发生器 3—蒸发器 4—吸收器
5—回热器 6—蒸发器泵 7—溶液泵 8—吸收器泵

1. 制冷剂循环

在发生器中溴化锂稀溶液被加热，制冷剂水蒸发汽化，当水蒸气经过隔离板时，水蒸气中的液滴分离出来回到发生器，此时，发生器中的稀溶液变为浓溶液。水蒸气继续前行进入冷凝器，在冷凝器中被冷却为过冷水，经膨胀阀后变为两相状态的低温低压水，再经蒸发器吸热变为干饱和蒸气，最后被导入吸收器中，在吸收器被溴化锂溶液吸收，再由溶液泵经回热器泵入发生器，通过加热，又变为水蒸气，如此循环往复。

2. 溴化锂溶液循环

溴化锂浓溶液从发生器底部流出，经回热器放出热量，再经膨胀阀节流后进入吸收器，在吸收器中吸收制冷剂水蒸气后变成稀溶液，稀溶液经溶液泵升压和回热器升温后回到发生器，经加热后又变为浓溶液完成溶液循环。

3. 水蒸气加热循环

从锅炉输出的水蒸气进入发生器，在发生器中放出热量，变为同压力下的饱和水，经水泵升压后流回锅炉，再被加热成水蒸气，完成加热循环。

4. 冷却水循环

从冷却塔流出的冷却水经冷却水泵先进入吸收器吸收热量，再进入冷凝器吸收热量，最后回流冷却塔。在冷却塔中降温后再流出，开始新的冷却水循环。

5. 冷媒水循环

从用户流出的温度较高的水经水泵进入蒸发器，在蒸发器中放热降温，再流回用户。在用户中吸收热量，产生低温后再经水泵进入蒸发器，完成冷媒水循环。

6. 喷淋循环

在蒸发器和吸收器中都设有喷淋装置。进入蒸发器的制冷剂水在蒸发器泵的作用下，通过喷淋装置均匀喷洒在换热器的外面，一部分吸收冷却水回流的热量沸腾汽化变成低压制冷剂水蒸气进入吸收器，大部分制冷剂水回到蒸发器底部，再被蒸发器泵抽出，完成蒸发器喷淋循环；吸收器中的浓度较高的溶液经吸收器泵的作用，对由蒸发器产生经挡水板进入吸收器的低压水蒸气均匀喷淋，使溶液变稀。稀溶液一部分被泵入回热器，另一部分和浓溶液混合后进入吸收泵，完成吸收器喷淋循环。

溴化锂吸收式制冷机分为单效型和双效型。具有一次发生和一次吸收的溴化锂吸收式制冷机，称为单效型吸收式制冷机。其热源主要采用0.01MPa表压左右的低压蒸气，也可用75℃以上的热水或其他废热。

具有二次发生和一次吸收的溴化锂吸收式制冷机，称为双效型吸收式制冷机。它利用高压发生器中产生的制冷剂蒸气加热低压发生器，再次发生制冷剂蒸气，而自身得到冷凝，这样既节省了加热量，又减小了冷凝负荷，它利用0.6~1.0MPa表压的高压蒸气，或用160~200℃的热水（或燃气）为热源。

具有两次发生或两次吸收过程的溴化锂吸收式制冷机，称为两级溴化锂吸收式制冷机。它降低了对热源的温度要求，可以充分利用低温热源制冷。

第五节　蒸气喷射式制冷循环

一、蒸气喷射式制冷的特点

蒸气喷射式制冷的工作介质为水，也可以用低沸点的氟利昂制冷剂，可以获得更低温度。

水是最易获得的工质，并且无毒、无臭、不燃烧且无爆炸危险，汽化潜热大。当制冷温度在0℃以上时，液体汽化法制冷以水作制冷剂是理想的。但需要解决以下两个问题：

1）尽管水的汽化潜热很大，但由于水蒸气的比体积较大，单位容积的汽化潜热较小。例如，在5℃时，蒸气的单位容积汽化潜热是氨和R22的1/300，是R12的1/184。获取相同的制冷量，以水作制冷剂的蒸气体积流量较氨和氟利昂都大得多，若仍采用压缩机来完成蒸气的压缩过程，则压缩机体积庞大。

2）用水汽化制冷，需要蒸发器内有一定的真空度。例如，水的蒸发温度为5℃时，相应的蒸发压力才0.00891bar，较大气压力（1bar左右）要低得多。又由于蒸气的比体积很大，一般的真空泵无法满足水汽化所需的压力环境。

蒸气喷射式制冷机以热量为补偿能量形式，结构简单，没有运动部件，由喷管、吸入室、混合室及扩压管联合组成的蒸气喷射器，具有相当于真空泵和压缩机的双重功能。它可借助喷管对工作蒸气的降压增速作用，抽取蒸发器内产生的制冷剂蒸气，以维持蒸发器所需的真空度；又可借助扩压管对气流的降速增压作用，将制冷剂蒸气的压力由蒸发压力 p_0 提高到冷凝压力 p_k，使之能在常温下冷凝液化。通常，蒸气喷射器的抽气量较大，通过的蒸气体积流量也大，而自身的结构尺寸相对较小。蒸气喷射式制冷机加工方便，使用寿命长，具有一定的使用价值，但效率较低。

这种用水作制冷剂，用蒸气喷射器取代压缩机的液体汽化法制冷方式称为蒸气喷射式制冷，简称为蒸喷式制冷。

二、蒸气喷射式制冷的工作原理

蒸气喷射式制冷系统如图 9-16 所示。主要由蒸发器、喷射器、冷凝器、膨胀阀、锅炉和泵等部分组成。其中喷射器又由喷嘴、吸入室、混合室和扩压器四个部分组成。喷射器的喷嘴与锅炉相连，吸入室与蒸发器相连，扩压器与冷凝器相连。

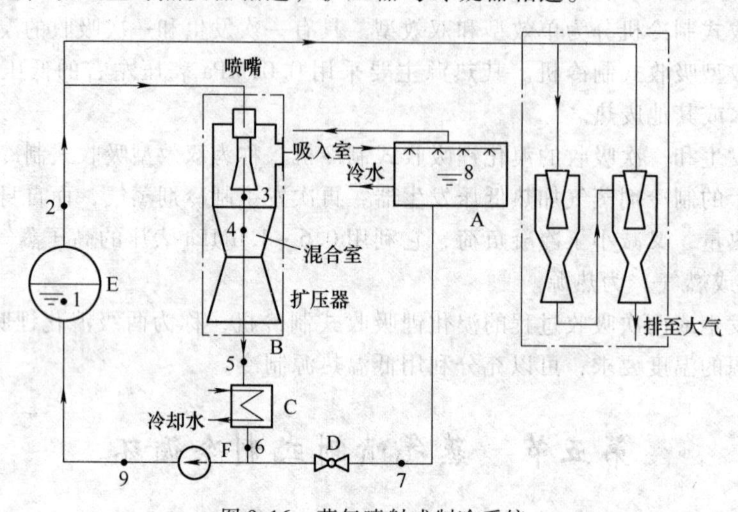

图 9-16 蒸气喷射式制冷系统

A—蒸发器 B—喷射器 C—冷凝器 D—扩压器 E—锅炉 F—水泵

蒸气喷射式制冷系统的工作过程如下：锅炉产生的高温高压工作蒸气进入喷嘴（见图 9-16中 1—2），高压工作蒸气膨胀并以 1000m/s 以上高速流动，在喷嘴出口处产生很低的压力（见图中 2—3），由于工作蒸气膨胀，降压增速，造成吸入室具有一定的真空度，使与吸入室连通的蒸发器获得水在低温下沸腾汽化所需要的低压，并且使吸入室对蒸发器中产生的低压蒸气具有引射作用。由于水汽化时需从未汽化的水中吸收潜热，因而使未汽化的水温度降低（制冷）。这部分低温水便可用于空气调节或其他生产工艺过程。蒸发器中水蒸气进入吸入室（图中 8—3），水蒸气与工作蒸气在混合室混合，一起进入扩压器（图中 3—4），在扩压器中流速降低，压力升高后进入到冷凝器（图中 4—5），在冷凝器中被外部冷却水冷却变为液态水（图中 5—6）。液态水从冷凝器流出并分成两路：一路经过膨胀阀降压后送回蒸发器（6—7—8），继续蒸发制冷；另一路经水泵提高压力后送回锅炉，重新加热产生工作蒸气（6—9—1）。

三、蒸气喷射式制冷的工作过程

图 9-17 所示为蒸气喷射式制冷理论循环的温熵图。

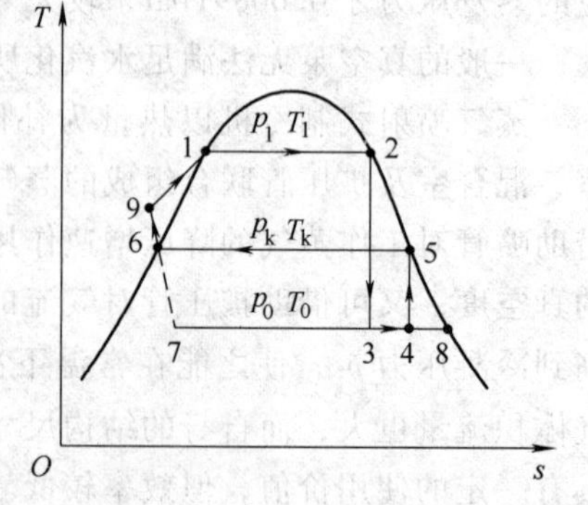

图 9-17 蒸气喷射式制冷理论循环的温熵图

图 9-17 中，1—2 表示锅炉中水在压力 p_1 和温度 T_1 下沸腾汽化的过程。2—3 表示由锅炉中产生的高温高压工作蒸气进入喷管绝热膨胀过程（理论上认为是等熵过程）。8—3 表示蒸发器中的水蒸发汽化产生的低温低压制冷剂蒸气被引射进入吸入室的过程。3—4

表示从喷管中流出的低压高速工作蒸气，与吸入室吸入的低压制冷剂蒸气一起进入混合室等压均匀混合，交换能量，产生高速混合蒸气的过程。4—5 表示高速混合蒸气进入扩压管绝热压缩（理论上认为是等熵过程），降速增压，使混合蒸气的压力由蒸发压力 p_0 升高至冷凝器所需的冷凝压力 p_k 的过程。5—6 表示到达冷凝器的混合蒸气冷凝液化的过程。冷凝液化后的冷饱和水流出冷凝器后，将沿两条路线分流：其中一条路线为 6—7，表示冷凝后的部分饱和水流经膨胀阀降压降温至蒸发压力 p_0 和蒸发温度 T_0 后返回蒸发器的过程，7—8 表示饱和水在蒸发器中的蒸发过程；另一条路线为 6—9，表示另一部分饱和水由水泵升压后送入锅炉的过程。9—1 表示送回锅炉的水在锅炉中加热升温升压的过程。1—2 表示下一个循环中锅炉中水再等压汽化产生高压工作蒸气的过程。如此循环往复，完成制冷循环。

由图 9-17 可知，8—3—4—5—6—7—8 循环，代表制冷剂蒸气经蒸发器、喷射器、冷凝器和膨胀阀再回到蒸发器的逆向制冷循环。而 6—9—1—2—3—4—5—6 循环，则代表高压工作蒸气经锅炉、喷射器、冷凝器和水泵再回到锅炉的正向热力循环。显然，蒸气喷射式制冷是依靠消耗工作蒸气的热能（由锅炉中的化学能转化而来）作为补偿来实现制冷的。

蒸气喷射式制冷以水作制冷剂，制冷温度只能在 0℃ 以上，在工业生产中常用来制取一些工艺过程或空气调节所需的低温水（冷水）。为了减少能耗与水耗，通常另设水泵让低温水在制冷机的蒸发器和用户的冷凝器之间作强制循环。低温水从蒸发器流出，经用户冷却器吸收周围介质（如空气）的热量而升温，再由水泵送回蒸发器中喷淋。来自膨胀阀的制冷剂水与来自用户的冷水回水在蒸发器中部分汽化，形成冷蒸气，被喷射器引射喷出，被汽化的水在汽化时吸收了蒸发器中未被汽化的水的热量，从而使未被汽化的水降低温度，成为用户所需的低温水。

综上所述，蒸气喷射式制冷是利用扩压管的降速升压作用来实现蒸气压缩的。但由于蒸发压力比较低，扩压管的出口压力仍小于大气压力。这样易使冷凝器中残存一些未冷凝液化的蒸气和从外部渗入的空气，影响冷凝器的传热效率。为解决这一问题，通常在冷凝后增设一级或两级辅助用的喷射器和冷凝器。通过辅助喷射器的引射、增压，可将残留气体排入大气。

第六节　空气压缩式制冷循环

一、基本空气压缩式制冷循环

空气压缩式制冷是以空气为工质，将常温下较高压力的空气进行绝热膨胀，从而获得低温低压的空气。

空气作为制冷装置的工质时，其吸热及放热过程为等压过程。其装置示意图如图 9-18 所示。其工作过程为：外界消耗机械功驱动压缩机工作，来自冷库内换热器的空气被吸入压缩机进行绝热压缩。从压缩机出来的空气进入冷却器，在其中进行等压冷却，其温度降低到冷却介质的温度后进入膨胀机，在其中进行绝热膨胀而降压、降温。当温度达到冷藏库所需的温度时，空气被

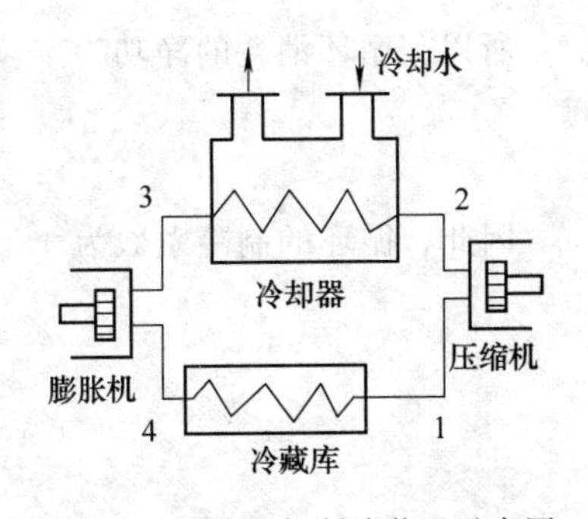

图 9-18　压缩空气制冷装置示意图

引入冷藏库换热器中，吸收周围介质的热量，最后又被压缩机吸入重复上述循环。

空气压缩制冷装置的理想循环由四个可逆过程组成：绝热压缩过程 1—2、等压放热过程 2—3、绝热膨胀过程 3—4 和等压吸热过程 4—1。这是一个逆向循环，其中等压吸热终了的温度 T_1 接近冷藏库温度，而等压放热终了的温度 T_3 接近环境温度。其循环的 T-s 图和 p-v 图如图 9-19 所示。从冷库出来的空气状态为 1，其温度 $T_1=T_C$（T_C 为冷库温度），压力为 p_1，接着进入压缩机进行压缩，升温升压到 T_2、p_2，再进入冷却器进行等压放热，温度下降到 $T_3(T_3=T_0)$，然后进入膨胀机实现膨胀，使压力下降到 p_4，温度进一步下降到 $T_4(T_4<T_0)$，最后进入冷藏库进行等压吸热过程完成循环。循环的最高压力 p_2 与最低压力 p_1 之比称作增压比，用 π 表示。进行循环分析时，为突出主要问题，假定所有的过程都是可逆过程，在压缩机内的压缩过程及膨胀机内的膨胀过程均为可逆绝热过程，并且空气可作为比热容取定值的理想气体。

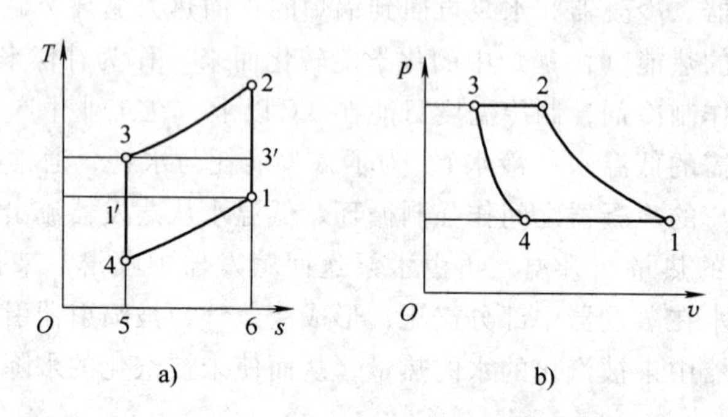

图 9-19　压缩空气制冷循环的 T-s 图和 p-v 图

a）T-s 图　b）p-v 图

压缩空气理想制冷循环的构成与燃气轮机装置等压加热理想循环是一样的，仅是方向相反。在热力学分析上，压缩空气制冷循环可以视为布雷顿逆循环。

压缩空气制冷循环分析如图 9-19 所示，循环中工质从低温热源（冷藏库）的吸热量也就是循环中工质的制冷量，即

$$q_2=h_1-h_4=c_p(T_1-T_4)$$

排向高温热源的热量为

$$q_1=h_2-h_3=c_p(T_2-T_3)$$

膨胀气缸中回收的功为

$$w_e=h_3-h_4=c_p(T_3-T_4)$$

所以，循环消耗的净功为

$$\begin{aligned}w_{net}&=w_C-w_e=h_2-h_1-(h_3-h_4)\\&=(h_2-h_3)-(h_1-h_4)=q_1-q_2\end{aligned}$$

因此，循环的制冷系数为

$$\begin{aligned}\varepsilon&=\frac{q_2}{w_{net}}=\frac{h_1-h_4}{(h_2-h_3)-(h_1-h_4)}\\&=\frac{T_1-T_4}{(T_2-T_3)-(T_1-T_4)}=\frac{1}{\dfrac{T_2-T_3}{T_1-T_4}-1}\end{aligned}$$

考虑到1—2、3—4都是可逆绝热过程，因而有

$$\frac{T_2}{T_1}=\left(\frac{p_2}{p_1}\right)^{\frac{\kappa-1}{\kappa}}=\frac{T_3}{T_4}$$

将之代入制冷系数表达式可得

$$\varepsilon=\frac{1}{\left(\frac{p_2}{p_1}\right)^{(\kappa-1)/\kappa}-1}$$

可见，当压缩机的增压比（p_2/p_1）降低时，空气压缩制冷循环的制冷系数增高。

从空气压缩制冷的p-v图和T-s图可看到，循环中吸热过程4—1的平均吸热温度总是低于冷藏库温度T_1，放热过程2—3的平均吸热温度总是高于环境温度T_3，因而其制冷系数总是小于在T_1、T_3相同温度下工作的逆向卡诺循环的制冷系数。

由于空气的比热容较小，故制冷量q_2较小。因此，当冷藏库温度T_1及环境温度T_2一定时，若需加大吸热过程4中空气吸取的热量，就必须降低绝热膨胀终了的温度T_4，即意味着增加p_2/p_1的比值。此时循环的制冷系数就要有所降低。因而，空气压缩制冷循环的单位工质制冷量很难增大，总是比较小。为使装置的制冷量提高，只能加大空气的流量，例如可采用叶轮式压缩机和膨胀机代替活塞式的机器。

二、回热式空气压缩制冷循环

在基本空气压缩式制冷循环中，如果需要获得较低的温度，则需有较大的增压比，这就会使压缩机和膨胀机的负荷加重，为此可采用回热器。目前实际应用的压缩空气制冷循环都采用回热装置。其原理是用空气在回热器中的预热过程代替一部分绝热压缩过程，从而降低增压比。

图9-20所示为回热式空气压缩制冷循环设备示意图。图中1—1′为空气在回热器中的等压预热过程；1′—2为压缩机中空气的绝热压缩过程；2—3为冷却器中空气的等压放热过程；3—3′为回热器中空气的等压回热过程；3′—4为膨胀机中空气的绝热膨胀过程；4—1为冷库换热器中空气的等压吸热过程。

图9-21所示为回热式空气压缩制冷循环的T-s图，从图中可看出，从冷库出来的空气（温度为T_1，等于冷藏库温度T_C）先进入回热器升温到高温热源温度T_1'（通常等于环境温度T_0），接着进入叶轮式压缩机进行压缩，升温、升压到T_2'、p_2'后进入冷却器，实现等压放

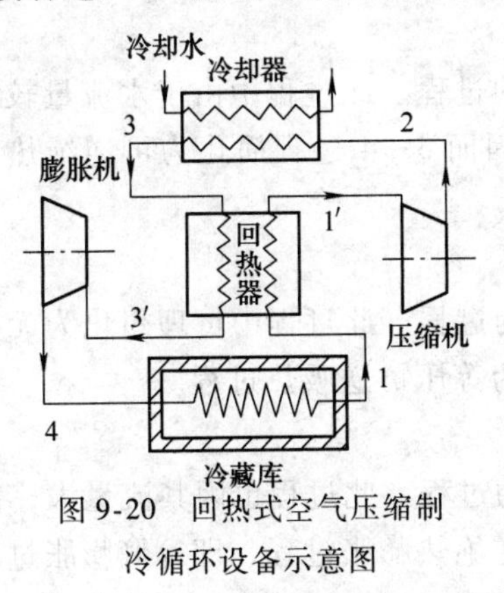

图9-20　回热式空气压缩制冷循环设备示意图

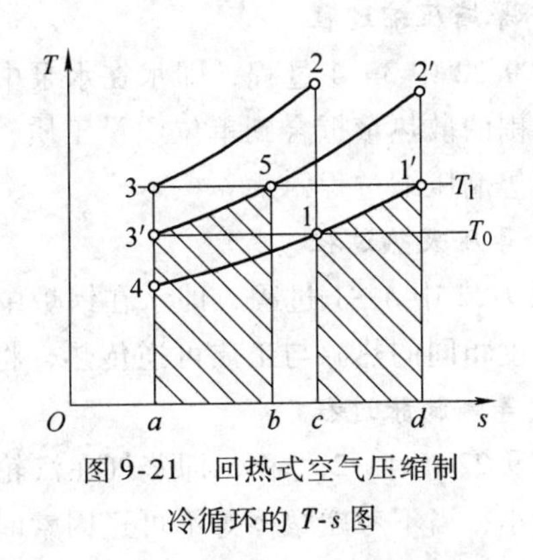

图9-21　回热式空气压缩制冷循环的T-s图

热，温度降至 T_3（等于环境温度 T_0）。随后进入回热器进一步降温至 T_3'（等于冷库温度 T_C），再进入叶轮式膨胀机实现可逆绝热膨胀，压力降至 p_4，温度降至 T_4，最后进入冷藏库实现等压吸热过程，升温到 T_1，完成循环 1—1′—2—3—3′—4—1。

在理想情况下，过程 3—3′中空气在回热器中的放热量可用图 9-21 中面积 53′ab 表示，其大小等于被预热空气在过程 1—1′中的吸热量（可用图 9-21 中面积 11′dc 表示）。

由图 9-21 可知，采用回热循环与不采用回热的循环相比，循环中工质的吸热量没有变化，都是过程 4—1 吸收的热量 q_{4-1}。由于面积 53′ab 等于面积 11′dc，故两者的放热量也相同，因而按制冷系数的定义式，两种装置的制冷系数相同。但是，采用回热器的空气压缩制冷装置中，压缩机的增压比小得多，因而大大减轻了压缩机的负荷。正是由于这个优点，使得采用回热器的空气压缩制冷装置在深度冷冻及气体液化中获得实际应用。

第七节 混合制冷剂制冷循环

一、混合制冷剂

混合制冷剂制冷循环所用的制冷剂为混合制冷剂，由气体成分和相变成分两部分组成。其中，相变成分一般由一种或者两种物质组成。在制冷循环中，相变成分会根据要求发生相变，气体成分在整个循环中不发生相变，气体成分和相变成分之间以及相变成分之间均不发生化学反应。

目前，空调和普通制冷领域大多用空气和水组成的混合成分作制冷工质，这是因为这两种物质最容易获得，且水的汽化潜热很大，又易于雾化。

二、混合制冷剂制冷循环工作过程

混合制冷剂制冷循环是利用混合制冷剂作制冷工质，将布雷顿制冷循环和朗肯循环有机结合在一起的新的热力循环。首先来了解一下朗肯循环和布雷顿循环。

（一）朗肯循环

朗肯循环是指以水蒸气作为制冷剂的简单蒸气动力循环，它主要由水泵、锅炉、汽轮机和冷凝器四个主要装置组成。图 9-22 为该装置示意图。为了分析方便，此循环过程可简化为等熵压缩、等压冷凝、等熵膨胀以及等压吸热过程。

1. 等熵压缩过程

图 9-22 中 3—4 过程，即水在水泵中被压缩升压的过程。此过程中由于水流量较大，水泵向周围的散热量折合到单位质量工质，可以忽略，因而 3—4 过程简化为可逆绝热压缩过程，即等熵压缩过程。

2. 等压吸热过程

图 9-22 中 4—1 过程，即水在锅炉中被加热汽化的过程。此过程中可理想化为无数个与工质温度相同的热源与工质可逆传热，将加热过程视为等压可逆吸热过程。

3. 等熵膨胀过程

图 9-22 中 1—2 过程，即蒸气在汽轮机中膨胀做功过程。此过程也因其流量大，散热量相对较小，当不考虑摩擦等不可逆因素时，简化为可逆绝热膨胀过程，即等熵膨胀过程。

4. 等压冷凝过程

图 9-22 中 2—3 过程，即做功后的低压蒸气进入冷凝器被冷却冷凝成水的过程。此过程中不考虑不可逆温差传热因素，可简化为可逆等压冷凝过程。

综上所述，朗肯循环的工作过程为水在水泵中被等熵压缩，然后进入锅炉等压吸热汽化，再进入汽轮机等熵膨胀做功后进入冷凝器等压冷凝成水，最后回到水泵中，完成一个制冷循环。

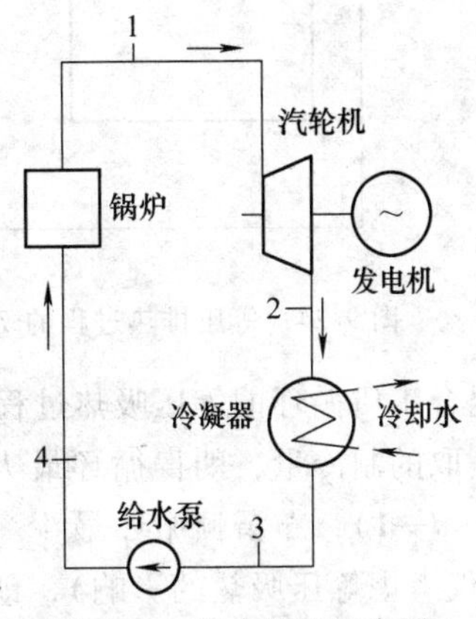

图 9-22　朗肯循环示意图

(二) 布雷顿循环

布雷顿循环又称焦耳循环或气体制冷机循环。是以气体为工质的制冷循环，其工作过程包括等熵压缩、等压冷却、等熵膨胀及等压吸热四个过程，这与朗肯循环的四个工作过程相近，具体过程不再详述。两者的区别在于工质在布雷顿循环中不发生集态变化。

(三) 混合制冷剂制冷循环原理

混合制冷剂制冷循环主要由等熵压缩、等压排热、等熵膨胀和等压吸热四个基本过程组成。下面分析该循环的每一个基本过程，并和朗肯循环及布雷顿循环进行比较。

1. 等熵压缩过程

等熵压缩过程的 p-v 图如图 9-23 所示，图中 1—2 为混合工质循环的压缩过程线，其过程为有相变成分时的压缩过程；1—2′为布雷顿循环及朗肯循环的压缩过程线，其过程为无相变成分时的压缩过程。由图 9-23 可知，有相变成分的压缩过程所需的压缩功（图中 1—2 过程线与等压线 p_1、p_2 所围的面积），比无相变成分的压缩过程所需的压缩功（图中 1—2′过程线与等压线 p_1、p_2 所围的面积）要小。可见相变成分的汽化吸热，会使得排气温度降低，从而使压缩功减小。

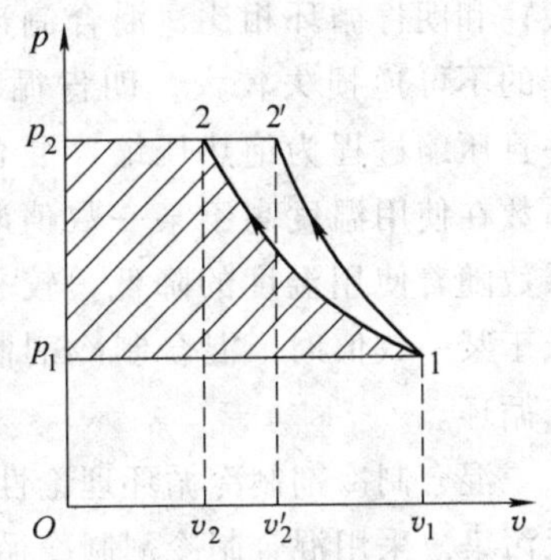

图 9-23　等熵压缩过程的 p-v 图

2. 等压排热过程

等压排热过程的 T-s 图如图 9-24 所示，图中 2′—3 为布雷顿循环的等压排热过程线；2—3 为混合工质循环的等压排热过程线；2′—2″—3 为朗肯循环的等压排热过程线；2″—3 为卡诺循环的等压排热过程线。由图 9-24 中可见，在得到相同制冷量的情况下，所需的循环功（只考虑等压排热过程的影响）为：布雷顿循环最大（面积 1—2′—3—4）；其次是混合工质循环（面积 1—2—3—4）；再其次是朗肯循环；卡诺循环最小（面积 1—2″—3—4）。

3. 等熵膨胀过程

图 9-25 为膨胀过程的 p-v 图，图中 3—4′为布雷顿循环的膨胀过程线；3—4 为混合工质循环的膨胀过程线。由图 9-25 可知，混合制冷剂制冷循环的膨胀功（面积 a—b—3—4）大于布雷顿循环的膨胀功（面积 a—b—3—4′）。朗肯循环的膨胀过程在节流元件（膨胀阀、毛细管等）中完成，其理想情况为等焓膨胀，对外部做功为零。

4. 等压吸热过程

图 9-26 为等压吸热过程的 T-s 图，图中 4″—1 为卡诺循环的等压吸热过程线；4—1 为

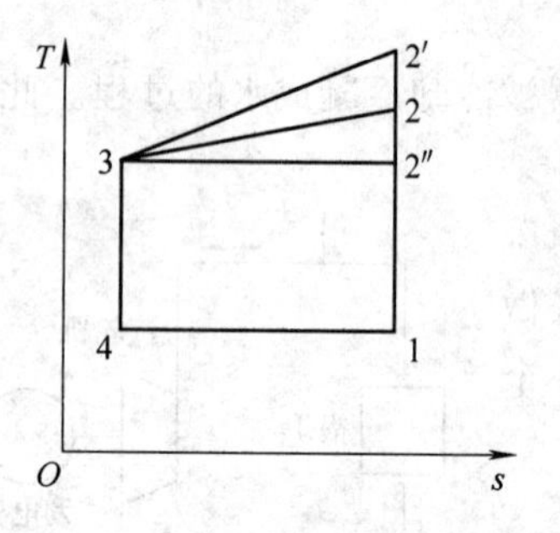

图 9-24　等压排热过程的 T-s 图

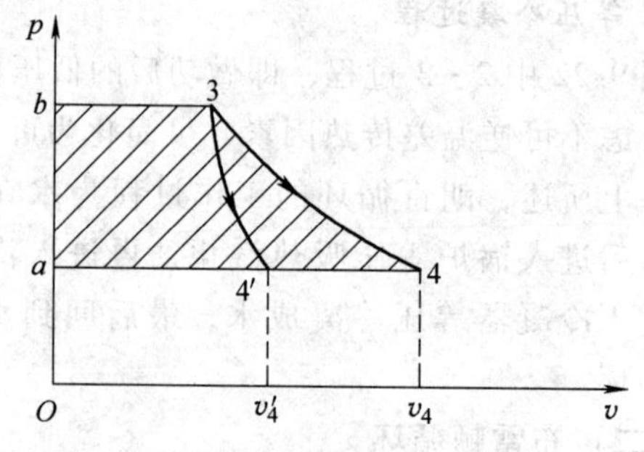

图 9-25　膨胀过程的 p-v 图

混合工质循环的等压吸热过程线；4′—1 为布雷顿循环的等压吸热过程线。由图 9-26 可知，获取的制冷量，朗肯循环最大（面积为 4″—c—d—1），其次为混合工质循环（面积为 4—c—d—1），布雷顿循环最少（面积为 4′—c—d—1）。对于获得相同制冷量所需的循环功（仅考虑等压吸热的影响），朗肯循环最少，混合工质循环其次，布雷顿循环最大。

综上所述，和布雷顿循环相比，混合制冷剂制冷循环的压缩功少，膨胀功大，等压吸、排热过程的不可逆损失小。所以，混合制冷剂制冷循环的理论性能系数比布雷顿循环要大；和朗肯循环相比，混合制冷剂制冷循环等压吸、排热过程的不可逆损失较大；朗肯循环的膨胀过程对外部不做功，并且压缩过程为绝热压缩，混合制冷剂制冷循环的理论性能系数在使用温度高于某一数值时低于朗肯循环，但因为性能系数随着使用温度的降低，较平缓地减小，所以使用温度在低于某一数值时，混合制冷剂制冷循环的性能系数将高于朗肯循环。

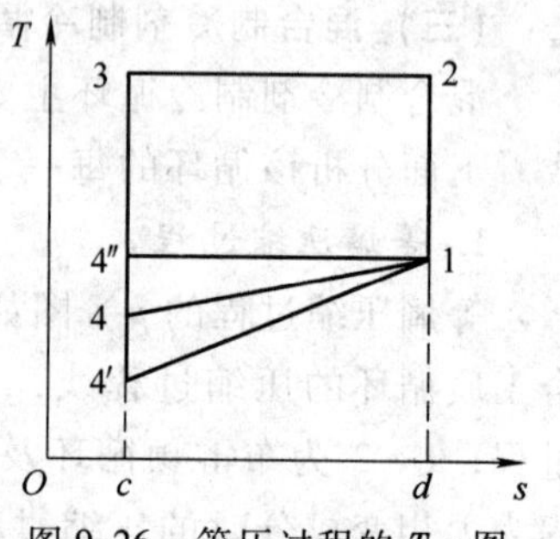

图 9-26　等压过程的 T-s 图

混合制冷剂制冷循环理论性能系数较高，制冷工质易于获得，且成本低，对环境和大气无污染。采用混合制冷剂制冷循环的制冷机和热泵，还具有实际性能系数较高、转速低、功率输入容易、使用和维护简便、寿命长、成本低等优点。目前，混合制冷剂制冷循环已成功地用于飞机环境控制系统和低温气流供给系统，并发展了许多实用流程。

第八节　其他制冷循环

一、热电制冷循环

热电制冷利用电能直接使热量从低温物体转移至高温物体。如图 9-27 所示，把一只 P 型半导体和一只 N 型半导体联结成热电偶，接上直流电源后，在接头处就会产生温差和热量的转移。可见，热电制冷装置的结构和机理显然不同于液体汽化制冷。它不需要明显的工质来实现能量的转移，整个装置没有任何机械运动部件。

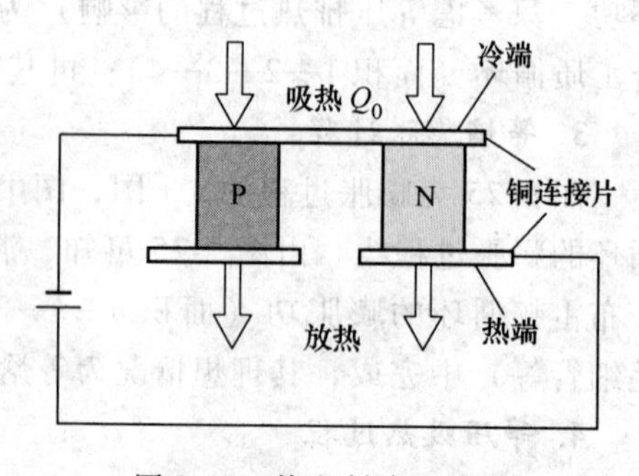

图 9-27　热电制冷原理图

一对热电偶能制取的冷量极其有限，实用中是把许多对热电偶组合起来使用，如图9-28所示。把若干对半导体在电路上串联起来，而在传热方面则是并联的，这就构成了一个常见的制冷热电堆。按图 9-28 所示接上直流电源后，这个热电堆的上面是冷端，下面是热端。借助热交换器等各种传热手段，使热电堆的热端不断散热并且保持一定的温度，把热电堆的冷端放到工作环境中去吸热降温，这就是热电制冷器的工作原理。

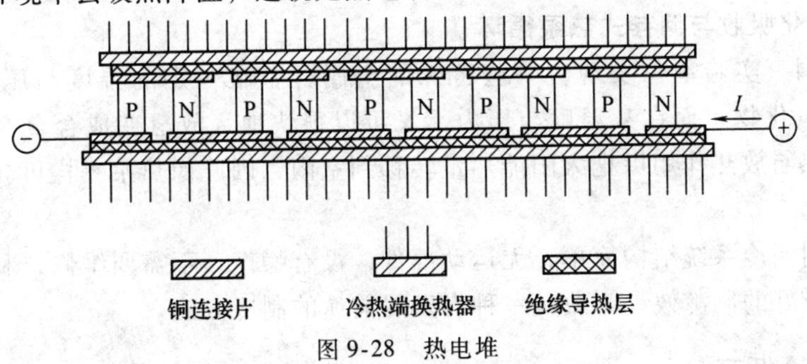

图 9-28 热电堆

热电制冷非常适合于微型制冷领域或有特殊要求的制冷场合，例如，在手提式冰箱中采用热电制冷，很适合于郊游、兵营或汽车中使用。

二、吸附制冷循环

吸附制冷同其他利用相变制冷的循环一样，固体物质在一定的温度及压力下能吸附某种气体或水蒸气，在另一种温度及压力下又能把它释放出来，在吸附与解吸的过程中使水汽化吸热而制取冷量。

(一) 分子筛吸附制冷循环

在制冷过程中蒸发的水蒸气用吸附剂吸附，吸附达到饱和的吸附剂用余热或太阳能烘干再生，重复使用。固体吸附制冷循环分为开式循环和闭式循环两种。

1. 开式吸附制冷循环

开式吸附循环是先用吸附剂吸附空气中的水蒸气得到干燥的空气，再向干空气喷水，由于水迅速汽化，使空气温度降低。用这种冷空气即可直接供给室内进行空气调节，为此要求吸附剂对人体无害。一般采用硅胶，也有用液体吸湿剂。这种系统比较复杂，用电量大，而且液体吸湿剂再生时有蒸发损失，所以成本高。一般开式吸附制冷循环只能降温 10℃左右，可以连续工作。

2. 闭式吸附制冷循环

图 9-29 所示为闭式沸石吸附制冷系统的示意图，主要由沸石筒、冷凝器和装在冰箱内的水罐三部分组成。使用时用余热或太阳能加热沸石筒，沸石中的水分蒸发出来，在冷凝器中冷凝为水，流入水罐中储存。然后移去加热源，使沸石筒在大气中冷却，则系统中的压力、温度下降，水罐中的水就不断汽化降温并制冷。这种装置的降温幅度较大，可以制冰。但是这种循环只能间歇工作，因而在解吸期间不能维持冰箱的温度。如果用太阳能制冷，则白天沸石筒被太阳能加热，沸石解吸出的水蒸气冷凝后流入水罐中，温度为常温。夜间沸石温度逐渐降低，不断吸附水

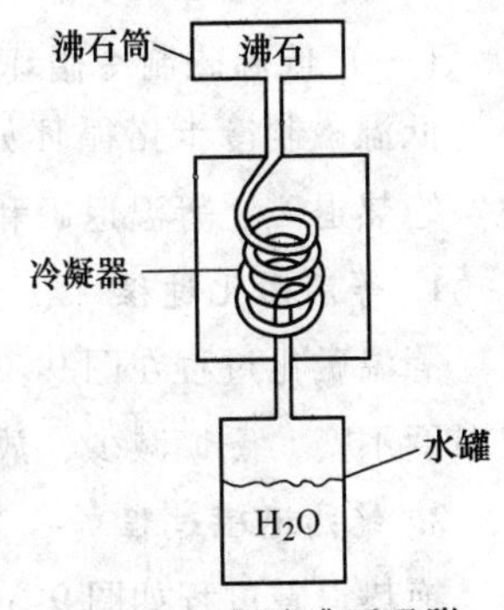

图 9-29 闭式沸石吸附制冷系统的示意图

蒸气，并造成系统中的真空状态，使水在0℃以下蒸发，吸收热量，达到制冷的目的。

1977年美国马萨诸塞州纳蒂克的沸石动力公司发表了沸石太阳能冰箱的研究报告，该冰箱体积为1.12m×0.78m×1.22m，集热器面积为0.78m^2，在波士顿的气候条件下，日照量为2040kJ/m^2，则每平方米集热器面积每天可制取冰10kg。这样的高效制冷效果就是充分利用了沸石分子筛的吸附特性。

（二）氢转化吸收与储存式热泵循环

美国阿贡国家实验室曾发现，一些特殊的金属合金在一定的温度与压力下可以很快地吸收氢变成氢化物，而在某温度与压力下又可以很快地释放氢变成合金。他利用这些变化过程中的吸热与放热作用可把太阳能热量转移到室内，因此像热泵一样可获得较高的制热系数。

总之，吸附制冷系统结构简单，无运动部件，没有噪声，不需要维修，利用太阳能或低温余热能达到较好的制冷效果，故是一种有发展前途的制冷方法。

三、磁制冷循环

磁制冷是利用顺磁体绝热去磁过程获得冷效应的制冷方式。

顺磁体绝热去磁过程中，其温度会降低。从机理上说，固体磁性物质（磁性离子构成的系统）在受磁场作用磁化时，系统的磁有序度加强（磁熵减小），对外放出热量；再将其去磁，则磁有序度下降（磁熵增大），又要从外界吸收热量。这种磁性离子系统在磁场施加与除去过程中所出现的热现象称为磁热效应。

磁制冷的基本原理是借助磁性材料的磁热效应，等温磁化时向外界放出热量，绝热退磁时温度降低，并从外界吸取热量。

在磁场作用下的磁性材料，实际上是一个热力学系统，一个无限小状态变化的可逆过程。

设物体的磁矩为M，物体在磁场H中磁矩增加dM时，磁场对物体做功为$\mu_0 H dM$。该过程中物体吸热$dQ(=TdS)$，内能增加dU。根据热力学第一定律得

$$dQ = dU - \mu_0 H dM$$

式中 M——磁矩；

H——磁场强度；

μ_0——真空磁导率。

（一）低温磁制冷循环

低温磁制冷卡诺循环如图9-30所示。它由等温磁化、绝热退磁、等温退磁和绝热磁化四个过程组成。

1. 等温磁化过程

等温磁化过程在图9-30中为1—2的过程，此过程中温度不变，磁熵减少，放出热量。

2. 绝热退磁过程

绝热退磁过程如图9-30中2—3所示，此过程中磁熵不变，温度降低。

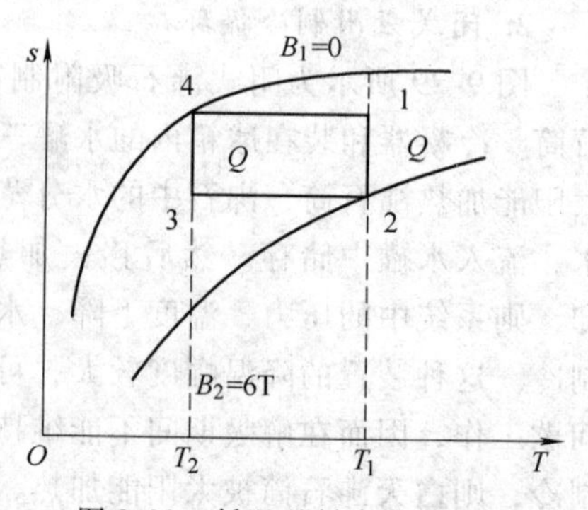

图9-30 低温磁制冷卡诺循环

3. 等温退磁过程

等温退磁过程如图 9-30 中 3—4 所示，此过程中温度不变，吸收热量制冷。

4. 绝热磁化过程

绝热磁化过程如图 9-30 中 4—1 所示，此过程中磁熵不变，温度升高。

可见，对磁性材料反复进行等温磁化和绝热退磁就可以获得低温，实现磁制冷。

（二）高温磁制冷循环

温度在 20K 以上，特别是在室温附近，磁性离子系统热运动大大加强，顺磁体中磁有序态难以形成，磁热效应也大大减弱。进入高温区制冷，低温磁制冷所采用的材料和循环都不适用，故很长时间高温磁制冷没有什么发展。直到 1976 年美国国家宇航局的布朗首次完成高温磁制冷实验，1980 年日本政府、产业界和大学三方面人员组成“高温磁性冷冻研究会”，后来十多年高温磁制冷技术才有了较快进展。1987 年美国公司开始生产小批量磁冰箱。目前，人们希望磁制冷方式步入高温制冷应用的研究仍在进行。

综上所述，磁制冷循环与压缩制冷循环相比，具有以下优点：

1）磁制冷的效率高，热力循环效率可达到 60%，为普通冰箱的 1.5 倍。同时由于磁制冷不受低温时气体蒸发减慢的限制，可获得足够的低温。

2）由于磁制冷机不需要在高温下运行的压缩机，并且使用合适的磁材料作工质，因而具有结构简单、体积小、重量轻、无噪声、便于维修和无污染等优点。

【思考题与习题】

9-1　制冷压缩机在制冷系统中的作用是什么？

9-2　蒸发器和冷凝器在制冷系统中的作用各是什么？

9-3　冷凝温度变化对蒸气压缩式制冷系统有什么影响？

9-4　比较吸收式制冷与蒸气压缩式制冷设备在基本组成与工作原理上有什么异同？

9-5　吸气过热对蒸气压缩式制冷有什么影响？

9-6　制冷剂节流前过冷对蒸气压缩式制冷循环有何影响？在实际中可采用哪些方法实现节流前制冷剂的过冷？

9-7　什么是回热循环？哪些制冷剂可采用回热循环？哪些制冷剂不宜采用回热循环？

9-8　采用非共沸溶液制冷剂的制冷循环与采用单一制冷剂的相比有哪些优点？

9-9　一般压缩式制冷采用水作制冷剂有什么困难？

9-10　比较蒸气喷射式制冷与压缩式制冷的异同。

9-11　吸收式制冷采用什么作工质？氨-水溶液和溴化锂-水溶液中，吸收剂和制冷剂各是哪种物质？为什么？

9-12　为什么吸收式制冷设备中的吸收器需冷却，而发生器需加热？吸收器与发生器间设置溶液热交换器有什么作用？

9-13　什么叫制冷循环？单级压缩制冷循环主要有哪些循环工作过程？

9-14　什么是两级压缩制冷循环？为什么要采用两级压缩制冷循环？

9-15　何为复叠式制冷系统？为什么要采用复叠式制冷系统？

9-16 固体吸附制冷有哪些优点？

9-17 磁制冷的工作原理是什么？它具有哪些优点？

9-18 半导体制冷有什么优点？主要应用于什么场合？

9-19 混合制冷剂制冷循环具有什么优点？目前主要应用于什么场合？

9-20 空气压缩式制冷循环主要哪几个过程组成？采用回热循环具有什么优点？

附　录

附录A　专业英语词汇

A

adiabatic humidification	绝热加湿
absolute humidity	绝对湿度
absolute roughness	绝对粗糙度
absorbent	吸声材料
absorber	吸收器
absorption refrigeration cycle	吸收式制冷循环
absorption refrigerating machine	吸收式制冷机
actuating element	执行机构
air channel	风道
air cleanliness	空气洁净度
air conditioning	空气调节
air conditioning conditions	空调工况
air conditioning equipment	空气调节设备
air conditioning machine room	空气调节机房
air conditioning system	空气调节系统
air conditioning system cooling load	空气调节系统冷负荷
air-cooled refrigerant condenser	风冷冷凝器
air cooler	空气冷却器
air curtain	空气幕
air duct	风管、风道
air filter	空气过滤器
air humidity	空气湿度
air inlet	风口
air intake	进风口
air pollution	大气污染
air preheater	空气预热器
air return method	回风方式
air supply method	送风方式
air temperature	空气温度
air-water system	空气—水系统

air heater	空气加热器
alarm signal	报警信号
all-air system	全空气系统
all-water system	全水系统
ambient noise	环境噪声
ammonia	氨
angle scale	热湿比
apparatus dew point	机器露点
ammonia-water absorption-refrigerating machine	氨水吸收式制冷机
atmospheric condenser	淋激式冷凝器
atmospheric pressure	大气压力
automatic control	自动控制
axial fan	轴流式通风机
azeotropic mixture refrigerant	共沸溶液制冷剂
B	
back plate	挡风板
barometric pressure	大气压力
bimetallic thermometer	双金属温度计
building envelope	围护结构
butterfly damper	蝶阀
by-pass pipe	旁通管
C	
capillary tube	毛细管
Carnot cycle	卡诺循环
central air conditioning system	集中式空气调节系统
central ventilation system	新风系统
centrifugal compressor	离心式压缩机
centrifugal fan	离心式通风机
check damper	（通风）止回阀
check valve	止回阀
D	
deafener	消声器
decibel（dB）	分贝
degree of subcooling	过冷度
degree of superheat	过热度
dehumidifying cooling	减湿冷却
dew-point temperature	露点温度
differential pressure type flowmeter	差压流量计
diffuser air supply	散流器

direct air conditioning system 直流式空气调节系统
direct digital control（DDC）system 直接数字控制系统
direct-fired lithiumbromide absorption refrigerating machine 直燃式溴化锂吸收式制冷机
discharge pressure 排气压力
discharge temperature 排气温度
double-effect lithium bromide absorption refrigerating machine 双效溴化锂吸收式制冷机
double-pipe condenser 套管式冷凝器
dry air 干空气
dry-bulb temperature 干球温度
dry-expansion evaporator 干式蒸发器

E

economic velocity 经济流速
effective temperature difference 送风温差
ejector 喷射器
elbow 电加热器
electrode humidifier 电极式加湿器
enthalpy 焓
enthalpy entropy chart 焓熵图
enthalpy humidity chart 焓湿图
entropy 熵
evaporating pressure 蒸发压力
evaporating temperature 蒸发温度
evaporative condenser 蒸发式冷凝器
evaporator 蒸发器
exhaust opening 吸风口
exhaust outlet 排风口
expansion tank 膨胀水箱

F

face tube 皮托管
fan-coil air-conditioning system 风机盘管空气调节系统
flash gas 闪发气体
float valve 浮球阀
flooded evaporator 满液式蒸发器
foul gas 不凝性气体
four-pipe water system 四管制水系统
freon 氟利昂
fresh air handling unit 新风机组
fresh air requirement 新风量

G

generator 发生器

guide vane 导流板

H

hair hygrometer 毛发湿度计

heat conduction coefficient 导热系数

heat emitter 散热器

heat exchanger 换热器

heat （thermal） insulation 隔热

heat pump air conditioner 热泵式空气调节器

heat release 散热量

heat resistance 热阻

heat transfer 传热

humidification 加湿

humidity ratio 含湿量

I

impact tube 皮托管

indirect heat exchanger 表面式换热器

induction air-conditioning system 诱导式空气调节系统

industrial air conditioning 工艺性空气调节

L

latent heat 潜热

liquid-level gage 液位计

liquid receiver 贮液器

lithium bromide absorption refrigerating machine 溴化锂吸收式制冷机

local relief system 局部送风系统

local resistance 局部阻力

louver 百叶窗

M

main pipe 总管、干管

micromanometer 微压计

moist air 湿空气

moisture excess 余湿

moisture gain 散湿量

moisture gain from appliance and equipment 设备散湿量

moisture gain from occupant 人体散湿量

N

non azeotropic mixture refrigerant 非共沸溶液制冷剂

non condensable gas 不凝性气体

non-condensable gas separator	不凝性气体分离器
O	
oil cooler	油冷却器
on-of control	双位调节
open shell and tube condenser	立式壳管式冷凝器
outdoor temperature (humidity)	室外温(湿)度
overall heat transmission coefficient	传热系数
overflow pipe	溢流管
overheat steam	过热蒸气
P	
packaged heat pump	热泵式空气调节器
partial pressure of water vapor	水蒸气分压力
Pitot tube	皮托管
plate heat exchanger	板式换热器
pneumatic valve	气动调节阀
pressure enthalpy chart	压焓图
pressure gage	压力表
pressure reducing valve	减压阀
pressure relief device	泄压装置
pressure relief valve	安全阀
pressure volume chart	压容图
primary air fan-coil system	风机盘管加新风系统
primary air system	新风系统
primary return air	一次回风
process air conditioning	工艺性空气调节
proportional control	比例调节
proportional-integral (PI) control	比例积分调节
proportional-integral derivative (PID) control	比例积分微分调节
R	
radiant intensity	辐射强度
rating under air conditioning condition	空调工况制冷量
receiver	贮液器
reducing valve	减压阀
refrigerant	制冷剂
[refrigerating] coefficient of performance (COP)	(制冷)性能系数
refrigerating compressor	制冷压缩机
refrigeration cycle	制冷循环
refrigerating capacity	制冷量
refrigerating engineering	制冷工程

refrigerating machine	制冷机
refrigerating system	制冷系统
regulator	调节器
relative humidity	相对湿度
resistance of heat transfer	传热热阻
resistance thermometer	电阻温度计
return air	回风
reverse Carnot cycle	逆卡诺循环
reversed return system	同程式系统
reversible cycle	可逆循环
S	
safety valve	安全阀
screw compressor	螺杆式压缩机
secondary refrigerant	载冷剂
secondary return air	二次回风
sensible cooling	等湿冷却
sensible heat	显热
sensible heating	等湿加热
sensor	传感器
shell and tube condenser	壳管式冷凝器
shell and tube evaporator	壳管式蒸发器
shutter	百叶窗
sidewall air supply	侧面送风
single duct air conditioning system	单风管空气调节系统
single-effect lithium bromide absorption refrigerating machine	单效溴化锂吸收式制冷机
solenoid valve	电磁阀
space cooling load	房间冷负荷
space heat gain	房间得热量
space moisture load	房间湿负荷
specific enthalpy	比焓
split air conditioner	分体式空气调节器
splitter	分离器
spray-type evaporator	喷淋式蒸发器
standard conditions	标准工况
standard rating [of refrigerating machine]	标准制冷量
steady-state heat transfer	稳态传热
steam jet refrigeration cycle	蒸气喷射式制冷循环
steam-water mixed heat exchanger	汽-水混合式换热器
stop valve	截止阀

subcooling	过冷
superheat	过热
superheated steam	过热蒸气
supply air temperature difference	送风温差
surface thermal conductance	表面传热系数
surface-type heat exchanger	表面式换热器
T	
thermal conductivity [coefficient]	导热系数
thermal diffusivity	热扩散率
thermal insulation material	保温材料
thermal resistance	热阻
thermistor thermometer	热敏电阻温度计
thermodynamic cycle	热力循环
thermostatic expansion valve	热力膨胀阀
three-pipe water system	三管制水系统
throttling expansion	节流膨胀
tube-in-tube condenser	套管式冷凝器
two-position control	双位调节
V	
vacuum pump	真空泵
vapor	蒸气
variable air volume (VAV) air conditioning system	变风量空气调节系统
vertical-type evaporator	立管式蒸发器
W	
water as refrigerant	冷剂水
water-cooled condenser	水冷冷凝器
water system	水系统
wet-bulb temperature	湿球温度

附录B 常用热力性质表

附表 B-1 未饱和水与过热水蒸气的热力性质表

p	0.001MPa			0.005MPa			0.01MPa			0.1MPa		
饱和参数	t_s = 6.949℃ v' = 0.0010001m³/kg v'' = 129.185m³/kg h' = 29.21kJ/kg h'' = 2513.3kJ/kg s' = 0.1056kJ/(kg·K) s'' = 8.9735kJ/(kg·K)			t_s = 32.879℃ v' = 0.0010053m³/kg v'' = 28.191m³/kg h' = 137.72kJ/kg h'' = 2560.6kJ/kg s' = 0.4761kJ/(kg·K) s'' = 8.3930kJ/(kg·K)			t_s = 45.799℃ v' = 0.0010103m³/kg v'' = 14.673m³/kg h' = 191.76kJ/kg h'' = 2583.7kJ/kg s' = 0.6490kJ/(kg·K) s'' = 8.1481kJ/(kg·K)			t_s = 99.634℃ v' = 0.0010431m³/kg v'' = 1.6943m³/kg h' = 417.52kJ/kg h'' = 2675.1kJ/kg s' = 1.3028kJ/(kg·K) s'' = 7.3589kJ/(kg·K)		
t/℃	v/(m³/kg)	h/(kJ/kg)	s/[kJ/(kg·K)]	v/(m³/kg)	h/(kJ/kg)	s/[kJ/(kg·K)]	v/(m³/kg)	h/(kJ/kg)	s/[kJ/(kg·K)]	v/(m³/kg)	h/(kJ/kg)	s/[kJ/(kg·K)]
0	0.0010002	-0.05	-0.0002	0.0010002	0.05	0.0002	0.0010002	-0.04	-0.0002	0.0010002	0.05	-0.0002
10	130.598	2519.0	8.9938	0.0010003	42.01	0.1510	0.0010003	42.01	0.1510	0.0010003	42.10	0.1510
20	135.226	2537.7	9.0588	0.0010018	83.87	0.2963	0.0010018	83.87	0.2963	0.0010018	83.96	0.2963
40	144.475	2575.2	9.1823	28.854	2574.0	8.4366	0.0010079	167.51	0.5723	0.0010078	167.59	0.5723
60	153.717	2612.7	9.2984	30.712	2611.8	8.5537	15.336	2610.8	8.2313	0.0010171	251.22	0.8312
80	162.956	2650.3	9.4080	32.566	2649.7	8.6639	16.268	2648.9	8.3422	0.0010290	334.97	1.0753
100	172.192	2688.0	9.5120	34.418	2687.5	8.7682	17.196	2686.9	8.4471	1.6961	2675.9	7.3609
120	181.426	2725.9	9.6109	36.269	2725.5	8.8674	18.124	2725.1	8.5466	1.7931	2716.3	7.4665
140	190.660	2764.0	9.7054	38.118	2763.7	8.9620	19.050	2763.3	8.6414	1.8889	2756.2	7.5654
160	199.893	2802.3	9.7959	39.967	2802.0	9.0526	19.976	2801.7	8.7322	1.9838	2795.8	7.6590
180	209.126	2840.7	9.8827	41.815	2840.5	9.1396	20.901	2840.2	8.8192	2.0783	2835.3	7.7482
200	218.358	2879.4	9.9662	43.662	2879.2	9.2232	21.826	2879.0	8.9029	2.1723	2874.8	7.8334
220	227.590	2918.3	10.0468	45.510	2918.2	9.3038	22.750	2918.0	8.9835	2.2659	2914.3	7.9152
240	236.821	2957.5	10.1246	47.357	2957.3	9.3816	23.674	2957.1	9.0614	2.3594	2953.9	7.9940
260	246.053	2996.8	10.1998	49.204	2996.7	9.4569	24.598	2996.5	9.1367	2.4527	2993.7	8.0701
280	255.284	3036.4	10.2727	51.051	3036.3	9.5298	25.522	3036.2	9.2097	2.5458	3033.6	8.1436
300	264.515	3076.2	10.3434	52.898	3076.1	9.6005	26.446	3076.0	9.2805	2.6388	3073.8	8.2148
350	287.592	3176.8	10.5117	57.514	3176.7	9.7688	28.755	3176.6	9.4488	2.8709	3174.9	8.3840
400	310.669	3278.9	10.6692	62.131	3278.8	9.9264	31.063	3278.7	9.6064	3.1027	3277.3	8.5422
450	333.746	3382.4	10.8176	66.747	3382.4	10.0747	33.372	3382.3	9.7548	3.3342	3381.2	8.6909
500	356.823	3487.5	10.9581	71.362	3487.5	10.2153	35.680	3487.4	9.8953	3.5656	3486.5	8.8317
550	379.900	3594.4	11.0921	75.978	3594.4	10.3493	37.988	3594.3	10.0293	3.7968	3593.5	8.9659
600	402.976	3703.4	11.2206	80.594	3703.4	10.4778						

（续）

p	0.5MPa			1MPa			3MPa			5MPa		
饱和参数	t_s = 151.867℃ v' = 0.0010925m³/kg v'' = 0.37490m³/kg h' = 640.35kJ/kg h'' = 2748.6kJ/kg s' = 1.8610kJ/(kg·K) s'' = 6.8214kJ/(kg·K)			t_s = 179.916℃ v' = 0.0011272m³/kg v'' = 0.19440m³/kg h' = 762.84kJ/kg h'' = 2777.7kJ/kg s' = 2.1388kJ/(kg·K) s'' = 6.5859kJ/(kg·K)			t_s = 233.893℃ v' = 0.0012166m³/kg v'' = 0.066700m³/kg h' = 1008.2kJ/kg h'' = 2803.2kJ/kg s' = 2.6454kJ/(kg·K) s'' = 6.1854kJ/(kg·K)			t_s = 263.980℃ v' = 0.0012861m³/kg v'' = 0.039400m³/kg h' = 1154.2kJ/kg h'' = 2793.6kJ/kg s' = 2.9200kJ/(kg·K) s'' = 5.9724kJ/(kg·K)		
t/℃	v/(m³/kg)	h/(kJ/kg)	s/[kJ/(kg·K)]	v/(m³/kg)	h/(kJ/kg)	s/[kJ/(kg·K)]	v/(m³/kg)	h/(kJ/kg)	s/[kJ/(kg·K)]	v/(m³/kg)	h/(kJ/kg)	s/[kJ/(kg·K)]
0	0.0010000	0.46	-0.0001	0.0009997	0.97	-0.0001	0.0009987	3.01	0.0000	0.0009977	5.04	0.0002
10	0.0010001	42.49	0.1510	0.0009999	42.98	0.1509	0.0009989	44.92	0.1507	0.0009979	46.87	0.1506
20	0.0010016	84.33	0.2962	0.0010014	84.80	0.2961	0.0010005	86.68	0.2957	0.0009996	88.55	0.2952
40	0.0010077	167.94	0.5721	0.0010074	168.38	0.5719	0.0010066	170.15	0.5711	0.0010057	171.92	0.5704
60	0.0010169	251.56	0.8310	0.0010167	251.98	0.8307	0.0010158	253.66	0.8296	0.0010149	255.34	0.8286
80	0.0010288	335.29	1.0750	0.0010286	335.69	1.0747	0.0010276	337.28	1.0734	0.0010267	338.87	1.0721
100	0.0010432	419.36	1.3066	0.0010430	419.74	1.3062	0.0010420	421.24	1.3047	0.0010410	422.75	1.3031
120	0.0010601	503.97	1.5275	0.0010599	504.32	1.5270	0.0010587	505.73	1.5252	0.0010576	507.14	1.5234
140	0.0010796	589.30	1.7392	0.0010793	589.62	1.7386	0.0010781	590.92	1.7366	0.0010768	592.23	1.7345
160	0.38358	2767.2	6.8647	0.0011017	675.84	1.9424	0.0011002	677.01	1.9400	0.0010988	678.19	1.9377
180	0.40450	2811.7	6.9651	0.19443	2777.9	6.5864	0.0011256	764.23	2.1369	0.0011240	765.25	2.1342
200	0.42487	2854.9	7.0585	0.20590	2827.3	6.6931	0.0011549	852.93	2.3284	0.0011529	853.75	2.3253
220	0.44485	2897.3	7.1462	0.21686	2874.2	6.7903	0.0011891	943.65	2.5162	0.0011867	944.21	2.5125
240	0.46455	2939.2	7.2295	0.22745	2919.6	6.8804	0.068184	2823.4	6.2250	0.0012266	1037.3	2.6976
260	0.48404	2980.8	7.3091	0.23779	2963.8	6.9650	0.072828	2884.4	6.3417	0.0012751	1134.3	2.8829
280	0.50336	3022.2	7.3853	0.24793	3007.3	7.0451	0.077101	2940.1	6.4443	0.042228	2855.8	6.0864
300	0.52255	3063.6	7.4588	0.25793	3050.4	7.1216	0.081226	2992.4	6.5371	0.045301	2923.3	6.2064
350	0.57012	3167.0	7.6319	0.28247	3157.0	7.2999	0.090520	3114.4	6.7414	0.051932	3067.4	6.4477
400	0.61729	3271.1	7.72924	0.30658	3263.1	7.4638	0.099352	3230.1	6.9199	0.057804	3194.9	6.6446
420	0.63608	3312.9	7.8537	0.31615	3305.6	7.5260	0.102787	3275.4	6.9864	0.060033	3243.6	6.7159
440	0.65483	3354.9	7.9135	0.32568	3348.2	7.5866	0.106180	3320.5	7.0505	0.062216	3291.5	6.7840
450	0.66420	3376.0	7.9428	0.33043	3369.6	7.6163	0.107864	3343.0	7.0817	0.063291	3.315.2	6.8170
460	0.67356	3397.2	7.9719	0.33518	3390.9	7.6456	0.109540	3365.4	7.1125	0.064358	3338.8	6.8494
480	0.69226	3439.6	8.0289	0.34465	3433.8	7.7033	0.112870	3410.1	7.1728	0.066469	3385.6	6.9125
500	0.71094	3482.2	8.0848	0.35410	3476.8	7.7597	0.116174	3454.9	7.2314	0.068552	3432.2	6.9735
550	0.75755	3589.9	8.2198	0.37764	3585.4	7.8958	0.124349	3566.9	7.3718	0.073664	3548.0	7.1187
600	0.80408	3699.6	8.3491	0.40109	3695.7	8.0259	0.132427	3679.9	7.5051	0.078675	3663.9	7.2553

（续）

p	7MPa			10MPa			14MPa			20MPa		
饱和参数	t_s = 285.869℃ v' = 0.0013515m^3/kg v'' = 0.027400m^3/kg h' = 1266.9kJ/kg h'' = 2771.7kJ/kg s' = 3.1210kJ/(kg·K) s'' = 5.8129kJ/(kg·K)			t_s = 311.037℃ v' = 0.0014522m^3/kg v'' = 0.018000m^3/kg h' = 1407.2kJ/kg h'' = 2724.5kJ/kg s' = 3.3591kJ/(kg·K) s'' = 5.6139kJ/(kg·K)			t_s = 336.707℃ v' = 0.0016097m^3/kg v'' = 0.011500m^3/kg h' = 1570.4kJ/kg h'' = 2637.1kJ/kg s' = 3.6220kJ/(kg·K) s'' = 5.3711kJ/(kg·K)			t_s = 365.789℃ v' = 0.0020379m^3/kg v'' = 0.0058702m^3/kg h' = 1827.2kJ/kg h'' = 2413.1kJ/kg s' = 4.0153kJ/(kg·K) s'' = 4.9322kJ/(kg·K)		
t/℃	v/(m^3/kg)	h/(kJ/kg)	s/[kJ/(kg·K)]	v/(m^3/kg)	h/(kJ/kg)	s/[kJ/(kg·K)]	v/(m^3/kg)	h/(kJ/kg)	s/[kJ/(kg·K)]	v/(m^3/kg)	h/(kJ/kg)	s/[kJ/(kg·K)]
0	0.0009967	7.07	0.0003	0.0009952	10.09	0.0004	0.0009933	14.10	0.0005	0.0009904	20.08	0.0006
10	0.0009970	48.80	0.1504	0.0009956	51.7	0.1500	0.0009938	55.55	0.1496	0.0009911	61.29	0.1488
20	0.0009986	90.42	0.2948	0.0009973	93.22	0.2942	0.0009955	96.95	0.2932	0.0009929	102.50	0.2919
40	0.0010048	173.69	0.5696	0.0010035	176.34	0.5684	0.0010018	179.86	0.5669	0.0009992	185.13	0.5645
60	0.0010140	257.01	0.8275	0.0010127	259.53	0.8259	0.0010109	262.88	0.8239	0.0010084	267.90	0.8207
80	0.0010258	340.46	1.0708	0.0010244	342.85	1.0688	0.0010226	346.04	1.0663	0.0010199	350.82	1.0624
100	0.0010399	424.25	1.3016	0.0010385	426.51	1.2993	0.0010365	429.53	1.2962	0.0010336	434.06	1.2917
120	0.0010565	508.55	1.5216	0.0010549	510.68	1.5190	0.0010527	513.52	1.5155	0.0010496	517.79	1.5103
140	0.0010756	593.54	1.7325	0.0010738	595.50	1.7294	0.0010714	598.14	1.7254	0.0010679	602.12	1.7195
160	0.0010974	697.37	1.9353	0.0010953	681.16	1.9319	0.0010926	683.56	1.9273	0.0010886	687.20	1.9206
180	0.0011223	766.28	2.1315	0.0011199	767.84	2.1275	0.0011167	769.96	2.1223	0.0011121	773.19	2.1147
200	0.0011510	854.59	2.3222	0.0011481	855.88	2.3176	0.0011443	857.63	2.3116	0.0011389	860.36	2.3029
220	0.0011842	944.79	2.5089	0.0011807	945.71	2.5036	0.0011761	947.00	2.4966	0.0011695	949.07	2.4865
240	0.0012235	1037.6	2.6933	0.0012190	1038.0	2.6870	0.0012132	1038.6	2.6788	0.0012051	1039.8	2.6670
260	0.0012710	1134.0	2.8776	0.0012650	1133.6	2.8698	0.0012574	1133.4	2.859.9	0.0012469	1133.4	2.8457
280	0.0013307	1235.7	3.0648	0.0013222	1234.2	3.0549	0.0013117	1232.5	3.0424	0.0012974	1230.7	3.0249
300	0.029457	2837.5	5.9291	0.0013975	1342.3	3.2469	0.0013814	1338.2	3.2300	0.0013605	1333.4	3.2072
350	0.035225	3014.8	6.2265	0.022415	2922.1	5.9423	0.013218	2751.2	5.5564	0.0016645	1645.3	3.7275
400	0.039917	3157.3	6.4465	0.026402	3095.8	6.2109	0.017218	3001.1	5.9436	0.0099458	2816.8	5.5520
450	0.044143	3286.2	6.6314	0.029735	3240.5	6.4184	0.020074	3174.2	6.1919	0.0127013	3060.7	5.9025
500	0.048110	3408.9	6.7954	0.032750	3372.8	6.5954	0.022512	3322.3	6.3900	0.0147681	3239.3	6.1415
520	0.049649	3457.0	6.8569	0.033900	3423.8	6.6605	0.023418	3377.9	6.4610	0.0155046	3303.0	6.2229
540	0.051166	3504.8	6.9164	0.035027	3474.1	6.7232	0.024295	3432.1	6.5285	0.0162067	3364.0	6.2989
550	0.051917	3528.7	6.9456	0.035582	3499.1	6.7537	0.024724	3458.7	6.5611	0.0165471	3393.7	6.3352
560	0.052664	3552.4	6.9743	0.036133	3523.9	6.7837	0.025147	3485.2	6.5931	0.0168811	3422.9	6.3705
580	0.054147	3600.0	7.0306	0.037222	3573.3	6.8423	0.025978	3537.5	6.6551	0.0175328	3480.3	6.4385
600	0.055617	3647.5	7.0857	0.038297	3622.5	6.8992	0.026792	3589.1	6.7149	0.0181655	3536.3	6.5035

（续）

p	25MPa			30MPa		
t/℃	v/(m^3/kg)	h/(kJ/kg)	s/[kJ/(kg·K)]	v/(m^3/kg)	h/(kJ/kg)	s/[kJ/(kg·K)]
0	0.0009880	25.01	0.0006	0.0009857	29.92	0.0005
10	0.0009888	66.04	0.1481	0.0009866	70.77	0.1474
20	0.0009908	107.11	0.2907	0.0009887	111.71	0.2895
40	0.0009972	189.51	0.5626	0.0009951	193.87	0.5606
60	0.0010063	272.08	0.8182	0.0010042	276.25	0.8156
80	0.0010177	354.80	1.0593	0.0010155	358.78	1.0562
100	0.0010313	437.85	1.2880	0.0010290	441.64	1.2844
120	0.0010470	521.36	1.5061	0.0010445	524.95	1.5019
140	0.0010650	605.46	1.7147	0.0010622	608.82	1.7100
160	0.0010854	690.27	1.9152	0.0010822	693.36	1.9098
180	0.0011084	775.94	2.1085	0.0011048	778.72	2.1024
200	0.0011345	862.71	2.2959	0.0011303	865.12	2.2890
220	0.0011643	950.91	2.4785	0.0011593	952.85	2.4706
240	0.0011986	1041.0	2.6575	0.0011925	1042.3	2.6485
260	0.0012387	1133.6	2.8346	0.0012311	1134.1	2.8239
280	0.0012866	1229.6	3.0113	0.0012766	1229.0	2.9985
300	0.0013453	1330.3	3.1901	0.0013317	1327.9	3.1742
350	0.0015981	1623.1	3.6788	0.0015522	1608.0	3.6420
400	0.0060014	2578.0	5.1386	0.0027929	2150.6	4.4721
450	0.0091666	2950.5	5.6754	0.0067363	2822.1	5.4433
500	0.0111229	3164.1	5.9614	0.0086761	3083.3	5.7934
520	0.0117897	3236.1	6.0534	0.0093033	3165.4	5.8982
540	0.0124156	3303.8	6.1377	0.0098825	3240.8	5.9921
550	0.0127161	3336.4	6.1775	0.0101580	3276.6	6.0359
560	0.0130095	3368.2	6.2160	0.0104254	3311.4	6.0780
580	0.0135578	3430.2	6.2895	0.0109397	3378.5	6.1576
600	0.0141249	3490.2	6.3591	0.0114310	3442.9	6.2321

注：粗水平线之上为未饱和水，粗水平线之下为过热水蒸气。

附表 B-2 饱和水与干饱和水蒸气的热力性质表（按温度排列）

温度	压力	比体积		焓		汽化热	熵	
温度 t/℃	压力 p/MPa	液体 v'/$\left(\frac{m^3}{kg}\right)$	蒸汽 v''/$\left(\frac{m^3}{kg}\right)$	液体 h'/$\left(\frac{kJ}{kg}\right)$	蒸汽 h''/$\left(\frac{kJ}{kg}\right)$	r/$\left(\frac{kJ}{kg}\right)$	液体 s'/$\left[\frac{kJ}{(kg \cdot K)}\right]$	蒸汽 s''/$\left[\frac{kJ}{(kg \cdot K)}\right]$
0	0.0006112	0.00100022	206.154	-0.05	2500.51	2500.6	-0.0002	9.1544
0.01	0.0006117	0.00100021	206.012	0.00	2500.53	2500.5	0.0000	9.1541
1	0.0006571	0.00100018	192.464	4.18	2502.35	2498.2	0.0153	9.1278
2	0.0007059	0.00100013	179.787	8.39	2504.19	2495.8	0.0306	9.1014
3	0.0007580	0.00100009	168.041	12.61	2506.03	2493.4	0.0459	9.0752
4	0.0008135	0.00100008	157.151	16.82	2507.87	2491.1	0.0611	9.0493
5	0.0008725	0.00100008	147.048	21.02	2509.71	2488.7	0.0763	9.0236
6	0.0009325	0.00100010	137.670	25.22	2511.55	2486.3	0.0913	8.9982
7	0.0010019	0.00100014	128.961	29.42	2513.39	2484.0	0.1063	8.9730
8	0.0010728	0.00100019	120.868	33.62	2515.23	2481.6	0.1213	8.9480
9	0.0011480	0.00100026	113.342	37.81	2517.06	2479.3	0.1362	8.9233
10	0.0012279	0.00100034	106.341	42.00	2518.90	2476.9	0.1510	8.8988
11	0.0013126	0.00100043	99.825	46.19	2520.74	2474.5	0.1658	8.8745
12	0.0014025	0.00100054	93.756	50.38	2522.57	2472.2	0.1805	8.8504
13	0.0014977	0.00100066	88.101	54.57	2524.41	2469.8	0.1952	8.8265
14	0.0015985	0.00100080	82.828	58.76	2526.24	2467.5	0.2098	8.8029
15	0.0017053	0.00100094	77.910	62.95	2528.07	2465.1	0.2243	8.7794
16	0.0018183	0.00100110	73.320	67.13	2529.90	2462.8	0.2388	8.7562
17	0.0019377	0.00100127	69.034	71.32	2531.72	2460.4	0.2533	8.7331
18	0.0020640	0.00100145	65.029	75.50	2533.55	2458.1	0.2677	8.7103
19	0.0021975	0.00100165	61.287	79.68	2535.37	2455.7	0.2820	8.6877
20	0.0023385	0.00100185	57.786	83.86	2537.20	2453.3	0.2963	8.6652
22	0.0026444	0.00100229	51.445	92.23	2540.84	2448.6	0.3247	8.6210
24	0.0029846	0.00100276	45.884	100.59	2544.47	2443.9	0.3530	8.5774
26	0.0033625	0.00100328	40.997	108.95	2548.10	2439.2	0.3810	8.5347
28	0.0037814	0.00100383	36.694	117.32	2551.73	2434.4	0.4089	8.4927
30	0.0042451	0.00100442	32.899	125.68	2555.35	2429.7	0.4366	8.4514
35	0.0056263	0.00100605	25.222	146.59	2564.38	2417.8	0.5050	8.3511
40	0.0073811	0.00100789	19.529	167.50	2573.36	2405.9	0.5723	8.2551
45	0.0095897	0.00100993	15.2636	188.42	2582.30	2393.9	0.6386	8.1630
50	0.0123446	0.00101216	12.0365	209.33	2591.19	2381.9	0.7038	8.0745
55	0.015752	0.00101455	9.5723	230.24	2600.02	2369.8	0.7680	7.9896
60	0.019933	0.00101713	7.6740	251.15	2608.79	2357.6	0.8312	7.9080
65	0.025024	0.00101986	6.1992	272.08	2617.48	2345.4	0.8935	7.8295
70	0.031178	0.00102276	5.0443	293.01	2626.10	2333.1	0.9550	7.7540
75	0.038565	0.00102582	4.1330	313.96	2634.63	2320.7	1.0156	7.6812
80	0.047376	0.00102903	3.4086	334.93	2643.06	2308.1	1.0753	7.6112

（续）

温度	压力	比体积		焓		汽化热	熵	
		液体	蒸汽	液体	蒸汽		液体	蒸汽
t/℃	p/MPa	v'/$\left(\frac{m^3}{kg}\right)$	v''/$\left(\frac{m^3}{kg}\right)$	h'/$\left(\frac{kJ}{kg}\right)$	h''/$\left(\frac{kJ}{kg}\right)$	r/$\left(\frac{kJ}{kg}\right)$	s'/$\left[\frac{kJ}{(kg \cdot K)}\right]$	s''/$\left[\frac{kJ}{(kg \cdot K)}\right]$
85	0.057818	0.00103240	2.8288	355.92	2651.40	2295.5	1.1343	7.5436
90	0.070121	0.00103593	2.3616	376.94	2659.63	2282.7	1.1926	7.4783
95	0.084533	0.00103961	1.9827	397.98	2667.73	2269.7	1.2501	7.4154
100	0.101325	0.00104344	1.6736	419.06	2675.71	2256.6	1.3069	7.3545
110	0.143243	0.00105156	1.2106	461.33	2691.26	2229.9	1.4186	7.2386
120	0.198483	0.00106031	0.89219	503.76	2706.18	2202.4	1.5277	7.1297
130	0.270018	0.00106968	0.66873	546.38	2720.39	2174.0	1.6346	7.0272
140	0.361190	0.00107972	0.50900	589.21	2733.81	2144.6	1.7393	6.9302
150	0.47571	0.00109046	0.39286	632.28	2746.35	2114.1	1.8420	6.8381
160	0.61766	0.00110193	0.30709	675.62	2757.92	2082.3	1.9429	6.7502
170	0.79147	0.00111420	0.24283	719.25	2768.42	2049.2	2.0420	6.6661
180	1.00193	0.00112732	0.19403	763.22	2777.74	2014.5	2.1396	6.5852
190	1.25417	0.00114136	0.15650	807.56	2785.80	1978.2	2.2358	6.5071
200	1.55366	0.00115641	0.12732	852.34	2792.47	1940.1	2.3307	6.4312
210	1.90617	0.00117258	0.10438	897.62	2797.65	1900.0	2.4245	6.3571
220	2.31783	0.0011900	0.086157	943.46	2801.20	1857.7	2.5175	6.2846
230	2.79505	0.00120882	0.071553	989.95	2803.00	1813.0	2.6096	6.2130
240	3.34459	0.00122922	0.059743	1037.2	2802.88	1765.7	2.7013	6.1422
250	3.97351	0.00125145	0.050112	1085.3	2800.66	1715.4	2.7926	6.0716
260	4.68923	0.00127579	0.042195	1134.3	2796.14	1661.8	2.8837	6.0007
270	5.49956	0.00130262	0.035637	1184.5	2789.05	1604.5	2.9751	5.9292
280	6.41273	0.00133242	0.030165	1236.0	2779.08	1543.1	3.0668	5.8564
290	7.43746	0.00136582	0.025565	1289.1	2765.81	1476.7	3.1594	5.7817
300	8.58308	0.00140369	0.021669	1344.0	2748.71	1404.7	3.2533	5.7042
310	9.8597	0.00144728	0.018343	1401.2	2727.01	1325.9	3.3490	5.6226
320	11.278	0.00149844	0.015479	1461.2	2699.72	1238.5	3.4475	5.5356
330	12.851	0.00156008	0.012987	1524.9	2665.30	1140.4	3.5500	5.4408
340	14.593	0.00163728	0.010790	1593.7	2621.32	1027.6	3.6586	5.3345
350	16.521	0.00174008	0.008812	1670.3	2563.39	893.0	3.7773	5.2104
360	18.657	0.00189423	0.006958	1761.1	2481.68	720.6	3.9155	5.0536
370	21.033	0.00221480	0.004982	1891.7	2338.79	447.1	4.1125	4.8076
371	21.286	0.00227969	0.004735	1911.8	2314.11	402.3	4.1429	4.7674
372	21.542	0.00236530	0.004451	1936.1	2282.99	346.9	4.1796	4.7173
373	21.802	0.00249600	0.004087	1968.8	2237.98	269.2	4.2292	4.6458

注：临界参数为 $p_c = 22.064$MPa，$h_c = 2085.9$kJ/kg，$v_c = 0.003106$m³/kg，$s_c = 4.4092$kJ/(kg · K)，$t_c = 373.99$℃。

附表 B-3 饱和水与干饱和水蒸气的热力性质表（按压力排列）

压力	温度	比体积		焓		汽化热	熵	
		液体	蒸汽	液体	蒸汽		液体	蒸汽
p/MPa	t/℃	v'/$\left(\frac{m^3}{kg}\right)$	v''/$\left(\frac{m^3}{kg}\right)$	h'/$\left(\frac{kJ}{kg}\right)$	h''/$\left(\frac{kJ}{kg}\right)$	r/$\left(\frac{kJ}{kg}\right)$	s'/$\left[\frac{kJ}{(kg \cdot K)}\right]$	s''/$\left[\frac{kJ}{(kg \cdot K)}\right]$
0.0010	6.9491	0.0010001	129.185	29.21	2513.29	2484.1	0.1056	8.9735
0.0020	17.5403	0.0010014	67.008	73.58	2532.71	2459.1	0.2611	8.7220
0.0030	24.1142	0.0010028	45.666	101.07	2544.68	2443.6	0.3546	8.5758
0.0040	28.9533	0.0010041	34.796	121.30	2553.45	2432.2	0.4221	8.4725
0.0050	32.8793	0.0010053	28.191	137.72	2560.55	2422.8	0.4761	8.3830
0.0060	36.1663	0.0010065	23.738	151.47	2566.48	2415.0	0.5208	8.3283
0.0070	38.9967	0.0010075	20.528	163.31	2571.56	2408.3	0.5589	8.2737
0.0080	41.5075	0.0010085	18.102	173.81	2576.06	2402.3	0.5924	8.2266
0.0090	43.7901	0.0010094	16.204	183.36	2580.15	2396.8	0.6226	8.1854
0.010	45.7988	0.0010103	14.673	191.76	2583.72	2392.0	0.6490	8.1481
0.015	53.9705	0.0010140	10.022	225.93	2598.21	2372.3	0.7548	8.0065
0.020	60.0650	0.0010172	7.6497	251.43	2608.90	2357.5	0.8320	7.9068
0.025	64.972	0.0010198	6.2047	271.96	2617.43	2345.5	0.8932	7.8298
0.030	69.1041	0.0010222	5.2296	289.26	2624.56	2335.3	0.9440	7.7671
0.040	75.8720	0.0010264	3.9939	317.61	2636.10	2318.5	1.0260	7.6688
0.050	81.3388	0.0010299	3.2409	340.55	2645.31	2304.8	1.0912	7.5928
0.060	85.9496	0.0010331	2.7324	359.91	2652.97	2293.1	1.1454	7.5310
0.070	89.9556	0.0010359	2.3654	376.75	2659.55	2282.8	1.1921	7.4789
0.080	93.5107	0.0010385	2.0876	391.71	2665.33	2273.6	1.2330	7.4339
0.090	96.7121	0.0010409	1.8698	405.20	2670.48	2265.3	1.2696	7.3943
0.10	99.634	0.0010432	1.6943	417.52	2675.14	2257.6	1.3028	7.3589
0.12	104.810	0.0010473	1.4287	439.37	2683.26	2243.9	1.3609	7.2978
0.14	109.318	0.0010510	1.2368	458.44	2690.22	2231.8	1.4110	7.2462
0.16	113.326	0.0010544	1.09159	475.42	2696.29	2220.9	1.4552	7.2016
0.18	116.941	0.0010576	0.97767	490.76	2701.69	2210.9	1.4946	7.1623
0.20	120.240	0.0010605	0.88585	504.78	2706.53	2201.7	1.5303	7.1272
0.25	127.444	0.0010672	0.71879	535.47	2716.83	2181.4	1.6075	7.0528
0.30	133.556	0.0010732	0.60587	561.58	2725.26	2163.7	1.672.1	6.9921
0.35	138.891	0.0010786	0.52427	584.45	2732.37	2147.9	1.7278	6.9407
0.40	143.642	0.0010835	0.46246	604.87	2738.49	2133.6	1.7769	6.8961
0.45	147.939	0.0010882	0.41396	623.38	2743.85	2120.5	1.8210	6.8567
0.50	151.867	0.0010925	0.37486	640.35	2748.59	2108.2	1.8610	6.8214
0.60	158.863	0.0011006	0.31563	670.67	2756.66	2086.0	1.9315	6.7600
0.70	164.983	0.0011079	0.27281	697.32	2763.29	2066.0	1.9925	6.7079
0.80	170.444	0.0011148	0.24037	721.20	2768.86	2047.7	2.0464	6.6625
0.90	175.389	0.0011212	0.21491	742.90	2773.59	2030.7	2.0948	6.6222

（续）

压力	温度	比体积		焓		汽化热	熵	
		液体	蒸汽	液体	蒸汽		液体	蒸汽
p/MPa	t/℃	v'/$\left(\frac{m^3}{kg}\right)$	v''/$\left(\frac{m^3}{kg}\right)$	h'/$\left(\frac{kJ}{kg}\right)$	h''/$\left(\frac{kJ}{kg}\right)$	r/$\left(\frac{kJ}{kg}\right)$	s'/$\left[\frac{kJ}{(kg \cdot K)}\right]$	s''/$\left[\frac{kJ}{(kg \cdot K)}\right]$
1.00	179.916	0.0011272	0.19438	762.84	2777.67	2014.8	2.1388	6.5859
1.10	184.100	0.0011330	0.17747	781.35	2781.21	1999.9	2.1792	6.5529
1.20	187.995	0.0011385	0.16328	798.64	2784.29	1985.7	2.2166	6.5225
1.30	191.644	0.0011438	0.15120	814.89	2786.99	1972.1	2.2515	6.4944
1.40	195.078	0.0011489	0.14079	830.24	2789.37	1959.1	2.2841	6.4683
1.50	198.327	0.0011538	0.13172	844.82	2791.46	1946.6	2.3149	6.4437
1.60	201.410	0.0011586	0.12375	858.69	2793.29	1934.6	2.3440	6.4206
1.70	204.346	0.0011633	0.11668	871.96	2794.91	1923.0	2.3716	6.3988
1.80	207.151	0.0011679	0.11037	884.67	2796.33	1911.7	2.3979	6.3781
1.90	209.838	0.0011723	0.104707	896.88	2797.58	1900.7	2.4230	6.3583
2.00	212.417	0.0011767	0.099588	908.64	2798.66	1890.0	2.4471	6.3395
2.20	217.289	0.0011851	0.090700	930.97	2800.41	1869.4	2.4924	6.3041
2.40	221.829	0.0011933	0.083244	951.91	2801.67	1849.8	2.5344	6.2714
2.60	226.085	0.0012013	0.076898	971.67	2802.51	1830.8	2.5736	6.2409
2.80	230.096	0.0012090	0.071427	990.41	2803.01	1812.6	2.6105	6.2123
3.00	233.893	0.0012166	0.066662	1008.2	2803.19	1794.9	2645.4	6.1854
3.50	242.597	0.0012348	0.057054	1049.6	2802.51	1752.9	2.7250	6.1238
4.00	250.394	0.0012524	0.049771	1087.2	2800.53	1713.4	2.7962	6.0688
5.00	263.980	0.0012862	0.039439	1154.2	2793.64	1639.5	2.9201	5.9724
6.00	275.625	0.0013190	0.032440	1213.3	2783.82	1570.5	3.0266	5.8885
7.00	285.869	0.0013515	0.027371	1266.9	2771.72	1504.8	3.1210	5.8129
8.00	295.048	0.0013843	0.023520	1316.5	2757.70	1441.2	3.2066	5.7430
9.00	303.385	0.0014177	0.020485	1363.1	2741.92	1378.9	3.2854	5.6771
10.0	311.037	0.0014522	0.018026	1407.2	2724.46	1317.2	3.3591	5.6139
11.0	318.118	0.0014881	0.015987	1449.6	2705.34	1255.7	3.4287	5.5525
12.0	324.715	0.0015260	0.014263	1490.7	2684.50	1193.8	3.4952	5.4920
13.0	330.894	0.0015662	0.012780	1530.8	2661.80	1131.0	3.5594	5.4318
14.0	336.707	0.0016097	0.011486	1570.4	2637.07	1066.7	3.6220	5.3711
15.0	342.196	0.0016571	0.010340	1609.8	2610.01	1000.2	3.6836	5.3091
16.0	347.396	0.0017099	0.009311	1649.4	2580.21	930.8	3.7451	5.2450
17.0	352.334	0.0017701	0.008373	1690.0	2547.01	857.1	3.8073	5.1776
18.0	357.034	0.0018402	0.007503	1732.0	2509.45	777.4	3.8715	5.1051
19.0	361.514	0.0019258	0.006679	1776.9	2465.87	688.9	3.9395	5.0250
20.0	365.789	0.0020379	0.005870	1827.2	2413.05	585.9	4.0153	4.9322
21.0	369.868	0.0022073	0.005012	1889.2	2341.67	452.4	4.1088	4.8124
22.0	373.752	0.0027040	0.003684	2013.0	2084.02	71.0	4.2969	4.4066

附表 B-4 氨（R717）的饱和液体与干饱和蒸气表（按温度排列）

温度	绝对压力	比体积		焓		汽化热	熵	
t/℃	p/kPa	v'/($10^{-3}m^3$/kg)	v''/(m^3/kg)	h'/(kJ/kg)	h''/(kJ/kg)	r/(kJ/kg)	s'/[kJ/(kg·K)]	s''/[kJ/(kg·K)]
-46	51.51	1.4340	2.11331	293.85	1698.07	1404.22	1.1762	7.3582
-44	57.64	1.4389	1.90243	302.63	1701.32	1398.63	1.2147	7.3185
-42	64.36	1.4440	1.71627	311.35	1704.54	1393.19	1.2525	7.2798
-40	71.71	1.4491	1.55124	320.24	1707.70	1387.46	1.2908	7.2415
-38	79.73	1.4542	1.40491	329.05	1710.83	1381.78	1.3284	7.2046
-36	88.47	1.4647	1.27462	338.04	1713.90	1375.87	1.3664	7.1681
-34	97.97	1.4694	1.15863	346.94	1716.94	1370.00	1.4037	7.1324
-32	108.28	1.4701	1.05514	355.77	1719.95	1364.18	1.4404	7.0974
-30	119.46	1.4755	0.96244	364.76	1722.89	1358.14	1.4775	7.0631
-28	131.54	1.4810	0.87941	373.66	1725.80	1352.14	1.5139	7.0294
-26	144.60	1.4865	0.80492	382.49	1728.67	1346.19	1.5496	6.9965
-24	158.57	1.4921	0.73781	391.47	1731.48	1340.01	1.5858	6.9641
-22	173.82	1.4978	0.67731	400.50	1734.24	1333.74	1.6217	6.9323
-20	190.11	1.5036	0.62275	409.43	1736.95	1327.52	1.6571	6.9011
-18	207.50	1.5094	0.57340	418.40	1739.62	1321.21	1.6923	6.8705
-16	226.34	1.5154	0.52869	427.41	1742.22	1314.82	1.7273	6.8404
-14	246.40	1.5214	0.48811	436.45	1744.78	1308.33	1.7622	6.8108
-12	267.85	1.5275	0.45124	445.52	1747.28	1301.76	1.7970	6.7817
-10	290.75	1.5337	0.41770	454.56	1749.72	1295.17	1.8313	6.7531
-8	315.17	1.5398	0.38712	463.63	1752.11	1288.49	1.8655	6.7250
-6	341.17	1.5463	0.35923	472.67	1754.45	1281.78	1.8993	6.6973
-4	368.83	1.5527	0.33372	481.80	1756.72	1274.92	1.9332	6.6701
-2	398.22	1.5593	0.31038	490.90	1758.94	1268.04	1.9967	6.6433
0	429.41	1.5659	0.28899	500.02	1761.10	1261.08	2.0001	6.6169
2	462.48	1.5727	0.26985	509.18	1763.19	1254.02	2.0033	6.5909
4	497.50	1.5795	0.25132	518.33	1765.23	1246.90	2.0062	6.5652
6	534.54	1.5865	0.23472	527.50	1767.20	1239.70	2.0990	6.5400
8	573.70	1.5936	0.21944	536.68	1769.11	1232.43	2.1315	6.5151
10	615.03	1.6008	0.20535	545.88	1770.96	1225.08	2.1639	6.4905
12	658.64	1.6081	0.19233	555.10	1772.74	1217.63	2.1961	6.4663
14	704.59	1.6155	0.18030	564.36	1774.45	1210.09	2.2282	6.4422
16	752.98	1.6231	0.16917	573.60	1776.09	1202.49	2.2600	6.4187
18	803.88	1.6308	0.15886	582.90	1777.66	1194.77	2.2918	6.3954
20	857.37	1.6386	0.14930	592.19	1779.17	1186.97	2.3235	6.3723
22	913.56	1.6466	0.14042	601.51	1780.60	1179.09	2.3547	6.3495
24	972.52	1.6547	0.13217	610.85	1781.96	1171.12	2.3858	6.3270
26	1034.34	1.6630	0.12450	620.20	1783.25	1163.05	2.4169	6.3047
28	1099.11	1.6714	0.11736	629.60	1784.46	1154.86	2.4478	6.2826
30	1166.93	1.6800	0.11070	639.01	1785.59	1146.57	2.4786	6.2608
32	1237.88	1.6888	0.10449	648.46	1786.64	1138.18	2.5093	6.2392
34	1312.05	1.6978	0.99869	657.93	1787.61	1129.69	2.5398	6.2177
36	1389.55	1.7069	0.09327	667.42	1788.50	1121.08	2.5702	6.1965
38	1470.47	1.7162	0.08820	676.95	1789.31	1112.36	2.6004	6.1754
40	1554.89	1.7257	0.08345	686.51	1790.03	1103.52	2.6306	6.1545
42	1642.93	1.7355	0.07900	696.12	1790.66	1094.53	2.6607	6.1338
44	1743.67	1.7454	0.07483	705.76	1791.20	1085.44	2.6907	6.1132
46	1830.22	1.7556	0.07092	715.44	1791.64	1076.21	2.7206	6.0927
48	1929.68	1.7660	0.06724	725.15	1791.99	1066.84	2.75074	6.0723

附表 B-5　干空气的热物理性质（$p=1.01325\times10^5$ Pa）

t/℃	ρ/(kg/m^3)	c_p/[kJ/(kg·K)]	$\lambda\times10^2$/[W/(m·K)]	$a\times10^6$/(m^2/s)	$\mu\times10^6$/[kg/(m·s)]	$\nu\times10^6$/(m^2·s)	Pr
-50	1.584	1.013	2.04	12.7	14.6	9.23	0.728
-40	1.515	1.013	2.12	13.8	15.2	10.04	0.728
-30	1.453	1.013	2.20	14.9	15.7	10.80	0.723
-20	1.395	1.009	2.28	16.2	16.2	11.61	0.716
-10	1.342	1.009	2.36	17.4	16.7	12.43	0.712
0	1.293	1.005	2.44	18.8	17.2	13.28	0.707
10	1.247	1.005	2.51	20.0	17.6	14.16	0.705
20	1.205	1.005	2.59	21.4	18.1	15.06	0.703
30	1.165	1.005	2.67	22.9	18.6	16.00	0.701
40	1.128	1.005	2.76	24.3	19.1	16.96	0.699
50	1.093	1.005	2.83	25.7	19.6	17.95	0.698
60	1.060	1.005	2.90	27.2	20.1	18.97	0.696
70	1.029	1.009	2.96	28.6	20.6	20.02	0.694
80	1.000	1.009	3.05	30.2	21.1	21.09	0.692
90	0.972	1.009	3.13	31.9	21.5	22.10	0.690
100	0.946	1.009	3.21	33.6	21.9	23.13	0.688
120	0.898	1.009	3.34	36.8	22.8	25.45	0.686
140	0.854	1.013	3.49	40.3	23.7	27.80	0.684
160	0.815	1.017	3.64	43.9	24.5	30.09	0.682
180	0.779	1.022	3.78	47.5	25.3	32.49	0.681
200	0.746	1.026	3.93	51.4	26.0	34.85	0.680
250	0.674	1.038	4.27	61.0	27.4	40.61	0.677
300	0.615	1.047	4.60	71.6	29.7	48.33	0.674
350	0.566	1.059	4.91	81.9	31.4	55.46	0.676
400	0.524	1.068	5.21	93.1	33.0	63.09	0.678
500	0.456	1.093	5.74	115.3	36.2	79.38	0.687
600	0.404	1.114	6.22	138.3	39.1	96.89	0.699
700	0.362	1.135	6.71	163.4	41.8	115.4	0.706
800	0.329	1.156	7.18	188.8	44.3	134.8	0.713
900	0.301	1.172	7.63	216.2	46.7	155.1	0.717
1000	0.277	1.185	8.07	245.9	49.0	177.1	0.719
1100	0.257	1.197	8.50	276.2	51.2	199.3	0.722
1200	0.239	1.210	9.15	316.5	53.5	233.7	0.724

附表 B-6　饱和水的热物理性质

t/℃	$p\times10^{-5}$/Pa	ρ/(kg/m^3)	h'/(kJ/kg)	c_p/[kJ/(kg·K)]	$\lambda\times10^2$/[W/(m·K)]	$a\times10^8$/(m^2/s)	$\mu\times10^6$/Pa·s	$\nu\times10^6$/(m^2·s)	$\alpha_V\times10^4$/K^{-1}	$\gamma\times10^4$/(N/m)	Pr
0	0.00611	999.9	0	4.212	55.1	13.1	1788	1.789	-0.81	756.4	13.67
10	0.01227	999.7	42.04	4.191	57.4	13.7	1306	1.306	0.87	741.6	9.52
20	0.02338	998.2	83.91	4.183	59.9	14.3	1004	1.006	2.09	726.9	7.02
30	0.04241	995.7	125.7	4.174	61.8	14.9	801.5	0.805	3.05	712.2	5.42
40	0.07375	992.2	167.5	4.174	63.5	15.3	653.3	0.695	3.86	696.5	4.31
50	0.12335	988.1	209.3	4.174	64.8	15.7	549.4	0.556	4.57	676.9	3.54
60	0.19920	983.1	251.1	4.179	65.9	16.0	469.9	0.478	5.22	662.2	2.99
70	0.3116	977.8	293.0	4.187	66.8	16.3	406.1	0.415	5.83	643.5	2.55
80	0.4736	971.8	355.0	4.195	67.4	16.6	355.1	0.365	6.40	625.9	2.21
90	0.7011	965.3	377.0	4.208	68.0	16.8	314.9	0.326	6.96	607.2	1.95
100	1.013	958.4	419.1	4.220	68.3	16.9	282.5	0.295	7.50	588.6	1.75
110	1.43	951.0	461.4	4.233	68.5	17.0	259.0	0.272	8.04	569.0	1.60
120	1.98	943.1	503.7	4.250	68.6	17.1	237.4	0.252	8.58	548.4	1.47
130	2.70	934.8	546.4	4.266	68.6	17.2	217.8	0.233	9.12	528.8	1.36
140	3.61	926.1	589.1	4.287	68.5	17.2	201.1	0.217	9.68	507.2	1.26
150	4.76	917.0	632.2	4.313	68.4	17.3	186.4	0.203	10.26	486.6	1.17
160	6.18	907.0	675.4	4.346	68.3	17.3	173.6	0.191	10.87	466.0	1.10
170	7.92	897.3	719.3	4.380	67.9	17.3	162.8	0.181	11.52	443.4	1.05
180	10.03	886.9	763.3	4.417	67.4	17.2	153.0	0.173	12.21	422.8	1.00
190	12.55	876.0	807.8	4.459	67.0	17.1	144.2	0.165	12.96	400.2	0.96
200	15.55	863.0	852.8	4.505	66.3	17.0	136.4	0.158	13.77	376.7	0.93
210	19.08	852.3	897.7	4.555	65.5	16.9	130.5	0.153	14.67	354.1	0.91
220	23.20	840.3	943.7	4.614	64.5	16.6	124.6	0.148	15.67	331.6	0.89
230	27.98	827.3	990.2	4.681	63.7	16.4	119.7	0.145	16.80	310.0	0.88
240	33.48	813.6	1037.5	4.756	62.8	16.2	114.8	0.141	18.08	285.5	0.87
250	39.78	799.0	1085.7	4.844	61.8	15.9	109.9	0.137	19.55	261.9	0.86
260	46.94	784.0	1135.7	4.949	60.5	15.6	105.9	0.135	21.27	237.4	0.87
270	55.05	767.9	1185.7	5.070	59.0	15.1	102.0	0.133	23.31	214.8	0.88
280	64.19	750.7	1236.8	5.230	57.4	14.6	98.1	0.131	25.79	191.3	0.90
290	74.45	732.3	1290.0	5.485	55.8	13.9	94.2	0.129	28.84	168.7	0.93
300	85.92	712.5	1344.9	5.736	54.0	13.2	91.2	0.128	32.73	144.2	0.97
310	98.70	691.1	1402.2	6.071	52.3	12.5	88.3	0.128	37.85	120.7	1.03
320	112.90	667.1	1462.1	6.574	50.6	11.5	85.3	0.128	44.91	98.10	1.11
330	128.65	640.2	1526.2	7.244	48.4	10.4	81.4	0.127	55.31	76.71	1.22
340	146.08	610.1	1594.8	8.165	45.7	9.17	77.5	0.127	72.10	56.70	1.39
350	165.37	574.4	1671.4	9.504	43.0	7.88	72.6	0.126	103.7	38.16	1.60
360	186.74	528.0	1761.5	13.984	39.5	5.36	66.7	0.126	182.9	20.21	2.35
370	210.53	450.5	1892.5	40.321	33.7	1.86	56.9	0.126	676.7	4.709	6.79

附录C 常用热力性质图

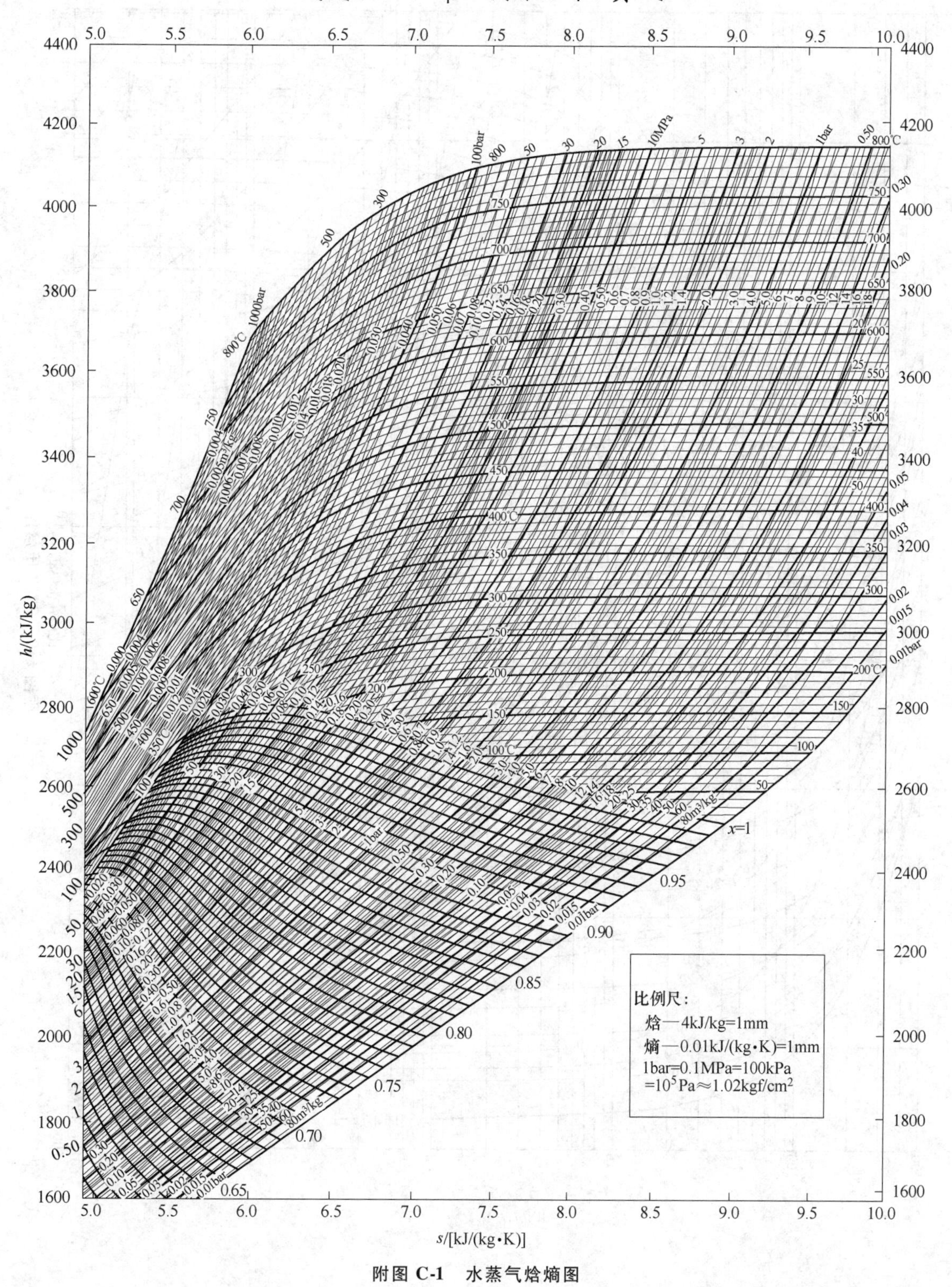

附图 C-1 水蒸气焓熵图

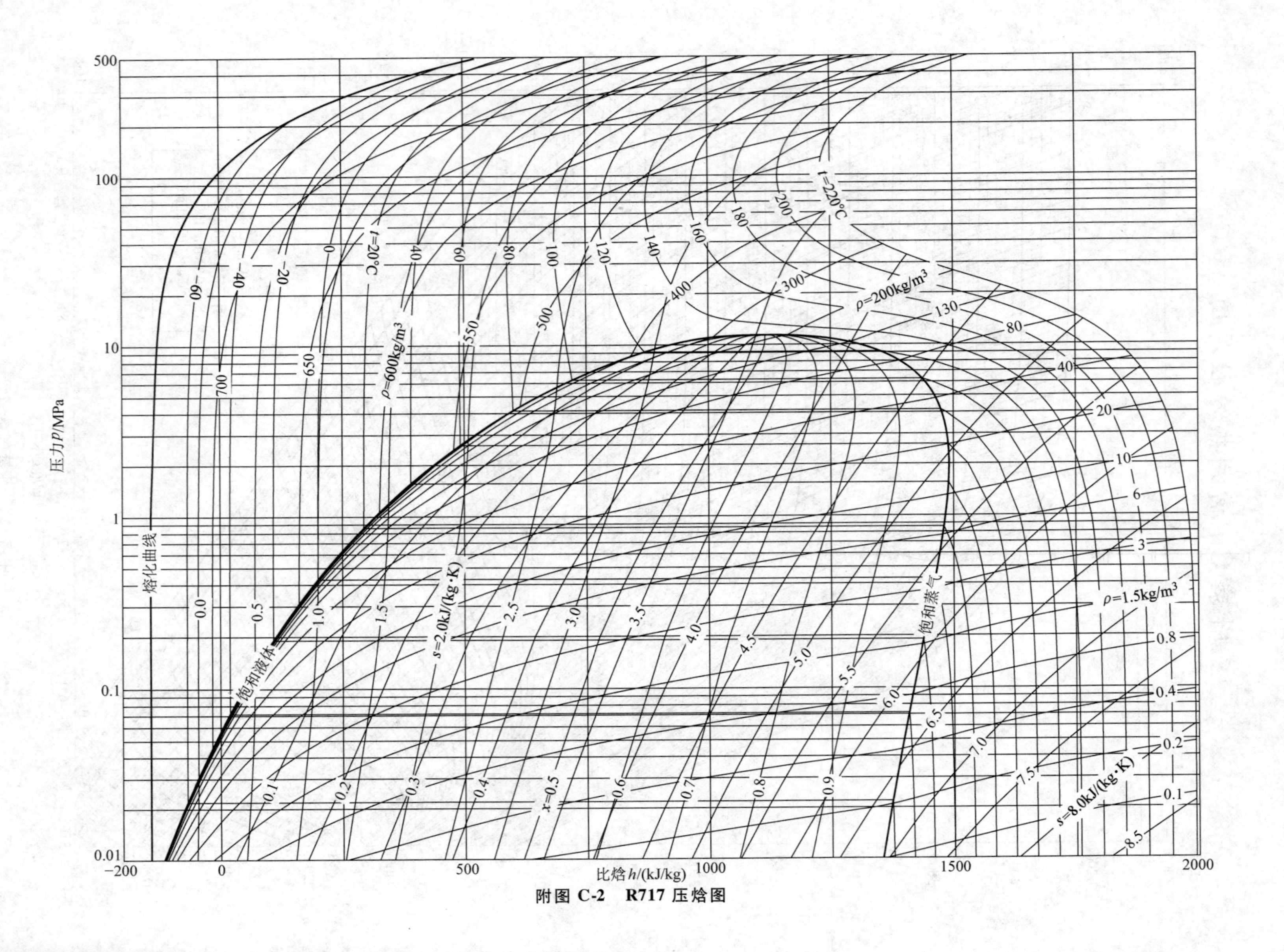

附图 C-2 R717 压焓图

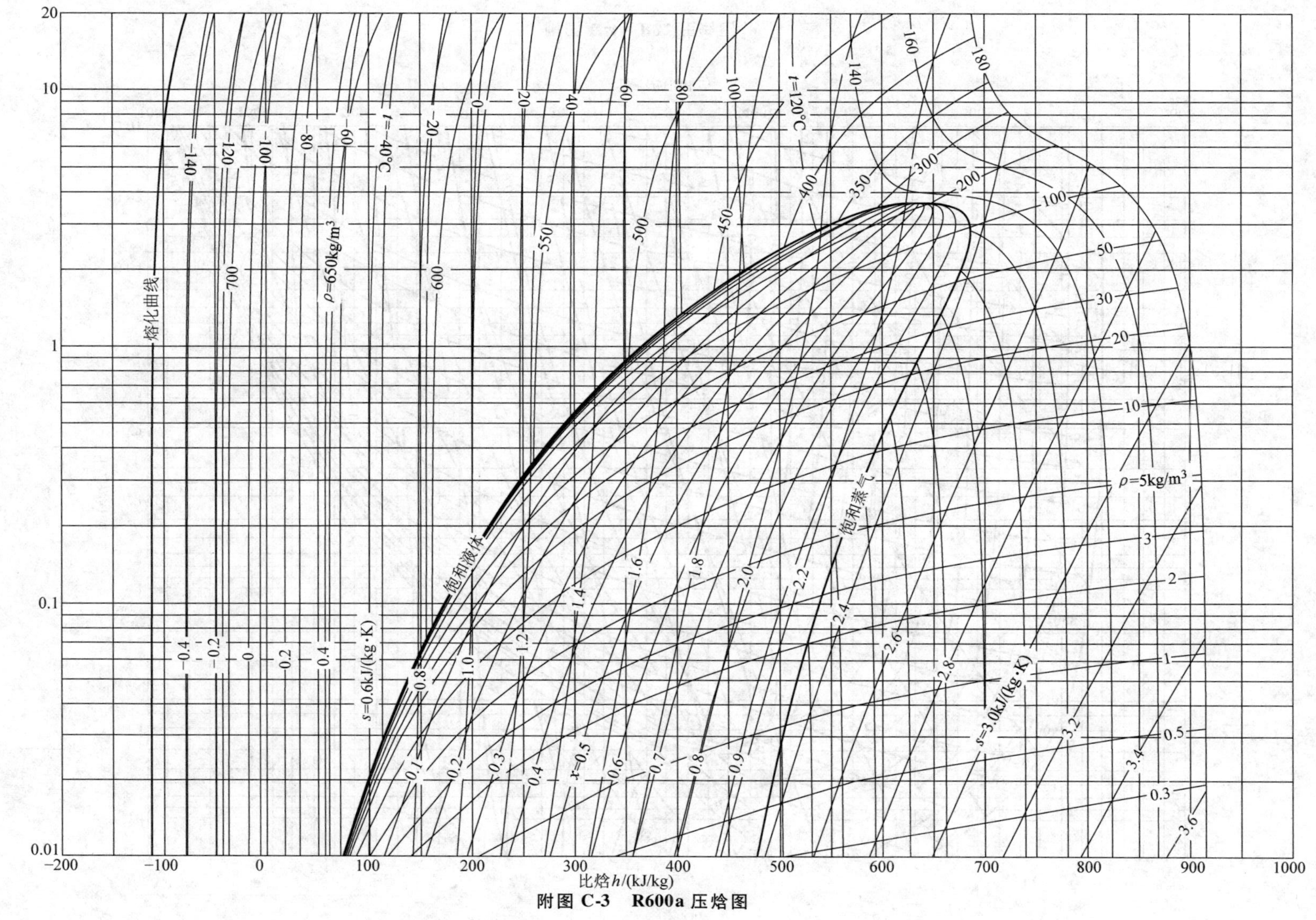

附图 C-3 **R600a** 压焓图

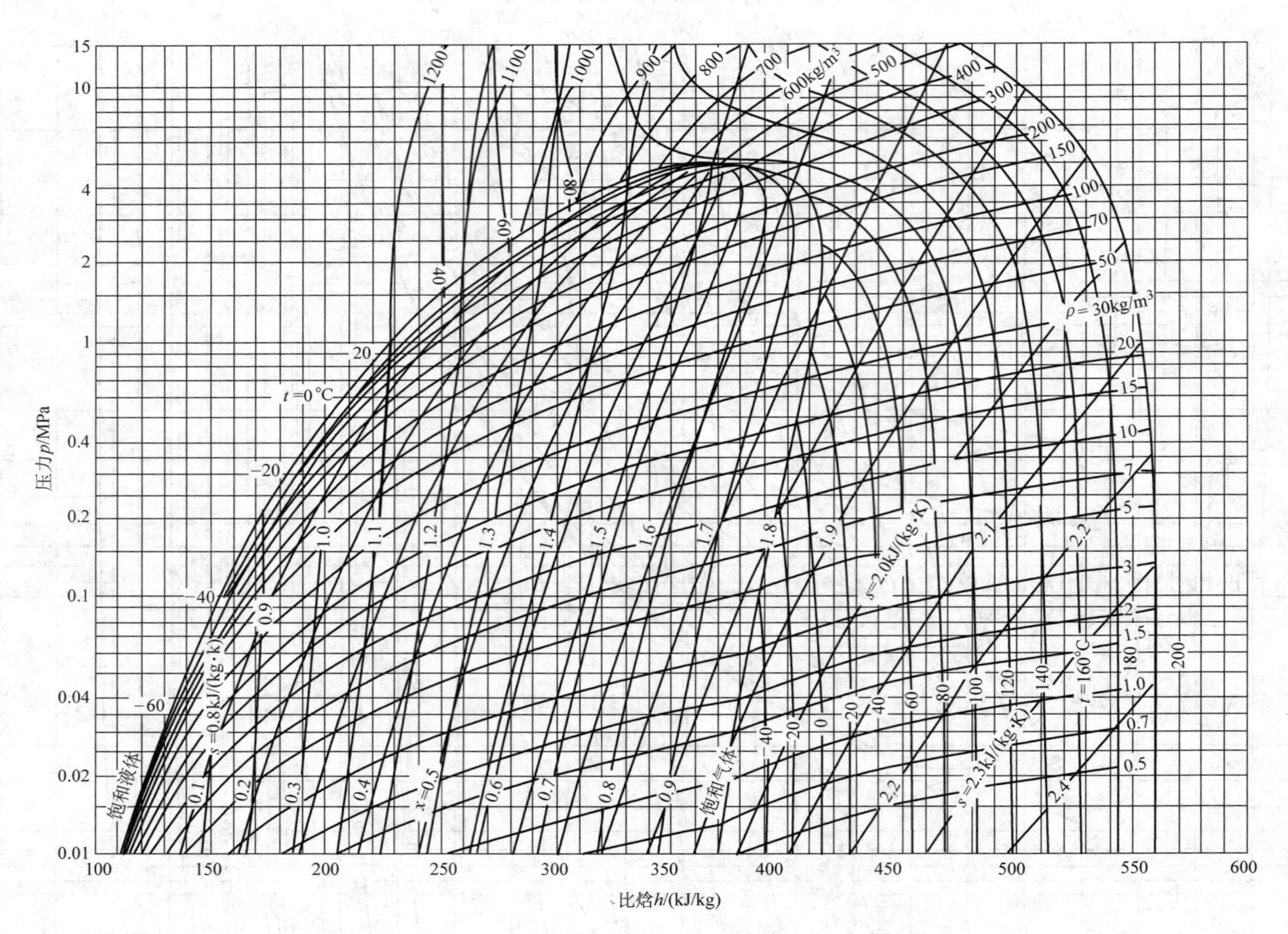
压力p/MPa
比焓h/(kJ/kg)
饱和液体
饱和气体
ρ=30kg/m³
600kg/m³
s=0.8kJ/(kg·K)
s=2.0kJ/(kg·K)
s=2.3kJ/(kg·K)
t=0°C
t=160°C
x=0.5

附图 C-4　R22 压焓图

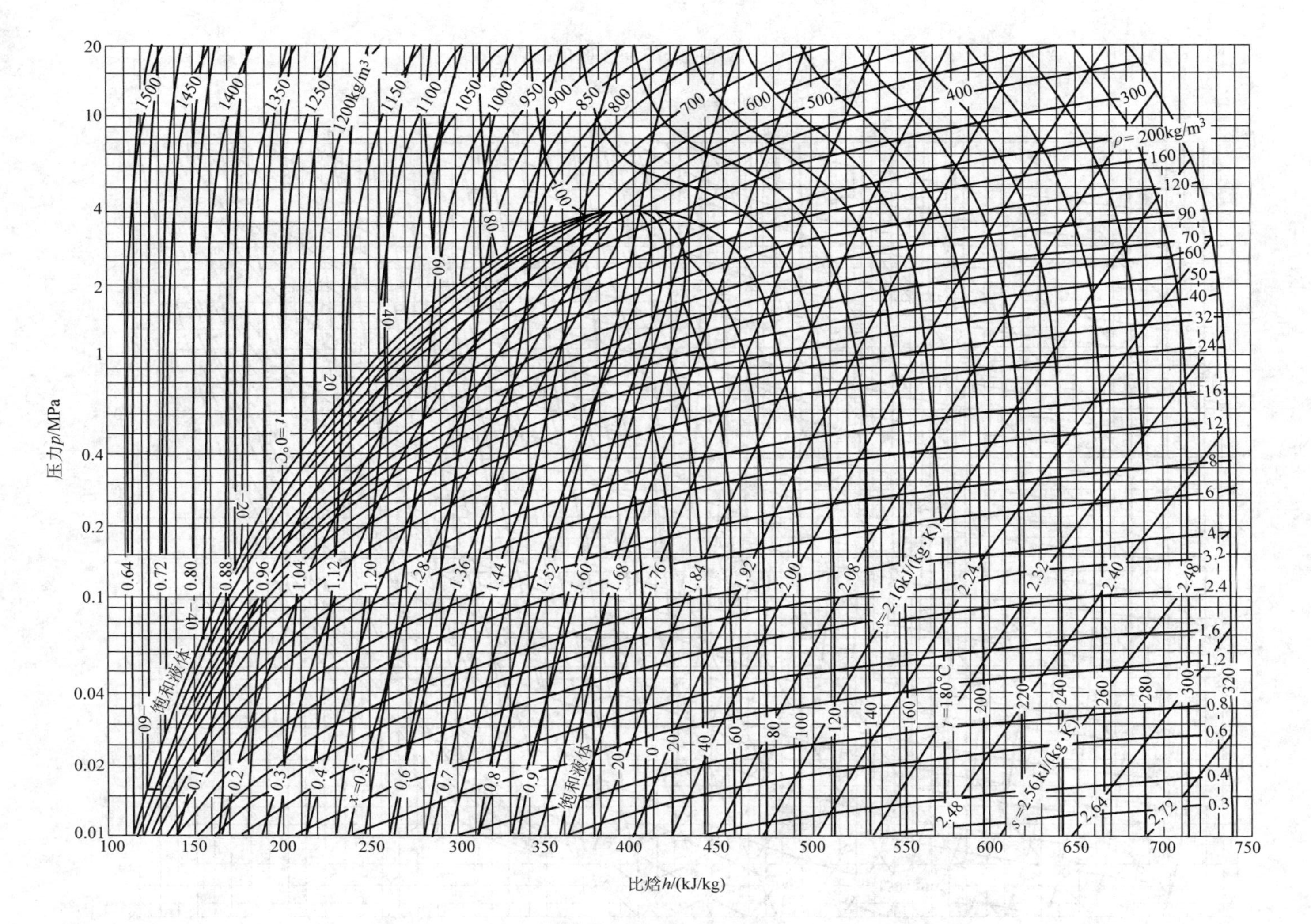

附图 C-5 R134a 压焓图

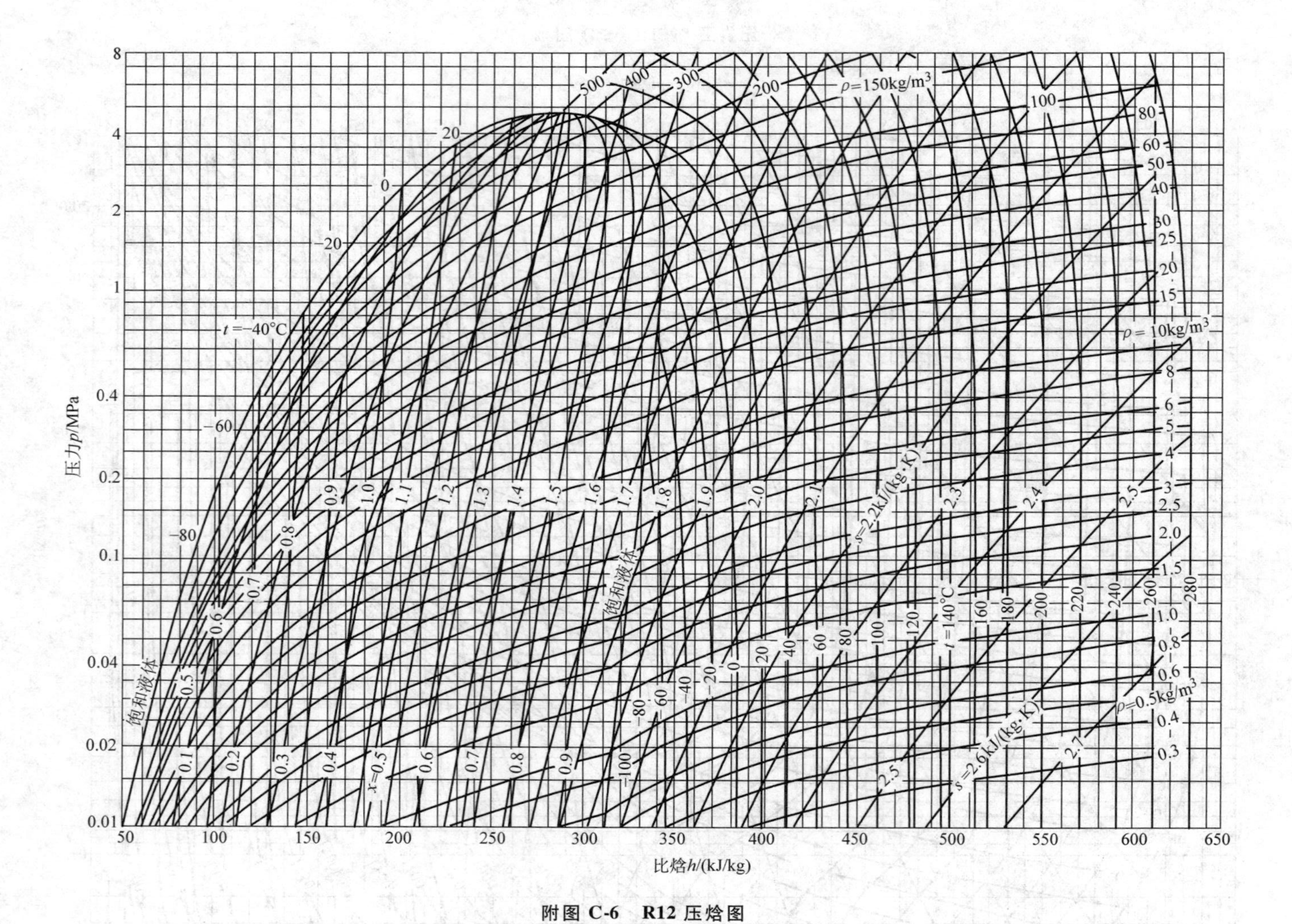

压力p/MPa
比焓h/(kJ/kg)
饱和液体
饱和液体
t=-40°C
t=140°C
ρ=150kg/m³
ρ=10kg/m³
ρ=0.5kg/m³
s=2.2kJ/(kg·K)
s=2.6kJ/(kg·K)
x=0.5

附图 C-6 R12 压焓图

附图 C-7 见书后插页。

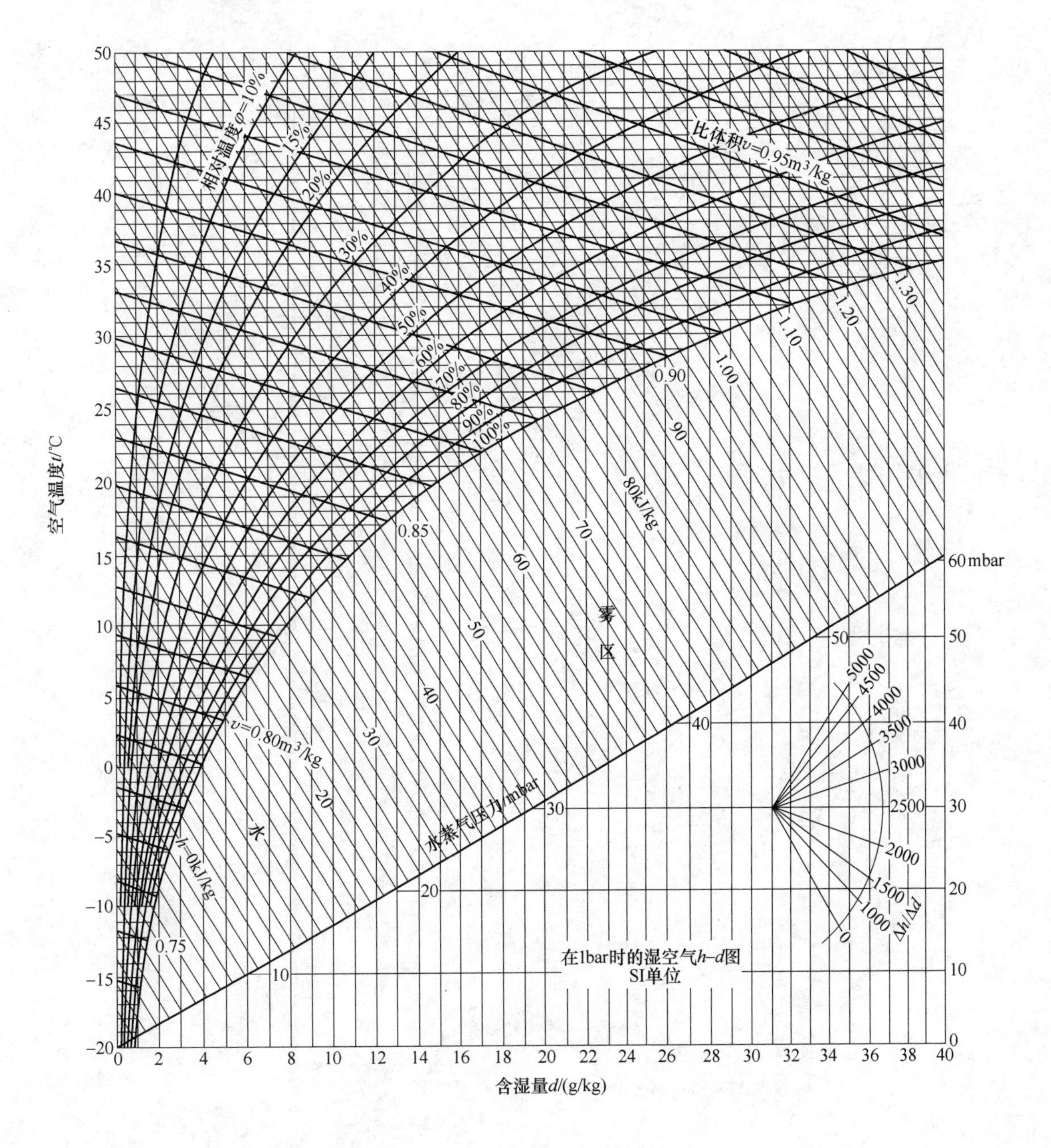

附图 C-8 湿空气焓湿图（在 0.1MPa 时）